全方位家政服务从入门到精通全能保姆实战技能全书

实战技能书，快速提升战斗力！
让雇主放心，就能让自己加薪！

U0388610

做一个让雇主放心的保姆

ZUO YIGE RANG GUZHU
FANGXIN DE BAOMU

黄克勤◎著

黑龙江科学技术出版社
HEILONGJIANG SCIENCE AND TECHNOLOGY PRESS

图书在版编目（CIP）数据

做一个让雇主放心的保姆 / 黄克勤著. -- 哈尔滨：
黑龙江科学技术出版社, 2017.8
ISBN 978-7-5388-9303-8

Ⅰ.①做…　Ⅱ.①黄…　Ⅲ.①家政服务—基本知识
Ⅳ.①TS976.7

中国版本图书馆CIP数据核字（2017）第166677号

做一个让雇主放心的保姆

ZUO YIGE RANG GUZHU FANGXIN DE BAOMU

作　者	黄克勤	
责任编辑	王　研	
封面设计	游　麒	
出　版	黑龙江科学技术出版社	
	地址：哈尔滨市南岗区公安街70-2号　邮编：150007	
	电话：（0451）53642106　传真：（0451）53642143	
	网址：www.lkcbs.cn　www.lkpub.cn	
发　行	全国新华书店	
印　刷	三河市明华印务有限公司	
开　本	710 mm × 1000 mm　1/16	
印　张	29.25	
字　数	380千字	
版　次	2017年8月第1版	
印　次	2017年8月第1次印刷	
书　号	ISBN 978-7-5388-9303-8	
定　价	59.80元	

做保姆，就做最好的保姆！

随着我国社会的发展和人民生活水平的迅速提高、工作压力的加大，"给家里找个好帮手"已经成为越来越多家庭的需要。为了适应市场需求，从事保姆职业的人越来越多，但是传统意义上刷锅、做饭、洗衣服、带孩子的保姆工作内容已经远远不能满足市场的要求。在此背景之下，家政服务业悄然兴起，并逐渐向社会化、专业化、产业化发展。

为了适应这一行业的变化，保姆需要从各个方面提升自己。由于现在的家庭服务需求复杂多样，保姆要想提供给雇主高质量的服务，首先要提高自己的服务能力，包括厨艺、保洁等日常的职业技能，也要学会照顾孕产妇、照顾婴幼儿，甚至还要具备照顾老人的基本康复技能以及护理技巧。现在许多家庭不管做什么事情都讲究科学，吃饭要科学、养孩子要科学、照顾老人也要科学。作为现代的保姆，不仅要注重服务质量、认真负责地做事，更要提高自己的各种服务技能，做保姆圈子里的佼佼者，做抢手的"金牌保姆"。

但是，你以为身为保姆只要会做事、能做好就足够了吗？当然不行。非技能培训也是优秀的家政人员提升自己时的一项重要内容，包括文化素养、

做一个让雇主放心的保姆

仪表形象、基本礼仪以及与雇主进行有效沟通的技能。每个雇主都喜欢气质形象佳、工作能力强、思想品格好、沟通顺畅的服务人员。这些技能虽然不能直接影响服务的质量，但是却可以影响雇佣双方的关系，决定着保姆和雇主是相处融洽、亲如家人，还是针锋相对、彼此提防。

为了适应市场需求，我编写了这本《做一个让雇主放心的保姆》。本书的大体结构主要有三部分：第一部分介绍了保姆应该具备的文化素养、应该了解的礼仪风俗以及如何与雇主进行有效的沟通；第二部分介绍了保姆需要提升的各种职业技能，包括烹饪技能、保洁技能、美化居室技能、家电使用技能；第三部分介绍了保姆需要提升的各种针对雇主及其家人的职业技能，包括如何照顾好孕产妇、呵护好婴幼儿、照顾好老人以及病人的基本保健知识，还有一家人包括保姆自己在内的安全防范方法。

想要做一个让雇主放心满意的保姆，这些内容都能为你提供帮助，解答你的疑惑，为你指出正确的道路。让你做就做最好的保姆！本书不仅适合正在从事家政服务工作的人员阅读学习，而且适合正在准备从事家政服务的人员，还可以作为家政服务公司的培训教材。

由于条件所限，本书不妥之处，敬请各位读者批评指正，谢谢大家！

目 录
CONTENTS

第一章 好保姆的素养：你的人品和能力一样重要

第二章 礼仪风俗全知道：做一个彬彬有礼的现代保姆

第三章 高效能沟通术：如何与雇主"零距离"交流

目录

第四章　烹饪大师来了：用美味去征服雇主的胃和心

第五章　保洁大作战：强力去污，获得最清洁的家庭空间

第六章 美化家居环境:用"美"去创造艺术

第七章　家电使用法：谁说保姆不是"电子达人"

第八章　孕产妇护理：从怀孕到分娩的全程呵护

第九章　呵护婴幼儿：打造优质育儿的黄金方案

第十章　老人的照料：给老人最温馨的晚年生活

第十一章　病人的看护与保健：让细心和微笑成为一种态度

第十二章　安全防范就是一切：消除雇主的后顾之忧

第一章

好保姆的素养：

你 的 人 品 和 能 力 一 样 重 要

　　保姆，不仅仅是一份照顾人的工作，也不仅仅是服务人员的身份。若是只有精湛的劳动、护理技艺，却没有好的人品，那么就难与雇主及其家人相处融洽，自然也就无法在这个行业上干出一番业绩来了。对于优秀保姆来说，人品和能力同样重要，这也是他们的竞争优势。

1."保姆从业资格证"就是一块金砖

保姆的规范名称是家庭服务员，亦称家政员。曾经有这样一句玩笑话："选个好保姆比选个好总统还难。"做保姆可不是一项单纯的体力活，比如日常量血压、量体温，就没有看起来那么容易，什么时间量、是饭前还是饭后量，这些细节都不能有丝毫差错，否则失之毫厘谬以千里，不仅没有尽到照顾人的职责，反而让照顾对象的健康受到负面影响。专业的保姆都需要具备一定的健康养生知识，也要懂得一定的沟通技巧。所以，从这个角度来说，雇主想要挑选一个称心如意的保姆，确实是件很费神的事。

现在家政服务业发展迅速，对从业人员的要求也提高了不少。什么行业都需要资格，"保姆业"也不例外。所以，保姆从业人员取得相应的资格显得很重要而迫切。具备了这种资格，无疑就业前景就会广阔，就业机会就会大大提高。因此，为规范家庭服务业市场、方便雇主们选到合心意的保姆，国家针对从业者颁布了《家庭服务员国家职业标准》。该标准规定了该职业分为三个等级，符合职业实践要求并通过相应理论考核者，可取得相应等级的《家庭服务员职业资格证》，该证书在国家人力资源和社会保障部网站上面可以通过证书编号查到。其他的如营养师证、育婴师证等，目前主要是按行业或企业发布的一些标准经培训后予以颁发的。

现在的雇主在找保姆的时候，都会要求从业人员有相应的资格证书。是否持证已成为雇主选择保姆的一个重要因素，而且证的数量越多越好、等级越高越好。周大姐从事保姆行业已经10年了，她是这样说的，"一定要有证，现在雇主都要求持证有资质，否则就算你的手艺再好也没用。其次，当然是看证的等级"。自从获得了资格证书，周大姐的收入一下子翻番了。现在，周大姐可以说是一位炙手可热的"金牌保姆"。

想要获得《家庭服务员职业资格证》，就必须了解《家庭服务员国家职业标准》，具体规定整理如下：

一、职业等级

本职业设有三个等级，分别为：初级（国家职业资格五级）、中级（国家职业资格四级）、高级（国家职业资格三级）。

二、申报条件

（1）初级（具备以下条件之一者）

①在本职业连续见习工作半年以上。

②经本职业初级正规培训达规定标准学时数，并取得毕（结）业证书。

（2）中级（具备以下条件之一者）

①取得本职业初级职业资格证书后，连续从事本职业工作1.5年以上。

②取得本职业初级职业资格证书后，连续从事本职业工作1年以上，经本职业中级正规培训达规定标准学时数，并取得毕（结）业证书。

③取得经劳动保障行政部门审核认定的，以中级技能为培养目标的中等以上职业学校本职业毕业证书。

（3）高级（具备以下条件之一者）

①取得本职业中级职业资格证书后，连续从事本职业工作4年以上。

②取得本职业中级职业资格证书后，连续从事本职业工作2年以上，经本职业高级正规培训达规定标准学时数，并取得毕（结）业证书。

③大专以上毕业生，经本职业高级正规培训达规定标准学时数，并取得

毕（结）业证书。

三、鉴定方式

如果想取得《家庭服务员职业资格证》，需要参加国家组织的职业资格考试。该考试分为理论知识考试和技能操作考核。理论知识考试采用闭卷笔试方式，技能操作考核采用现场实际操作方式。理论知识考试和技能操作考核满分均为100分，成绩皆达60分及以上者为合格。

申报初级家政服务员鉴定的考生须考"家庭礼仪""看护婴幼儿""操持家务""照料老人""护理孕妇与产妇""看护病人"6个项目。

申报中级家政服务员鉴定的考生，"家庭礼仪""护理孕妇""产妇与新生儿""操持家务""护理老人"为必考项目；"护理病人""保育婴幼儿"为选考项目，考生可根据自己的特长，选考其中的一项。

申报高级家政服务员鉴定的考生须考"社交礼仪""家庭教育""家务管理""家庭休闲与娱乐"4个项目。

2. 初到雇主家：如何应用"第一眼效应"

初次见面交谈，彼此不熟悉，谈话不会太深入，一般停留在表层简单的介绍、问候等。但是人与人交往的过程中，"第一眼"留下的印象非常重要，虽然它并不总是正确的，但却决定着以后双方交往的过程是否顺利。在第一次见面时给人留下的印象，会在对方的头脑中形成并占据着主导地位，这种效应即为"第一眼效应"。如果最初给对方留下不好的印象，就已经被列入了对方的"黑名单"，以后就很难改变了。

保姆初到雇主家，千万要注意"第一眼效应"，一开始就要给雇主留下良好的印象。否则，人品再好，工作再专业、努力，也很难改变雇主对自己最初的印象。

黄萍今年40多岁，从农村来到城里做保姆，她为人善良淳朴、做事勤快，无论哪方面都具有成为优秀保姆的素质。可事实上却是，她很难找到合适的雇主，一般的雇主都是见一面没聊几句就表示不满意，或者是在雇主家干不到几天就被辞退。

后来，一位同样做保姆的老乡向她道破了其中的缘由："要想做好保姆，一定要给人家留下好的第一印象。要把自己收拾得干净利索一点，这样人家才会放心把孩子交给你照顾，才会放心吃你做的饭。"

于是，黄萍买了身新衣服，还去理发店烫了个头发。果然，很快就被一个雇主看中了。

保姆初到雇主家特别要注意的事项有以下几点：

①注意个人形象，讲究个人卫生，不穿薄、露、透的衣服，不涂指甲油，不留指甲，不戴首饰。

②对家人的称呼，不能随便叫，先征求雇主的意见再称呼。

③早起问候，进出门打招呼，孩子放学、家人外出上下班打招呼。

④面对雇主要开心地微笑。

⑤工作前一定要洗手，整理好个人卫生。

⑥做事要有主动性，多和雇主商量，听取意见。

⑦私事不问，不偷听、不插话，保护雇主家的隐私。

⑧不能与雇主发生冲突。

⑨有客人来访，主动招呼、适当回避。

⑩贵重物品及钱财不要乱动。

⑪电话调整为振动或静音，少接打电话，尤其在雇主面前。

⑫不私自带任何人到雇主家。

⑬是否同桌吃饭的问题需尊重雇主，在雇主不愿意同桌吃饭的情况下分开吃。

⑭吃饭要吃饱，不能背着雇主偷吃。

⑮谁先吃的问题：如果有小孩需要看管，让雇主先吃，如雇主要求，可先吃再带小孩。

⑯在厨房煮东西的时候，在未煮好食物熄火前，人不能离开。

⑰加强勤俭节约和环保节能的理念，合理利用水电气等资源。（如随手关灯、控制水流大小、生活用水的合理再利用、剩菜剩饭妥善收藏等）

⑱洗衣服要分类清洗，分类甩干，避免染色。

⑲不做长舌妇，搞好邻里关系。

⑳不提从前雇主家的好与坏，以及自己过去的优秀和辉煌。

3. 最好的修养和最真诚的心

对于一个人来说，才能重要，德行更重要，有才无德是最危险的人。由于保姆的服务地点是雇主家，服务对象是雇主的家庭成员，这就对保姆道德素养提出了更高的要求。对于一个家庭来说，保姆是外人，把一个家交给一个外人，如果这个人品行有问题，后果将不堪设想，许多保姆虐待儿童、虐待老人的事件经常见诸报端，重要的原因就是保姆缺乏基本的道德素养。所以，基本的道德和素养要求是一个保姆必备的。为此保姆平时要注意以下几点：

一、忠诚本分，守信守时，尽责尽心

保姆不能辜负雇主的信任，要承担雇主交代的各项事务，竭尽全力做好。要遵守工作时间，信守承诺。钟点保姆更应该这样，凡是应承之事要尽量办好，不能言而无信。

二、尊重雇主的习惯

保姆应该熟悉雇主家的生活习惯，以便提供更好更贴心的服务。了解家庭成员的关系，了解每个人的脾气、爱好及生活习惯。掌握每个人的作息时间、饮食习惯、嗜好或禁忌。不能随意摆放雇主家的物品，不能擅自更改雇主家庭饮食结构，一切得尊重雇主意见，切不可擅自做主，按自己的意愿去安排雇主的家庭生活。总之，保姆在刚开始工作时，要有入乡随俗的准备，尽快适应新环境，适应雇主家的生活习惯。如果能做到以上几点，雇主一定会对你尊重有加，因为你给了雇主所需要的尊重。

三、善于与雇主交流沟通

善于听取雇主的意见和建议，善意地提出合理的建议，主动征询雇主的意见，耐心请求雇主指导，建立互相信任的融洽关系。产生矛盾，及时解决，不背后议论。不说三道四，保守雇主隐私。

四、一视同仁地为雇主家人服务

热心为雇主家中每一个人服务，一视同仁，不厚此薄彼，不势利。

五、与雇主相处时有一颗宽容之心

宽容是一种美德，更是一种思想修养，人与人之间相处难免会产生摩擦，如果双方都斤斤计较，对于保姆而言，不仅会给自己的工作带来不便，而且雇佣关系也会很快地解除，就要开始新的找工作的旅程。事实上，人与人之间由于成长环境、生活方式、生活理念的不同，对待同一件事情的态度就会有很大的差别。大家如果能够多一分理解和宽容，双方就会和睦相处，就像大家平时所说，两好合一好，也就是两个人相处得好，说明双方都好，意思就是双方相处的时候能做到相互理解和包容。要记住这样一个常识：当我们拿花送给别人时，首先闻到花香的是我们自己；当我们抓起泥巴想抛向别人时，首先弄脏的也是我们自己的手。

六、学会感恩

生活中难免会出现一些不如意的事情，特别是从事家政服务人员的保姆，遇到的不如意可能会比其他人更多。面对生活中的种种不如意，一定要学会感恩。虽然不如意带给我们郁闷的心情，但是换一种想法，之所以出现这些不如意，有可能是我们某些方面做得不够完美，明白了这些你会更加努力，事实上，帮助一个人成长的是生活中的那些不如意，因为它让你认识到了自己的缺点，让你找到了进步的方向。

4.努力做到"服务规范化"

保姆无疑属于服务业，服务业都有自己的规范，具体到家政服务（保姆）业，也有自己的规范。

某小区里有一位保姆服务就很不规范，在她身上发生的几件事情很有代表性。

第一件事情是这样的：夏天的傍晚，雇主有要事出门，把3岁的孩子交给保姆，并嘱咐她将西瓜弄碎了给孩子吃。保姆为了省事，就用嘴嚼碎喂给孩子。雇主中途突然有事折返，恰好瞧见这一幕。结果雇主一家人对她十分不满。

第二件事情是这样的：保姆在雇主家里打开冰箱门，坐在冰箱附近凉快。因为雇主家客厅没有安装空调，虽然有风扇，但保姆嫌风扇不够凉快。结果导致"雇佣"双方非常不愉快。

第三件事情，也是解雇前的最后一件事情：经过前两次不愉快的经历，保姆越发地不负责任了，甚至带有一些恶意地工作。比如，做完饭不关抽油烟机，直到雇主催促才关；拖地之后地板上水淋淋的；做饭烧菜也不问雇主意见，还经常要态度。后来，该保姆被直接解雇了。

上面的案例中，这名保姆不但做事不规范，而且还缺少应有的素质。素质对于保姆来说确实是个大问题。作为保姆，如果能按照相应的服务规范来操作，也不会发生太多或者太大的问题，也就不会有太大的责任。

如今保姆的从业规范仍处于完善阶段，各地都不一样。但大体上却是比较一致的。那么作为新时期的保姆，怎样做才算规范呢？关于保姆从业规范，综合各地实践无外乎三个方面，保姆礼仪、保姆必备技能、保姆职业道德。

一、仪表仪容要规范化

①大方得体的着装。

②整洁文明的仪表。

③优雅端庄的举止。

④文明礼貌的用语。

二、必备技能要规范化

①家居保洁。

②家庭膳食。

③衣物洗涤和保管。

④家用电器的使用和维护。

⑤孕产妇的护理。

⑥婴幼儿的护理。

⑦儿童及老年人的照护。

⑧病人护理。

⑨家居安全。

以上9点属于保姆必备技能，相关家政服务培训机构都有这方面的培训，本书后面章节中也会详细地加以说明。

三、职业道德规范化

家庭服务业对保姆有其特定要求，保姆不仅要有一定的技能以满足家庭生活服务的需求，还得有较高的道德修养。从某种意义上说，没有一定的道德修养，就不能算一个合格的职业保姆。每一项职业都有相应的职业道德，职业家庭保姆也不例外：

①文明礼貌，遵纪守法，维护社会公德。

②增强服务意识，明确服务宗旨，树立服务形象。

③自尊、自信、自爱、自立、自强。

④热情坦诚，勤俭节约。

⑤勤奋好学，守时守信。

⑥谦虚忠诚，宽容大度。

⑦尊重雇主，不参与雇主家政。

5. 守时守信：原来信任是这样建立的

以前关于保姆危害雇主家庭的事例不胜枚举，目前因为雇佣双方都有了法律意识，这些问题似乎少了许多。但雇佣双方的信任似乎并没有很大改观。

曾经有部电视剧叫《田教授家的28个保姆》，且不论这部电视剧的收视效果怎么样，但看这个数字，就体现了一个值得深思的问题。这个数字表明，雇佣双方的关系非常脆弱。

想知根知底，已成为雇主与保姆之间的一种习惯，不是他们不愿向对方询问过多，而是因为多数中介公司急于促成生意，他们往往只做简单的了解，便会让保姆与雇主见面洽谈雇佣价格。而此时，雇主和保姆往往会在这种"快速"的介绍过程中，忽略了去了解对方的情况。面对新入职的保姆，雇主的第一反应是提防，反过来保姆认为雇主的呼来喝去严重伤了其自尊，天长日久，双方的戒备和疑心越来越重，关系也逐渐僵化。结果不是保姆主动辞职，就是雇主辞掉保姆。如此反复，使得雇主认为保姆难找，而保姆认为工作难找。

所有上面的情况只说明一点，雇佣双方缺少了信任，其根源还是缺少了必要的了解。那么如何改善保姆与雇主之间的这种关系呢？如何使他们能够互相信任呢？这个不是一方面可以独立解决的，这个问题需要保姆和雇主双

做一个让雇主放心的保姆

方共同努力才行。双方都应该做到守时守信，这是一种无法用金钱来衡量的人格魅力，尤其是对提供服务的保姆一方而言。

一、守时：珍惜别人的时间

但凡与雇主商议好时间的事情，一定要时时放在心上，努力做到按时完成或提前完成。比如，保姆和雇主约定第一次面试时间，保姆千万不能迟到，否则会给雇主留下十分不好的第一印象，觉得这个人没有时间观念、对自己也不够尊重；保姆和雇主约定下午五点前打扫完全部房间，保姆就应该在五点之前把一个干净整洁的家交到雇主手里，而不是天都黑了，才让雇主有干净的餐桌可以吃饭；保姆与雇主约定了每天按时接送上学的孩子，保姆就应该安排好其他工作内容，留出富余的时间守候在校门口，不能让年幼的孩子独自在学校门口苦等。

保姆的时间是时间，雇主的时间也是时间，大家都尊重一下对方的时间，就等于尊重了对方对你的信任。因为，令别人陷入不必要的等待之中，他失去的不仅仅是耐心和时间，而是一种脆弱的信任。而通常，时间观念强的人，做事也认真负责，对自己也严格要求，有这些品质的保姆绝对是雇主所喜欢的，雇主也能够放心地将家里的重要事务交给保姆去做。

二、守信：信任建立的基础

做人要真诚，言行要一致，这是做人的道德标准，简言之就是"守信"二字。说话做事都表里一致的，也会做到言出必行，很少令人感到失望，别人会更加信任他，愿意和他交朋友。而那些不懂得守信意义何在的人，在人际交往中往往表现出花言巧语、阳奉阴违，谎言和行为终究会有被揭穿的一天，别人对他的信任，等同于他在别人心目中的存在价值，当信任土崩瓦解之后，他也就失去了价值，久而久之，身边连一个朋友也没有了，甚至连工作都丢了。

由此可见，守信是我们赢得他人信任的基础，想要在社会上得以立足，

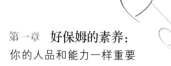

就一定要遵循这一准则。特别是受到雇佣的保姆，若是难以完成自己当初答应雇主会做好的事情，而且是一而再而三地失言，那么雇主交给你去做的事情就会越来越少，到最后，你也就失去了被雇来做事的价值。

6.做事的原则就是要精益求精

很多保姆都曾这样抱怨："每次打扫完房间，雇主都要再检查一遍，总觉得我没有打扫干净，真是鸡蛋里挑骨头。"这种现象，在钟点工身上出现的次数最多。初次请钟点工的雇主，有的还专门请来朋友盯着保姆，对保姆干的活挑剔不已，有的保姆实在不能忍受。

之所以会发生这样的事情，与很多保姆喜欢敷衍对付的做事态度有关系。他们不仅连最简单的工作都不愿意好好完成，甚至连雇主再三交代的事情也疏忽大意或故意不做。特别是一些好吃懒做的钟点工，他们心想：反正是按时间拿薪水，我多磨蹭一会儿就好，一个小时能做完的事情，我就花上两个小时，薪水就翻了一倍，何乐而不为呢？雇主可不是傻子，遇到有这种想法的钟点工，他们就只好采取紧盯策略了。以至于遇上其他保姆干活，他们也要盯得死死的。

要想改变这种令人感到不舒服、不自在的待遇，要想留住老主顾，取得新主顾的信任，你需要从以下几个方面入手：

一、放弃不劳而获的念头

翠翠是家政公司长得最漂亮的一位，经常幻想换份工作，不再做那些永远干不完的擦玻璃、清理地板的粗活。

雇主请她干活的时候，如果是男雇主，她总会找各种理由和雇主套近乎，尽量拖延时间，好在雇主家里多待一会儿。碰到女雇主，她就边发牢骚边干活，弄得女雇主很气愤，经常被投诉。

后来，找翠翠干活的人逐渐减少，没人需要她，她不得不到工厂去干更辛苦的活。

翠翠这种不劳而获的想法是不对的，作为保姆，如果你不好好做事，人家就没有付钱请你做事的必要。天上从来不会掉馅饼，有付出才会有回报。一旦如翠翠一般，那你的职业生涯离结束也就不远了。即使换了别的工作岗位，也是一样的下场。

你的做事原则应该有这样的一条：踏实做事，实在拿钱。

二、不敷衍雇主的任务安排，不拖拖拉拉

晓刚是专业清理室内卫生的钟点工。雇主把他请到家里，他没有像别的保姆那样在屋里到处乱转，而是换了工作服，立刻投入了工作。雇主请来盯着的朋友也"失业"了，无聊地翻看手机。因为晓刚知道自己要干的活，也知道时间就是金钱，拿了别人的钱就要把钱的价值兑换完成。

接受晓刚服务的雇主是这样评价他的：认真、一丝不苟、不磨洋工，能听取雇主的任务安排，并提前完成任务，是钟点工里最守信用、活干得最好的。因为晓刚的认真负责，请他的人都要预约。有的人家还提前把钥匙给晓刚，请他抽空去收拾房间。

时间就是金钱，对任何人来说都是这样。不管你是从事什么工作的，尽快完成你的工作任务，你就有更多的时间去做其他事情，不管是继续工作还是休息，一天24小时都不会被浪费，都会过得很有意义。对保姆而言，当雇主给你安排了明确的任务之后，立刻行动是你应该做的事情，这是一种负责任的态度，也是一种专业的职业素养。

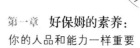

你的做事原则应该有这样的一条：立即行动，绝不拖延。

三、一旦接受任务就一定要尽力做到最好

小军和晓刚是哥们，一开始干家务的时候，总觉得雇主盯着他，把他当小偷提防，心里反感，干活也不认真，渐渐地，就没有人找他干活了。后来，他看到晓刚每天忙个不停，而他只能在宿舍里休息，也赚不到什么钱，开始着急起来。

晓刚告诉他，要想不让别人那样对你，还得看自己怎么做。既然接受了人家的任务，就要拿出自己最好的状态去全力以赴地做好，不能让雇主挑出毛病，再回去返工。一旦返工，下次雇主就不会找你了。

晓刚带着小军做了一段时间后，就让他独立工作了。现在小军每天预约电话也响个不停。他开心地对晓刚说："今天，一位雇主提前把酬金给我了，太开心了！"

晓刚的话说得很对，你把事情做好了，雇主满意了，认可你了，你才有继续工作的机会，若是让雇主觉得你难以胜任，他肯定会换别人来做。职场生存法则也是讲究优胜劣汰的，你不愿意付出努力去精益求精地工作，自然有其他人愿意这么做，若他的能力比你强，做事比你认真，收费和你一样，雇主有什么理由找干活还需要返工才能做好的你呢？即便你曾经做事吊儿郎当、得过且过，只要现在能意识到自己的问题，并积极改正，也会迎来幸福的明天。

你的做事原则应该有这样的一条：要么不做，要做就做好。

7. 不断学习，让服务越来越周到

保姆在进入雇主家之前，规范化管理的家政公司都会对其进行技能培训。但是俗话说得好："活到老，学到老。"只是从前接受过技能培训，就能靠这些有限的知识去以不变应万变吗？当然不行。不管从事什么样的工作，都不能忘记学习，按流行说法就是要有可持续发展观，或者说要接受继续教育。保姆职业也一样，也要有这种观念，或者说要有继续学习的准备。

陈霞是农村出来的女孩，只读过初中，在城市里摸爬滚打地干了10年的保姆。随着保姆业的逐步规范和雇主家庭对保姆的要求越来越高，陈霞不得不捡起书本，学习关于家政服务方面的技能和一些职业素养。陈霞说："以前雇主找保姆只是看看外表，随便问一些简单问题，现在可不一样了，雇主了解得可细致了，特别是一些琐碎细节问题。比如，你会用多少种方法烧鱼、各种蔬菜的营养标准、保洁过程中有哪些注意事项，甚至还问你会不会操作电脑来给家庭开支记账。"

陈霞所说的情况还是很有代表性的，这些内容只是常规性的技能，还有些比较特殊的情况，更需要我们去认真学习。比如，特殊病人的照顾、不同时期婴幼儿的照顾和管理，甚至还会有家庭宠物需要你照顾等。只有你掌握的技能广泛而扎实，你的就业机会才能大于其他人。

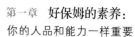

　　陈霞曾在一个雇主家做过一段时间保姆。一次，女雇主带着自己5岁的女孩和家里的宠物狗在花园里面玩耍。这条狗一般是雇主亲自喂食和管理的。开始的时候这条狗还活蹦乱跳地和孩子嬉闹，不知道怎么了突然哀鸣起来，趴在地上显出一副可怜的样子，引得小女孩也伤心起来，泪水涟涟，雇主一时不知所措。因为这条狗是男雇主买来的，女雇主不清楚这条狗的特性和习惯。

　　这个时候，陈霞过来询问了一下狗的饮食情况，得知女雇主下午让狗吃了鱼。陈霞是个有心人，这条狗刚进家里，陈霞就在电脑上查看了这条狗的品种特性和生活习惯。陈霞说："这条萨摩耶有一个致命弱点就是胃肠很脆弱，不能吃坚硬的食物，特别是有骨刺类的食物。所以，现在得赶紧送宠物医院进行救治。"

　　后来，果不其然，医生的诊断也是如此，在对症下药后，萨摩耶脱离了危险，又变得生龙活虎了。不久之后，陈霞被家政服务公司评为高级保姆，薪酬也大幅度提高了，雇主们都争相来雇用她。

　　无疑，陈霞的服务是非常周到的，这正是源于她不断学习。现在的雇主所看重的不仅是保姆的专业技能，还包括那种为了提高服务质量而不断学习的态度。为了提升自己的工作能力，保姆不仅要学习一些基本的职业技能，还得有针对性地学习一些专业知识，这样才能对各种突发状况解决有道，不会陷入"我不会啊"的尴尬境地。

　　想要学习，渠道有很多。向有经验的保姆拜师学艺是一种渠道，购买有关家政服务业（保姆）的图书也是一种渠道，去专门的保姆培训班学习则是更为系统的学习方法。如果你已经是一位技能高超、经验丰富的保姆了，但仍有自己工作上的薄弱之处，不妨进行有针对性的学习，比如居家安全、食品安全、宠物饲养、居室美化等。

　　需要注意的是，任何学习的过程都应该是一个由浅入深的过程，别想着一下子就把最难的知识学会了。而且这个学习过程也需要实践，脱离实际啃书本不行，你得在实际工作中，边实践边总结，这样学习的东西才是实实在在的。

8. 懂得自律：为自己的行为负责

保姆本身就是一个需要负责任的工作，保姆工作时的行为直接影响保姆的工作质量。如果保姆不知道自己行为所带来的影响和后果，甚至选择了逃避和推卸责任，那么他是不能胜任这种工作的。

有人曾经在劳务市场请过一个保姆，后来辞退了。说起这个保姆他是叫苦不迭。事情是这样的，男雇主的老岳父患有轻度老年痴呆症，因为老婆要出国几个月，他怕家里忙不过来，所以就暂时请了一个保姆。

可能保姆知道自己只能在这家做几个月吧，所以做起事情来就非常随意。比如在家里面穿戴随便，穿拖鞋四处乱跑，喜欢乱翻家里东西，经常出入主人卧室，随便开关电器，而且说话大声、肆无忌惮。雇主觉得保姆把应该做的事情做了就行，也没有过多干涉。

但是保姆到最后却随意得让人大跌眼镜。一次男雇主刚到小区门口，发现保姆居然坐在老人的轮椅上，让老人慢慢推着她。男雇主当然不高兴了，于是当晚就辞退了保姆。

这个保姆之所以被辞退，是因为她一点自律意识都没有，根本不在乎自己的行为会给他人带来什么影响，对自己的行为一点都不负责任，以后的

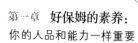

职业生涯也不会长久。一个对自己行为不负责任的人,想把事情做好是很难的,想做成大事就更难了。

与之相反,下面这个保姆的故事就是对自己严格自律的典范:

琼是厦门的一个保姆,35岁。一次琼在主人家里不小心打碎了一个花瓶,虽不是古董,但也值好几百。因为是擦拭的时候打碎的,主人也没有多说。最后琼还是去市场买来一个一模一样的花瓶。这件事情让雇主很感动。

一次,在雇主要求下,琼背着雇主5岁的儿子下楼梯,不小心脚下一软,两个人都摔下了楼梯。琼一脸歉意,说要带着孩子去看一下医生,医药费算自己的。雇主没有同意,自己带孩子去了医院。后来雇主发现,那次下楼梯摔跤是因为琼在前一天晚上受伤了,至今身上还有青紫的瘀血痕。雇主为自己不了解琼的情况而自责,不应该要求保姆背孩子下楼梯。

在这里,我们不能光看到雇主的大度和仁慈,更应看到保姆那种严格自律的精神。因为琼觉得:必须要完成雇主交给的任务,必须要对自己犯的错误负责。毫无疑问,这种有自律精神的保姆是受欢迎的,更是值得学习的。

我们不能认为雇主不在眼前监督,我们所做的事情就可以敷衍了事,我们所犯的错误就可以遮掩过去。即便你逃避了责任和义务,拿到了不劳而获的工资,你也是一个失败的保姆。别人聘请这样一个缺乏职业道德和职业素养的保姆,只是为了应急或者收费便宜,而不是因为你是多么优秀的保姆。

9. 保姆应该具备的心理素质

一个让雇主放心的保姆，不仅要拥有健康的身体，还要拥有健康的心理。现在的保姆大多面临较大的就业压力，其心理健康问题也面临严峻的挑战。如果保姆没有良好的心理素质，很容易给雇主及自己带来麻烦。

很多人都对广州韶关的"毒保姆"何天带并不陌生，她一手制造的"毒保姆"案件震惊了全国，一时引起社会公众对于保姆群体的热烈讨论，民众也对保姆的心理健康问题特别关注。

何天带45岁，原本只是一位普通的保姆，可是为了早点拿到工资，她竟然对一位羸弱的老人狠下毒手。在案发当日，她先让老人喝下一碗毒汤，又用针筒吸满毒汤注入老人的腹部，几个小时后见老人没有断气，又用绳子勒其颈部，最终导致老人死亡……

何天带究竟是在怎样的心理状况下才变得如此狠心？保姆群体的心理素质究竟如何？雇主怎样才能请到一位靠谱的保姆呢？大家讨论的这些问题值得深思。

在保姆行业，有一个现象值得我们关注——虽然近几年频繁曝光出"天价保姆""金牌月嫂"的新闻，不过绝大多数保姆还是处于弱势的低收入群体，主要以女性为主，其中有三分之一是单身或者离异的50岁以上的女性，她们工作压力巨大，工作时间也经常日夜颠倒，所以或多或少地出现了一些心理障碍。这些心理障碍不仅会影响到保姆的工作及身心健康，还会潜移默化地影响到雇主的家庭，比如"毒保姆"何天带就是一个反面的例子。

如果你想成为一个让雇主放心的保姆，就必须具备良好的心理素质，让自己的身心始终处于最佳状态，这样才能为雇主提供最好的服务。

一、让雇主放心的保姆应该具备的心理素质

（1）活泼开朗、心情愉快

这是心理健康的重要标志。愉快表示人的身心活动处于积极和谐的健康状态，在遇到工作问题时懂得轻松面对、正确处理，而不会采取极端手段。

（2）富有同情心与耐心

保姆在雇主家中需要付出极大的爱心，同时需要处理各种琐碎的小事，如果没有同情心与耐心，每天都是冷漠、机械地工作，使自己总是处于焦虑的状态，那么只会把工作做得越来越糟糕。

（3）情绪能持续稳定

保姆的情绪稳定说明个人的中枢神经活动处于相对的平衡状况，心理状况也很正常。如果保姆的情绪长期不稳定，甚至喜怒无常，就需要进行调整了。

二、心理健康的十条标准

美国心理学家米特尔曼和马斯洛还提出了心理健康的十条标准，保姆可以根据自身的情况对照一下，看看自己的心理是否处于正常状态：

①拥有充分的安全感。

②生活的目标切合实际。

③与现实的环境保持接触。

④充分了解自己，并对自己的能力做出适当的评价。

⑤保持人格的完整与和谐。

⑥具有从经验中学习的能力。

⑦能保持良好的人际关系。

⑧适度的情绪表达与控制。

⑨在不违背社会规范的条件下，对个人的基本需要给予恰当的满足。

⑩在集体要求的前提下，较好地发挥自己的个性。

10.自信带来的优质服务

做事要有自信，不自信就做不好任何事情，做保姆也是同样的道理。家政服务业的自信很大程度上取决于态度，当然基本的职业技能也是自信的基础。

保姆小宋服务于一对工薪阶层之家，平时雇主夫妻工作非常忙，所以午餐基本上由小宋操持。当初雇主也是看到小宋有这个特长，所以选择了她。小宋与他们的关系也比较融洽。

某天的闲谈中，小宋得知男雇主想请主管吃过饭，但又嫌酒店的饭菜过于昂贵。夫妇二人就请小宋帮忙拿主意。小宋说："这个不是问题，你们可以把主管请到家里来吃饭，只要清楚主管喜欢什么样的菜，或者他喜欢什么口味的菜，我保证让主管吃得满意。"雇主夫妻一听小宋这么说，便眉开眼笑地说："好，过几天这个任务就交给你了。"

其实小宋在从事保姆这一行之前，曾经在一家酒店后厨做过帮厨，对一些菜系的烧法颇有研究。平时做菜时，也都变着法子把新式的东西弄出来，久而久之，在烹饪技能上，小宋心里也是有些自信的。

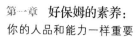

两天后，雇主把主管的饮食喜好告诉了小宋。小宋听后，默默地点点头，并说："放心吧，我一定让主管吃了以后还想来。"

周末晚上，主管来了，还带来了他的夫人和孩子。雇主一家格外高兴，小宋适时地泡好了主人准备好的高档茶叶，还给孩子准备了自己做的特色点心，色香味俱佳，孩子吃得狼吞虎咽，乐得主管夫妇哈哈大笑。

晚餐开始了，主管夫妇一看小宋端上来的菜，盘盘都是五星级酒店的水准，惊愕地看着雇主说："你家请厨师了吗？"雇主笑着说："这是我家的保姆，菜做得不错，您尝尝看，好的话以后经常来。"

主管把菜送进嘴里细细品尝，连声称赞："太好吃了！"主管夫人是个美食家，也对今天的菜赞不绝口。小宋看他们吃得满足，心里也暗自高兴。

送走了主管一家，雇主夫妇回到家里，立刻请搞卫生的小宋停下来，对小宋说："我们可真耽误你这个大厨师了，你的手艺太棒了。如果你今年不走的话，我们继续请你。我马上要加薪了，也会给你加薪的。"

小宋不仅完成了本职工作，还出色地完成了一个相对困难的任务，使雇主对小宋的认识有了一个非常大的提高。小宋为雇主提供的优质服务无疑是成功的、出色的，这都源于她的自信及高超的技能。也就是说，想要做最好的保姆，你需要拥有"我可以做到最好"的自信。

那么，身为保姆，如何在服务过程中做到自信满满呢？

一、提高职业技能，让自己心里有底

自信不是凭空而生的，它必须有坚实的根基，正如俗话说的"没有金刚钻别揽瓷器活"。职业技能对于刚刚接触保姆行业的人来说多多少少都是有的，这也是自信的来源。但想要拥有更多的自信、提供更好的服务，就需要不断地、积极地去学习，提高自己的职业技能。如果你只是会洗衣服，那么你只有"我能把衣服洗好"的自信，却没有"我能把衣服收拾妥当、叠放整齐"的自信，你必须学会有关衣服护理的其他技能；如果你只是会炒菜，那么你只有"我会炒菜"的自信，却没有"我能炒出五星级饭店大餐水准"的自信，你必须多读点书，了解营养学的知识，懂得营养搭配和各个菜系的特点。如果你能充分把握这些技能，无论走到哪里，都会自信满满，你的职业道路就会越走越宽。

二、自信而不自负，让雇主真正满意

自信虽好，但绝不能过头，不然过犹不及，变成了自负，反而拉低了职业素养。万万不能觉得自己能做就冒失地去做。倘若故事里的小宋并没有在酒店工作过的经历，也没有研究过这些高档菜肴的做法，她就拍着胸脯说"我能行"，然后硬着头皮去烹饪大餐的话，那么故事就是另一个结局了。

实践出真知，是从前的工作经历给了小宋自信，是雇主夫妇平常的认可给了小宋自信，面对大家的一致好评，小宋并没有自负骄傲，而是继续勤勤恳恳、踏踏实实地工作，依靠着自己的真本事获得了涨工资的机会。这种低调、有内涵的自信才是我们所提倡的，也是保姆们应该学习的。

11.永远不要失去自尊心

相信看到下面这则新闻的保姆，心里都会有些想法。"春节过后，上海市民有望请到保姆上门提供'跪式服务'。保姆在第一次上门时，以及需要体现'主从关系'的场合，要向雇主双膝下跪，以示诚心。'下跪式'保姆的工资要高于普通保姆一倍以上……"

相对于保姆提供的传统服务来说，"跪式服务"可以说是变态的侮辱人

的行为，只是为了满足极少数人那高人一等的虚荣心，超出了很多人的心理承受能力。在封建社会，奴隶和仆人见到主人下跪是一种传统，封建君主定立"下跪"这一习惯，就是为了道貌岸然地对奴隶和仆人进行人身侮辱，时刻提示自己凌驾于他人之上。这种"下跪"的陋习，早已被历史淘汰，并严厉禁止。如果再次掀起这一封建陋气，被别有用心的人推广，这种背离正常的人际关系的营销方略会让社会风气遭受严重的破坏，使好不容易树立起的人人平等的观念遭到质疑。

保姆这个特殊职业，自尊心显得尤为敏感和重要，我们应当对这种风气和行为说"不"，绝不能为一点点利益丧失尊严和信仰。常言道："爱人者，人恒爱之；敬人者，人恒敬之。"尊严是自己争取的，没有其他方法可以获得。人一旦没有了自尊必将得不到他人的尊重，就会给工作甚至生活带来无尽的烦恼或悲哀。

小芳因为家庭困难早早辍学，到一位商界老总家当保姆。为了多赚点钱供年幼的弟弟妹妹上学，她接受了"跪式服务"培训。上班的那天，老总特意开车来接她，并一再嘱咐进门该先给谁下跪。

推开门的那一刻，小芳愣住了，屋内站着的男孩和她的年龄相仿，还有两个六七岁的小孩正好奇地看着她。她犹豫了一会儿，下定决心，走到老总父母的面前，落落大方地进行了自我介绍，亲切地称呼爷爷奶奶，还热情地为奶奶捶肩膀。

老总气得不行，把小芳叫到花园里，责问道："说好的进门下跪，为什么不兑现，我付的钱不是白付了吗？"

小芳哭了，抽泣着说："我本来是要下跪的，可是看到哥哥和小妹妹们在，我不能让他们看到这种丑陋的行为。在学校，老师就教育我们说'人人平等'，我不能让教育在我身上失败。如果你非要我下跪，能不能等他们不在？"

老总听完，想了很久，对小芳说："你今天做得很对，孩子，你给我上了最好的一课啊！说实话，看到你，我想到了以前的自己，现在这个荒唐的我以后不会再出现了。在这个家里，以后再不提下跪，好好做你的事，有困难对我说，我会帮助你！"

小芳的自尊自爱、不卑不亢迎来了老总的信任，也为自己迎来了友谊。3个孩子并没有因为她是保姆而轻视她，他们都把她当成了好朋友，有好吃的、好玩的都喜欢和小芳分享。

通过小芳的经历可以看到，作为一位有职业操守的保姆，除了要尊重雇主之外，更应该尊重自己，不要看不起自己，更不能看钱办事而降低自己做人的底线。想要在保姆这一行业拥有更高的收入，靠的不应该是"下跪"和讨好，而应该是更好的职业技能和职业素养。闲暇的时候，不妨多学点烹饪技术、多掌握些家用电器使用方法、多学点护理知识和育儿常识，让自己拥有过人的技能。总之，只有做好了本职工作，才能使自己走向事业成功的光明大道，才能获得更多的尊重和认同。

12.在诱惑面前要守住自我

"雇主实在让人难以忍受，每次我干活的时候，雇主的眼睛像提防贼一样紧紧地盯着我，好像我是小偷，一不留神就要拿走他家的东西一样。"有些保姆也许会这样愤愤不平地说。之所以会发生这样的事情，主要是在保姆群体中确实有一部分人手脚不干净，喜欢顺手牵羊地将雇主家的东西偷走。

这种行为实在是侮辱了保姆这个职业。

保姆在取得雇主的信任和尊重后，要时时刻刻提醒自己，面对各种各样的诱惑不动心，坦坦荡荡做人、光明正大做事。这也是能力与人品并重的集中体现。

小丽经亲戚介绍给一户人家当保姆。到了女雇主家之后，她才知道自己家多穷。女雇主家冰箱里的各种鱼类她都没见过，更别提做了。幸亏小丽会上网，根据鱼类的形状，竟然把那些没有见过的食材做成了美食。女雇主很高兴，经常送些自己不穿的衣服给小丽。

有一天，小丽买菜时遇到亲戚，亲戚对她说："别人做保姆都发财了，主人家的东西都往家拿。若她追究，就找下一家。"小丽说："我这衣服就是女雇主给的，多好看！""去去，多大的出息。"亲戚恨铁不成钢地说："拾人家的旧衣服穿，没看出哪儿美，有本事，就弄些值钱的东西贴补家里。"

小丽回去之后开始闷闷不乐，收拾家务也心不在焉，她以为自己病了，打算过几天向雇主请假，回家休息一段时间。

某天早上，小丽收拾房子时发现垃圾桶里有一部手机，她好奇地拿起来，擦拭一下，心想：好好的啊，为什么扔了呢？她把手机擦拭干净后放在了雇主的床头，然后就出门买菜去了。

刚出门，正好女雇主风风火火地回来了，她见到小丽第一句话就是："快快，快找我的手机。"小丽进屋拿出那部手机交给了雇主。"谢天谢地！"雇主把手机放在嘴里亲了一下，"差点耽误大事！"雇主又风风火火地走了。小丽一下子觉得自己的病也好了。

女雇主这天谈成了一笔大生意，回来送给小丽一件礼物。小丽打开一看，竟然是崭新的、刚上市的最新款手机。她惶恐地还给雇主。雇主笑着说："这是奖励你的，谢谢你及时发现我掉进垃圾桶里的手机，给我挽回了损失！"雇主停顿了一下又说："你是我遇到的最好的保姆，这部手机留给你上网查菜谱用吧，等过年时，我再送你一部笔记本电脑！"

小丽面对亲戚的挑唆，内心是有点动摇的，但当她面对一部唾手可得的手机时，却守住了自己的底线，把手机归还给了女雇主。结果，通过自己的劳动获得了自己想要的珍贵礼物，更获得了雇主对她的尊重和信任。

要知道，打工是为了赚钱，但钱要来得干干净净才行，凭自己的真本事赚的辛苦钱才花得心安理得。想要过上更优越的生活，不能靠偷东西、靠骗人。违法的事情坚决不能做，否则就是自毁前程。面对诸多诱惑，一定要冷静理智，想想后果，衡量一下这么做是否对得起雇主对自己的信任。

13. 在水深火热中化解矛盾

和雇主融洽相处是保姆服务过程中的一门大学问。如果和雇主或其家庭成员之间发生了不可避免的矛盾，可以看看下面的例子，学习一下别人是如何化解矛盾的。

一、保姆如何化解与女雇主之间的矛盾

小娴的女雇主自知长得没有小娴漂亮，加上丈夫当初是想尽一切办法把小娴从朋友家请到自家的，她心里就很不满，看小娴的眼神就不对劲了，有时候还当着丈夫的面指使小娴干这干那。

有一次，女雇主在小娴的床头发现一串珍珠项链，竟然和前不久丈夫买给自己的那条一模一样。她又开始犯疑心病了：一定是丈夫买了两条，一个人一条，他们之间一定有不寻常的关系！等丈夫下班回家后，她便大声训斥

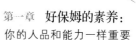

并打砸家里的物品，扬言要离婚。男雇主怎么解释，女雇主都不相信，依旧不依不饶。

小娴带着孩子买菜回来，看到家里狼藉一片，放下菜赶快收拾起来。女雇主一把打掉她的扫把，并对她说："这个家是你走，还是我走？"

小娴闻言，明白发生了什么事情。她抱起了在旁边吓得一直哭的孩子，真诚地对女雇主说："如果我和您的丈夫之间真的有什么，我还用继续做这些脏活累活吗？我们之间只是单纯的关系，别的关系从前没有、现在没有，以后更不可能有。那条项链是我老公送给我的，是现在非常流行的款式，所以跟您的那条项链一模一样也是正常的。而且项链的包装盒和发票都在我这里，您可以看一下，那条项链是在我老家的商场买的。如果我是您，是绝不会因为毫不相干的保姆而舍弃孩子和深爱您的丈夫的。"

小娴的一番话让女雇主有了安全感，她不再哭哭啼啼，情绪也缓和了下来。小娴对女雇主简单介绍了自己的家庭情况，并开导她如何处理好与丈夫的关系。

从此以后，女雇主有了烦恼和拿不定的主意都要和小娴商量，并让小娴帮她出主意。

二、保姆如何化解与小主人的矛盾

小娴的小主人是个调皮捣蛋的男孩，经常故意捉弄小娴。比如家长不在家的时候，他就在家里的壁纸上胡乱涂抹，这样给小娴增加了工作量。

有一次，小娴刚把饭菜摆上桌，雇主夫妇就下班回来了。女雇主穿拖鞋的时候，发现拖鞋里有一坨狗屎，生气地把拖鞋扔进了垃圾桶，并且责怪了小娴打扫卫生不彻底、不认真。

小娴十分纳闷：我明明都收拾干净了呀？当她看到小主人得意地搂着小狗笑时，似乎有了答案，等小娴到卫生间的垃圾桶一看，早上收拾的那坨狗屎不见了，她就明白了。但是小娴并没有多做解释，也没有向雇主告小主人的状，而是装作没事一样继续忙着自己手里的事情。

第二天，午睡醒来的小主人又跟猴子一样乱蹦乱跳，不小心把妈妈的高档化妆品瓶子弄碎了，生怕父母惩罚的他吓得呜呜哭了起来。小娴赶快给小主人的伤口进行消毒、包扎。然而抱着他，不停地安慰，并告诉他："等会阿姨去街上买个一模一样的，这样爸爸妈妈就不会生气了。但是以后不许再做恶作剧了，也不许捉弄我、欺负我。阿姨很喜欢你，你对阿姨也要好一点才行。"

从这以后，小主人再没有捉弄过小娴，还主动请小娴教他画画，跟小娴学习数数、背诵唐诗。

小娴通过自己的行动和真诚的态度，化解了来自不同方面的矛盾，赢得了一家人的信任和尊重。倘若她是一个遇到矛盾和问题就慌神、手足无措的人，那么刚才的两件事也不会得以完满解决的。在水深火热中化解矛盾的能力既归功于她的高情商，也归功于她作为一名保姆的职业素养。

14. 如鱼得水的"雇佣"关系

网络上有关保姆与雇主间关系恶劣，甚至诉诸法庭之事并不鲜见。当然这样的事情无论雇主还是保姆都是不愿意碰到的。每个保姆都想与雇主有如鱼得水的"雇佣"关系，像一家人一样生活在一起。搞好"雇佣"双方的关系，也是雇主和保姆共同的愿望。

苏丽是南京一家家政服务公司的保姆，从事家庭服务业已经快10年了，现受雇于一个单亲家庭，雇主是位女性白领，有一个8岁的儿子。苏丽只负责接送孩子来去学校、做饭、洗衣、拖地。开始时，女雇主与苏丽很有距离感，平时见面少，说话更少，即使说几句，也是生硬地交代事情。苏丽以前很少遇到这种情况，便隐隐觉得女雇主似乎看不起自己，感觉有些别扭。

后来发生的一件事情彻底地改变了她们的这种关系：一天苏丽接孩子放学时，被老师告知孩子在体育课活动时不小心摔破了胳膊，但并没有什么大碍。苏丽考虑再三还是顺道去了小诊所，给孩子擦了一些止疼消炎的药水。

晚上，女雇主回来听到这件事后却大发雷霆，质问苏丽为什么没去正规大医院检查。无论苏丽怎么解释，女雇主就是不听，后来女雇主还偷偷在自己房间哭。苏丽心想：我做得已经很不错了，想去医院你现在去也不迟呀？女雇主不管不顾的哭声还是让苏丽不忍心，于是，苏丽敲开了女雇主房门……

通过一番交流，苏丽终于明白女雇主的苦楚。原来女雇主因为单亲自卑，一直很少与外界交流，有点自我封闭的倾向。苏丽表示非常理解女雇主的心情，并进行了耐心的开导和细心的安慰。

因为这件事，女雇主和苏丽的关系变得和谐融洽，有时候甚至像姐妹一样说笑。如今，她们的关系已经到了无话不说的地步，可以说苏丽取得了如鱼得水的"雇佣"关系。

一、如鱼得水不代表肆无忌惮

但不管和雇主的关系达到什么程度，即便是"如鱼得水"，也不意味着可以在雇主家里享受充分自由，想怎么和雇主说话就能怎么说话、想做什么就能做什么。该完成的任务还是得不折不扣地完成，这是身为保姆的责任和义务。从某种程度上来说，"如鱼得水"是雇主对你的一种信任，是一种亲切贴心的表现，是对你最大限度的尊重，而不是你想怎么样就怎么样。

二、做好本职工作是关系融洽的基础

从保姆的角度出发，这代表着她更应该做好本职工作，严格按合同要求或者雇主的意愿做事。因为这正是雇佣关系产生的根本原因，雇主是雇你来做事的，不是来做朋友的。要首先取得雇主的信任，才能建立起良好的人际关系，这样对以后的工作大有帮助。

三、用更优质的服务进一步拉近关系

做好了这些，才能更好地享受融洽的雇佣关系和工作环境。要想雇佣双方能互惠互利，彼此之间要互相尊重，并在雇主授权下做好工作，要在生活习惯方面和雇主保持一致，学会站在雇主的角度，充分领会雇主意图，考虑问题、做好事情。这样才能使雇佣关系越来越好，越来越融洽。

四、真诚待人，用心服务

一个好保姆想要很好地融入雇主家，得学会真诚交流，爱护和关心雇主家的每一个人，特别是老人和孩子，一定要关怀备至。真正做到"急雇主之所急，想雇主之所想"。如果把雇主的家当成自己的家，尽心尽责，那么什么样的矛盾都可以化解。如此之后，如鱼得水的"雇佣"关系迟早会有的。

15.当你不得不离开的时候

和雇主关系再好，总有离开的一天，如何在离开的时候不留遗憾、留下彼此的美好记忆呢？

一、主动解除雇佣时，该如何离开

李嫂在雇主家一干就是10年，雇主家早把她当成了一家人，吃饭一起吃，吃完饭还会主动帮助李嫂收拾碗筷。晚上，还会带李嫂去跳广场舞。

李嫂的儿媳要生产了，李嫂不得不向雇主提出了辞职请求。雇主一家虽然依依不舍，还是结算了工资，准备送李嫂回家乡。

李嫂到街上给雇主家每人都买了小礼品，并把家里细细地打扫了一遍。李嫂走的那天早上，整个单元的邻居都出来送行，有人还送来礼物，让李嫂回去用。李嫂眼睛红红的，挥手和大家说了一遍又一遍再见。

李嫂当保姆时间久了，完全融入了雇主家，就连与邻居的关系也很融洽，才出现一个保姆走大家齐相送的场景。如果你因为自身的原因而想要离开雇主家，那么一定要提早和雇主说明，以便他能及时地雇佣别的保姆接手相关工作。不能早上说离职、下午就不辞而别，这会给雇主家带来麻烦，也会给自己的信誉带来影响。

二、被动解除雇佣时，该如何离开

小小到雇主家才两个月，因为粗心大意，做的饭菜雇主不喜欢吃，经常把金鱼撑死了，还把雇主最爱的花盆打碎了。雇主实在难以忍受，主动解除了雇佣关系。

小小心里很难受，她其实也很喜欢金鱼，每次都想把它们喂饱，好让金鱼快活地游泳。她没想到金鱼还会撑死。那盆花，因为里面生了小虫子，她去清理小虫子，因为一只小飞虫飞进了她的眼睛，她一慌，把花盆打碎了。虽然对雇主解释了原因，雇主还是难以接受。

临走的早上，小小主动清洗了鱼缸，并把花浇了一遍，每片叶子都青翠欲滴。她拿出一包药，对雇主说，这包药过两个月给花浇水的时候，放进去，小飞虫就没有了。

雇主接过那包药，对小小说："对不起，误解你了，希望你能在下一家好好工作。"

小小笑着说："如果需要帮忙，给我打电话，我会过来义务帮您干活！"

小小用自己的真诚和行动，在离开的那一刻，赢得雇主的谅解，并给双方留下了缓和的余地。如果你是因为自己的过错而被辞退的，千万不要有怨恨和报复心理，更不能负气之下一走了之，与雇主彻底决裂。就像老话说的，"买卖不成仁义在"。有错，就承认、致歉，能补救就补救，不能补救也应该真诚以对，这才是思想成熟稳重、有责任感的保姆会做出的事情。

三、雇佣关系解除时，该如何离开

马丽和雇主签约一年的时间到了，也就是说，他们的雇佣关系到了日期就自动解除了。因为雇主请马丽是为了接送孩子上学，现在孩子不需要接送，马丽留在家里就没必要了。

日期还没到的时候，马丽就开始为家里大扫除，把窗帘、床单、被罩拆下清洗，冰箱、空调也进行了擦拭，还把小孩的书籍进行了分类，把那些绒毛玩具也都洗得干干净净。

晚上，一家人都说，不舍得马丽离开。女雇主还主动给闺密打电话，想让马丽到她家照顾孩子。闺密一听马上同意了，并回话说，明天早上开车来接。

马丽在工作范围之内，兢兢业业，并没有因为合同要到期就放弃工作不干，而是自觉地增加工作量。马丽这样做也为自己今后的工作铺垫了坚实的基础。像马丽这样的保姆，谁不喜欢，谁又舍得她离开呢？如果你的雇佣合同到期了，你可以和雇主商议，是否续签合同，雇主若是另有打算，你也应该坦然接受，另谋新的雇主；若是你另有打算，已经联系好了薪资更高的工作，那么也应该尽心尽力地做好最后一天的工作，并对雇主的挽留做出积极的回应，表达出你的谢意和婉拒。

第二章

礼仪风俗全知道：

做 一 个 彬 彬 有 礼 的 现 代 保 姆

　　不同的行业虽然具有不同的工作内容，但是他们都需要从业者具备一定的礼仪知识。保姆作为家政服务的一种，像其他行业一样，也有自己的礼仪。从衣着服饰到言谈举止，从厨房的锅碗瓢盆到客厅的端茶倒水，从日常的打理生活起居工作到操办民俗节日，都有自己的礼节，作为一名现代保姆，必须对保姆行业的礼仪有一个基本的了解，做一个彬彬有礼的保姆。

1. 不要随便给礼仪下定义

很多雇主都希望自家的保姆能够彬彬有礼，言谈举止间透露出一定的文明素养。不过，大多数保姆都没有把好"礼仪"关，在雇主家工作的时候总是毛手毛脚，说话的嗓门还大得惊人。面对保姆的这些不礼貌行为，家政服务行业对保姆提出了"三轻"要求——说话要轻、走路要轻、操作要轻，而且在言谈举止间要给人一种亲切、友善、温柔的感觉。

一、保姆对于礼仪的常见误解

保姆要懂礼仪，这是众所周知的事情。那么，究竟什么是礼仪呢？

有些保姆认为，拿人家的手短，吃人家的嘴短，拿了雇主的工资就应该一切听从雇主的安排，雇主就是自己的主人，自己就是为主人扛活的仆人，因此处处对雇主言听计从、低眉顺眼，更有甚者，对雇主是唯唯诺诺，典型的一个奴仆心理。其实这种心理是错误的，职业只是分工的不同，没有高低贵贱之分，雇佣双方是一种合同关系，而不是主仆关系。保姆也是一种职业，所以保姆和雇主之间也是一种雇佣关系，而不是许多保姆认为的主仆关系。所以保姆没有必要在雇主面前低三下四，我们是靠劳动吃饭，完全可以挺起胸脯做人做事。但是抬起头做事也要讲究礼仪，不能随心所欲，更不能没有一点规矩。

二、礼仪常识对于保姆来说非常重要

一位姓王的雇主曾经请了一位外国籍保姆，他和老婆整天忙于工作，家里的孩子没人照顾，本想请一位外国保姆来照顾并且教育自己的孩子，结果由于文化观念上的差异，导致相处过程中出现了许多问题。比如这位叫索拉亚的保姆说话十分直接，不懂得委婉地表达，总是说出一些不合时宜的话，显得很没"礼貌"。加上在教育孩子的时候过于偏向于西方教育，也让王先生夫妇无法接受。结果索拉亚只在王先生家工作了一个月，就被辞退了。而王先生也表示，以后找保姆只会考虑中国的，而且要懂得基本的礼仪常识，这样才能更好地相处，营造和谐的雇佣关系。

每一位雇主都希望找到一位懂礼仪的好保姆，主要是由于以下两个原因：

①懂得礼仪的保姆做事彬彬有礼，能够很好地向雇主表示尊敬，同时也会得到雇主对自己的尊敬。

②礼仪也是一种行为规范，对于人们的社会行为具有很强的约束性，无论生活在怎样的礼仪习俗之中，都会不自觉地受到其礼仪的约束，从而更好地维持人际间的和谐关系。所以，礼仪能够很好地约束保姆的行为，让保姆更好地与雇主相处。

三、礼仪的真正定义

不同的人对"礼仪"一词有不同的理解，我们不能随便给礼仪下定义，但是必须知道礼仪的具体含义。在人际交往过程中，礼仪是一种约定俗成的表现过程，它主要以严于律己、尊敬他人为目的，涉及范围包括言谈、举止、仪表、交往等内容。礼仪需要个人的道德修养作为支撑，能够体现一个人的道德品质及文化素养。懂礼仪的人，会在个人行为中考虑到他人的感受，会在公共场合履行自己的社会义务。礼仪也会因国家、地区和历史文化的不同，呈现出不同的文化形态。在不同的国家及地区和不同的民族和宗教文化中，礼仪风俗也是各不相同的。而且，在日常交往过程中，礼仪修养与个人学历、地位、财富都不一定成正比，尊重他人的文化及风俗习惯，能够体现出一个人的礼仪修养。无论举手投足间透露出的亲近感，还是友善亲和的言语，都是一种形象的塑造，这些都是保姆必须拥有的基本素养。

另外，保姆在家庭服务过程中，还要做好入乡随俗的心理准备，要熟悉当地的风俗习惯以及雇主家的生活习惯，这样才能够提供更好的服务。

2. 你的仪表仪容就是你的说服力

不同的工作性质和工作环境对一个人的着装打扮有不同的要求，保姆的工作性质决定了他的工作对象和工作内容不同于其他职业。保姆所面对的服务对象虽然纷繁复杂，但是这些人有一点是相同的，就是家庭收入不错，对生活品质也有较高追求。这就要求保姆在上岗前一定要先接受培训，提高自己的社交素质、仪容仪表，提高与各类人打交道的能力。

其中，仪容仪表是一个人最直接的外在表现，保姆要获得雇主的认可，一定要注意自己的仪容仪表，着装大方得体，语言文明礼貌，努力使自己符合家政工作的要求。

刘薇是家政公司的老板，据她说，保姆的工资也有三六九等，但是对保姆的判定却没有一个统一的标准，不像其他行业一样有什么等级证。所谓工资高的好保姆，无外乎就是穿着干净利落、说话和气、头脑灵活反应快，给人一种温馨放心的感觉。这样的保姆一般都比较抢手，工资待遇也比较好。

"能雇得起保姆的主都不差钱，打眼一看，气质形象不错，白白净净，手脚勤快，做过简单交流后发现素质较高，事情就定了！"

作为一名保姆，怎样做才能让自己有一个合适的仪容仪表呢？

一、要注意卫生

保姆的一项重要工作就是做饭，如果雇主看到保姆丝毫不注意个人卫生，他们会担心饭菜的卫生情况，这也是他们最注重的。如果保姆不注重卫生，不仅不利于食品烹饪卫生，也会给自己的工作带来很大的麻烦。衣服一定要干净、整洁，个人要做到勤洗澡、勤换洗衣服、勤漱口。上班前不饮酒，忌吃大蒜、韭菜等有刺激性气味的食物。

二、要注重仪表

保姆工作时最好不要穿紧身装，如果公司统一配备工作装，一定要穿工作装，这是对公司的宣传，也是对自己的宣传。如果没有统一服装，要以休闲类、宽松类为好，颜色最好单一、不要花里胡哨，饰物要简洁。这样不仅自己工作起来轻松自如、得心应手，而且会让雇主放心踏实。

三、要注意仪容

保姆要注意衣着打扮，适当地进行修饰是对自己的尊重，更是对雇主的尊重，但是一定要注意：过犹不及。注重仪表不是每天浓妆艳抹、珠光宝气，这样的装扮给人的印象不是保姆，更像雇主，没有哪一位雇主会雇用一位看起来妖艳、轻浮、华而不实的人。不要梳怪异发型，短发最好齐耳，长发最好扎起或盘起。另外，不要留长指甲，更不能涂指甲油，这样看起来像是从事美容美发行业的人。

3.千万别"毁"掉自己的形象

形象是自己的招牌，保姆做事一定要注意维护自己的形象，这是对自己负责，也是对公司和雇主负责。

首先，这是由工作环境决定的。一个经济水平不错的家庭，家里的各方面条件应该都是不错的，如果保姆不注重仪表，说话大大咧咧、穿着窝窝囊囊、干活拖拖拉拉，就很难得到雇主的欣赏。

其次，这是由保姆的工作性质决定的。保姆到雇主家里进行服务，不仅要和雇主打交道，而且要和雇主家的亲戚朋友打交道，如果保姆不注重自己的形象，不仅有损自己的形象，而且对雇主家的形象也有影响。

要注重自己的形象，就要从以下几个方面入手：

一、不雅动作毁形象——举止端庄大方

（1）难以控制的小动作

在雇主家里，特别是客人来访的时候，一定不要当着大家的面有不礼貌的行为，比如抓耳挠腮、挠头抠鼻孔，甚至去随意地挠痒、搓手，这些动作都是非常不雅观的，会让人觉得你没有素质、不懂礼貌。

（2）不懂得回避个人私密行为

保姆以女性居多，女性爱美，但是不管怎么样，都不能当着大家的面搽脂抹粉、涂口红，这是对大家的一种蔑视，更不能当着大家的面脱衣服，特别是脱袜子等，这些行为都是不雅观的，会给人一种没有教养的感觉。所以，如果你想从事或者正在从事保姆职业，就要注意这些穿衣的礼节。

二、不卫生习惯毁形象——要有基本的卫生礼节

保姆还要注意行为文明，不乱扔垃圾，更不能随地吐痰，要时刻保证家里干干净净。此外，还有一些常见的毁形象行为，都应该加以避免。

（1）吃饭时不注重卫生

和雇主一家就餐时，千万不能拿筷子在盘子里面来回扒拉，更不能对着满桌子食物打喷嚏或者咳嗽；打喷嚏或者咳嗽时一定要背过脸，用餐巾纸捂住嘴，避免喷得到处都是；不能随地吐痰，乱扔果皮或者吃剩的食物。以上都是典型的不礼貌的行为，不要说是在雇主家里，即便一般的朋友聚餐，也是无法忍受的。

（2）脸上有污迹，衣服脏臭

虽然容貌有天生的成分，但是后天的修饰也很重要。不管长什么样，好看还是难看，每天都要把面部清洁干净，更不能使眼屎、污渍残留在脸上。头发不管长短都要梳理得顺顺当当的，不能看起来像一头杂草。衣服要干净整洁，做到勤洗澡、勤漱口、勤换衣服，身上不能留有异味，否则在为别人进行近身服务时会非常尴尬。

三、苦瓜脸毁形象——要注意面部表情

不管心情如何，那都是自己的事情。与雇主打交道一定要表情自然，面露喜悦之情，不能整天带着一张苦瓜脸，这样不仅影响自己的心情，更影响雇主的心情，时间长了对自己的工作肯定也会产生不良影响。

四、不修边幅毁形象——要注意服饰

服饰即服装和佩饰的统称。着装整洁、大方得体，不乱佩戴饰品等，这是对保姆着装的基本要求，这样做不仅是为了显示自己的气质，更是为了展现公司的形象。如果着装皱皱巴巴，或者衣服破了不及时修补，或者脏了没有及时清理，都会给人拖沓的形象，没有哪一位雇主会喜欢雇用一个办事拖拉、生活不讲究的人。另外，工作时保姆要穿平跟鞋，最好是平底布鞋或者是休闲鞋，这样便于更好地工作。

另外，维护好自己的形象，在穿衣时还要注意以下几方面：

（1）不能过分艳丽，给人花枝招展之嫌

衣服的颜色最好不要超过三种，色调越单一越好，这样会给人朴素大方的感觉。

（2）不能过分瘦小，给人不庄重之感

保姆穿衣服的时候一定要适度的宽松，这样会给人踏实肯干的印象，如果衣服又小又瘦，不仅穿着不舒服，而且影响工作，让雇主感觉你对工作缺乏热情和信心。

（3）不能过分薄透甚至裸露

保姆一般都是女性，如果穿着过于薄透、裸露，会引起一些雇主的误会，会让自己陷入非常尴尬的境地。对于品行有问题的男雇主，事情就更麻烦了。衣服过分的薄透或者裸露，会引起他的一些非分之想，给自己的工作带来不必要的麻烦。女保姆受到男雇主非礼的现象比比皆是。所以，作为女性朋友，一定要学会保护自己，老老实实干好自己的工作。

4. 文明用语：最打动人心的说话技巧

对于一个人而言，如果他善于驾驭语言，便成功了一半。善于驾驭语言的人，必定是一个擅长说好话的人，善于运用说话技巧的人。保姆和雇主的关系，一方面取决于最初的印象，另一方面在日常的生活中，保姆的说话技巧也是影响双方关系的重要因素。营造和谐的雇佣关系，需要从说话开始。

保姆王美找了一个新的雇主，她设法打听到了那位雇主的前任保姆，便打电话给前任保姆，询问了一些情况，没有想到前任保姆对雇主的怨气冲天。

第一天上班，王美对老板说："您好！听说您非常仁慈，对保姆就像对待自己的家人，从来不以任何理由克扣保姆的工资，并且说话比较直爽，我喜欢和您这样的雇主打交道，相信我们一定会和谐相处的。"

听了王美的夸赞，雇主有点不好意思，初次见面王美就给她戴了这么多高帽子。王美的目的很明显，醉翁之意不在酒，她赞美雇主是为了不让雇主克扣自己工资，不要动不动就对自己发脾气。果然在接下来的日子大家和谐相处，王美每天做好自己的本职工作，雇主对她也非常客气。

掌握说话技巧，日常用语做到文明礼貌，这是最廉价的投资，却预示着最丰厚的收获，对保姆来说也是非常必要的。

一、说好问候语，每天都高兴

如果是钟点工，见到雇主先说"您好"或者"早上好"，如果是长期保姆，吃住都在雇主家里，早上起床就餐也要问候"早上好"，虽然是几个简单的汉字，但是显示的是个人的修养与气质，说明你是一个懂礼貌的文明人。

二、说好告别语，心情一直都畅快

雇主去上班的时候，不要忘记叮嘱一句"路上小心"或者"路上注意安全"等，这样暖心的语言，让雇主觉得你不仅懂礼貌，还是一个很善良的人，很有爱心的人，很乐意体谅别人的人。

三、说好答谢语，让大家都高兴

比如当雇主给你发工资的时候，或者说饭菜好吃或者卫生打扫得很干净的时候，不要忘了跟雇主说声"谢谢"。这一声谢谢是对雇主的尊重，换来的不仅仅是雇佣双方的和谐相处，更重要的是雇主对你的认可、肯定与信任。

四、掌握"四有原则"，处理好雇佣关系

"四有"即有分寸、有礼节、有教养、有学识。说话一定要注意分寸，要和雇主保持一定距离，不能说话太亲近，也不能太疏远；说话要注意礼节，"谢谢""对不起""再见""不要紧""您好"等词语要成为交谈的口头禅；说话要有教养，尽量用普通话交谈，以便和雇主更好地进行沟通、交流，也可以给别人留下良好的印象；有知识，掌握一些现代做家政服务必备的技能是现代保姆必备的素养。每一位雇主都希望自己能够找到一个有知识、有教养、懂文明、会干事的现代保姆。

5.别让不文明用语害了你

一个人说话的方式是别人对你进行评价判断的重要依据之一，也是最简单的判断方式，因为这是内在智力与素养的外在体现，同时也是一名现代型的保姆最应该具备的基本的礼仪。文明的语言，说出来犹如春风拂面、暖流入心，会瞬间拉近人与人之间的距离，同时也说明你是一个素养较高且能力很强的人；而不文明的语言，犹如寒风入骨、冷水浇心，会造成人与人之间的隔阂，同时一个人连话都不会说，别人会因此对你的印象大打折扣。

作为一名现代保姆，在与雇主打交道的时候，一定要学会运用文明语言，知道自己哪些话能说，哪些话不能说，这是最基本的要求，不能让不文明的语言害人害己。

一、说话要有称呼

和雇主说话，避免使用"哎""喂""那个人"等无称呼的用语，这样既可以避免造成不必要的误会，还可以避免给别人带来不舒服感，所以说话一定要有亲切的称呼；避免使用不礼貌的称呼，对于年长的男性雇主不能称呼"老头儿"，年长的女性雇主不能称呼"老太太"，更不能说出"老家伙"等带有骂人性质的语言；避免用烦躁、斗气以及带有蔑视性的语言说话；当雇主对自己有误解，批评指责自己工作做得不好时，不能说赌气的话，比如"老子不干了""姑奶奶不干了""爱找谁找谁吧"等，要耐心听对方说完，避免再出现类似错误。

二、说话要尊重别人的隐私

在平时的日常生活中，首先要记住不能随便打听别人的隐私，一则说明自己有教养，二则说明你懂得如何尊重和谅解别人。隐私，顾名思义就是不可以、不愿意公开的秘密，或者别人有某方面的缺陷，既然这样，就不要随意去打听。比如对方的年龄、收入等，都不要去问，避免让对方尴尬。

三、说话要避免粗俗浅薄

在工作时，说话要注意避免出现粗俗的口头禅，动不动爆粗口，满口污言秽语，虽不能依据一句粗口就给你的为人下标签，但是最起码给人厌恶的感觉，因为一个懂礼貌的人绝对不会经常说脏话，这是礼貌用语最基本的要求。另外，说话一定不要不懂装懂，不懂的地方要注意请教，不能说外行话；如果觉得自己文化水平不高、词汇贫乏，就尽量少说话，不要让别人觉得自己是个什么都不懂的人。所以，谦虚谨慎、不乱说话、不乱发议论、不口吐脏话是一名现代保姆必备的素养。

四、说话要避免忌讳

忌讳主要是指一些不吉利或者被人类社会视为不能提及的现象、事物或者行为，为避免产生不良后果，一般不能提及。比如不能当着大家的面说去厕所进行大小便，甚至更粗俗的语言，特别是在吃饭的时候，要说去"洗手间"，这一方面是人们约定俗成的道德习俗的要求，另一方面也是为了避免带给人心理上不舒服的感觉；平时说话不能提及别人的生理缺陷，"骂人不揭短，打人不打脸"；不能经常提及和死有关的事情，这是不吉利的语言，同时经常提及也会给人带来恐惧感，时间长了雇主就会有意见。

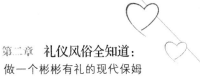

6. 保姆也要懂得"说话之道"

老师有教学之道，商人有经商之道，做官有为政之道，那么作为一个人来说，不仅有为人之道、处世之道、饮食之道，更有说话之道。

一、不要大声说话或手舞足蹈

言为心声，语言传递的是一个人内在的修养，一个不论在什么场合都大声说话的人不是豪爽，而是缺乏礼貌。

说话的时候，表情要自然、亲切，也可适当地做些辅助性的手势，但是动作过大就不适宜了，那就会变成拉拉扯扯、拍拍打打、手舞足蹈，实在有失礼貌。如果你习惯于在说话时用手指人，一定要改掉这个坏习惯，这是不尊重别人的表现。

二、不能背后议论是非

在生活中，我们经常会见到这样的人，他们最喜欢关注那些无聊的琐事，对别人的秘密打探个不停，不仅背后议论别人的是非，甚至将听来的事情添油加醋地传播出去，对他们而言，这就是乐趣所在。这样的说长道短实际上是一种低级趣味，身为保姆千万不能打探雇主的秘密、背后议论雇主的私事，更不能传播雇主的谣言，否则不仅损害人际关系，更会使雇佣关系提前结束。

三、不能不看对象与场合

说话的措辞要根据不同关系和身份有所变化。风俗习惯和语言习惯并不是所有人都相同的，我们在说话的时候，要根据习俗的不同来确定谈话对象是否能接受我们的话。比如，广东人喜欢"8"这个数字，而讨厌"4"，这是因为"8"与"发""4"与"死"听起来差不多。如果你的雇主是讲广东话的，那么当你因遇到非说"4"不可的情形时，用"两双"来代替才是正确而礼貌的说法。

说话不光需要看对象，还需要看场合。当你去参加婚礼时，"祝新婚夫妇白头偕老"是最为适宜的祝福语；当你去探望病人时，"你的精神不错，恢复得挺好""你的气色比我上回见你时红润多了"这些宽慰的话才是对方想听的。

四、不要以自我为中心

有些人说话有个特点，那就是一直在说"我怎么样、我怎么想、我怎么做"，话题始终围绕自己，最喜欢自我吹嘘和自说自话。他们很少考虑对方的感受，只顾着说自己喜欢的话题，认为自己所感兴趣的事情，别人也会感兴趣，大有不吐不快的架势。和这样的人聊天简直是一种折磨。

交谈是一种互动，如果我们不想被别人讨厌，千万不要如此始终以自我为中心地说话，过分关注自我、忽视旁人的交谈习惯最终会沦为"自我孤立"，不仅会让人转身离去，还会给人家留下浅薄和无知的印象。

五、不要有无谓的口头禅

好多人说话有口头禅，这会让对方听着很不舒服，比如"啊""吗"等，说话如果口头禅太多，会让人觉得说话有杂音，影响双方沟通。作为一名现代型保姆，一定注意避免无谓的口头禅。

六、不要打听与自己无关的事情

在雇主家里工作时，千万别问"你们家是做什么的"，或者"你在公司担任什么职务"，或者经常问对方"为什么"。如果对方想让你知道，他会主动告诉你，如果没有告诉你，就是不想让你知道，这时候就不要去问，这

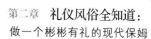

样雇主会觉得你在偷看他的隐私。

在接待雇主的客人的时候，也应该注意这点。在某种程度上来说，保姆此时的工作很多而且很重要，可以说基本上代表了雇主的态度。这时，要学会了解雇主的态度，尽量把握好尺度。不要询问客人的工资收入、家庭财产、衣饰价格等私人问题，对于女性的年龄、婚姻状况也是陌生人之间交谈的禁区。一旦出现了对方不愿回答的问题，千万不要追问，那样会让气氛变得很尴尬，没人喜欢被陌生人"审问"的感觉。

七、多人谈话时的说话之道

在很多场合中，并不是只有两个人在对话。遇到多人谈话的情况，应记住以下几点：当你作为后来者去参加别人的谈话时，应该等别人说完话再去打招呼、切入话题；别人在进行私密谈话时，要与他们保持一定距离，不要好奇地凑到前面去偷听；如果是三个人一起聊天，不要只与其中一人交谈，应该时不时地与另外一个人也聊上几句，千万别让别人有被冷落之感；如果在多人谈话时想与其中一人聊些私密的话题，那么应该另找场合，而不是贴近对方的耳朵说悄悄话，这种行为对第三方而言是不尊重的。

7.姿态，可显示出个人素质

一个人的修养和内涵，不仅表现在言语服饰上，一个人的站姿也显示了其个人素质，是一个人修养的外在表现。特别是作为现代型的保姆，到雇主家里看得见的工作是做饭、洗衣、打扫卫生，而看不见的工作则是让家里面感到舒适、温馨，这就要求保姆在日常生活中，除了要衣着得体、语言文明，还要注意自己的姿态，尽量做到举止端庄优雅、大方得体，否则，会让人感觉不舒服，引起别人的反感。

有的保姆会认为，自己文化水平不高，没有受过专门的训练，没有较好的姿态怎么办呢？其实，一个人的姿态与学历没有关系，更不是天生就有的东西，只要平时稍加注意，任何人都可以做到举止优雅得体。为此，在日常生活中要注意以下几点：

一、标准站姿

所有姿态之中，站姿最重要，保姆与雇主交谈，很多时候都是保持站立姿势的。所以标准的站姿是一个人最重要的姿态，如果雇主看到你站立的时候能够收腹挺胸，腰背挺直，双手微微收拢、自然下垂，一副标准的站姿，一看就是干净利落的人，印象的高分数自然就出来了。

二、合适的场所

由于保姆的工作性质特殊，工作中站的时候比较多，比如做饭、沏茶、打扫卫生等都需要站着来进行，但是如果家里来了客人，大家在客厅里喝茶聊天，或者家里人都在吃饭，而你不需要用餐，此时你就不要像柱子一样站在旁边，给人一种被监视的感觉，你可以走到自己的休息室进行短暂休息。另外还要注意，如果不需要在一旁站着服务，离开的时候脚步一定要轻缓，不能走起来像刮风，脚步声如敲钟。

三、把握好时机

没事的时候，保姆可以找个地方坐下，但是不能想坐哪里就坐哪里，想怎么坐就怎么坐。比如，尽量不要与雇主并排坐，除非是你不工作时陪雇主聊天；也不要与家里来的客人并排坐，因为你的工作是为客人做好服务，陪客人聊天是雇主的事情。所以，作为一名保姆一定要明白，什么时候需要站着，什么时候应该坐着，总之坐站都需要把握时机！

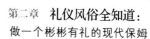

　　总而言之，礼貌不仅是语言，姿态也是重要的表现，优秀的保姆一定不会放过任何一个展示自己的细节，说话、办事、走路都是礼节展示的一部分。

8. 你的微笑，雇主的"心药"

　　"笑一笑十年少"，也有人把微笑比喻为交际中的"货币"，是最廉价的付出，却是最丰厚的回报，人人都能付出，也都乐于接受。微笑是全世界通用的一种表情语言，是人类对美好情感的自然流露，是一种全世界通用的语言。它不仅对自己的心情有好处，还是人际交往中最基本、最常用的礼仪，通过微笑，彼此表达出自己的友好和对对方的敬意，建立起友好的沟通渠道和良好的交往关系。

　　在服务行业中，服务人员的态度至关重要，不经意间的一个微笑是对语言进行的最有价值的修饰，使服务对象在整个交往中感到轻松和愉快。一个春天般的微笑不仅影响着服务对象的情绪，而且也是服务质量的重要表现。微笑的表情、温和的语调再加上礼貌的语气，初次见面已经给人留下了美好的印象，你在服务对象那里已经过关了。同时，微笑还能给服务者自身带来热情、主动、自信等良好的情绪氛围，在良好氛围中工作，一个人的工作效率也会随之提高，给服务人员带来成就感。

　　有的保姆不善言谈，而微笑就是最好的语言，是人类最自然、最鲜活的表情特征。微笑是善意的表达，传递的是关心和温暖，所以微笑能产生积极的情绪，让尴尬的气氛变得和谐。在你与雇主进行交谈时，话未出口，先保持微笑，会让雇主感到你是一个阳光乐观的人，特别是当他心情低落时，你的微笑会让他体验到幸福感与存在感，让他觉得自己是一个受别人欢迎的人。

但是微笑不是假笑，更不是僵硬、刻板且没有生气的哭笑不得，而是一种发自内心的真情流露，是所有表情中最美的一种。那么作为一名优秀的保姆，怎样才能做到这一点，让微笑充满灵动、充满生机，成为雇主心中的良药呢？

一、注意微笑的时机

微笑不是每时每刻都咧着嘴笑，否则别人会以为你有微笑强迫症，选择微笑的时机至关重要。一般情况下，微笑应该在与交往对象目光接触的瞬间展现，传递你的友好，让对方如沐春风；否则，与人对视时冷若冰霜，或者面无表情像个木乃伊，那么你传达的就是冷漠、厌恶与敌视，服务还没有开始，对方已经给你差评。

二、微笑要有度

李永的《空乘礼仪教程》是这样写的："微笑的最佳时长为3秒钟，时间过长会给人假笑或不礼貌的感觉。注意微笑的启动和收拢动作要自然，切忌突然用力启动和突然收拢。"如果我们笑得能像空姐那般自然亲切，雇主也会很开心。所以微笑要自然，更要适度，否则过犹不及。

用微笑对待你的服务对象，可以达到事半功倍的效果，工作未动、微笑先行，这是工作的基本技巧，也是职场中最基本的守则，它不仅能打动人心，而且会让对方认为你是非常懂礼貌的人，从内心接受了你，接下来你的工作就顺畅多了！因为家政工作的特殊性，雇主说你好就好，说你做得有问题就有问题，能获得雇主的认可，接下来你的工作就好做多了！

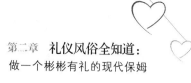

9. 从坐下到离座都要得体

"站有站相，坐有坐相"，站相显示一个人的精神状态和礼仪素养，而坐相则显示一个人的基本修养，端正的坐姿也是职场礼仪中非常重要的一点，不管是面试还是与客户沟通，一个端正的坐姿会让对方觉得你是一个非常严谨而有诚信的人，进而从心底对你产生一个良好的印象，这种印象决定着对方与你合作的态度，要知道态度决定一切。如果对方第一眼看你感觉很好，那么一般情况下，以后你做什么事情对方都认为是好的，否则初次见面一旦留下不好的印象，以后工作就会有很大的难度。关于坐这一个最简单的动作有什么具体要求呢？

一、入座要点

（1）时间

由于对方是自己的客户或者服务对象，出于礼貌和工作需要，在与对方一起入座时，一定要先请对方入座，切忌抢先入座，否则会让对方认为你是一个缺乏责任心、不懂礼节的人。

（2）位置

和客户进行交谈时，一定要坐在椅子或者凳子等常规的座位上，千万不要坐在桌子、窗台上，甚至席地坐在地板上，这些都是非常失礼的。

（3）位次

与客户一起就座时，不仅要注意座位的尊卑，主动将上座让给客人，而且出于礼貌和方便，最好从座椅的左侧入座。

（4）有声和无声

就座时，如果和熟人坐一起，要主动打招呼，如果是陌生人，要先向对方点点头，经过询问获得对方许可后才可以就座，且入座时速度要慢，动作要轻，不要一屁股坐下去，座椅乱响，噪声扰人。

二、离座要点

（1）注意先后

与他人同时离座时，须注意起身的先后次序。对于从事家政服务工作的人来说，要等对方离座后，稍后离座，以示尊重。

（2）注意速度

离座时，动作要轻缓，尽量无声无息，禁止拖泥带水，屁股还没有起来，座椅已经乱响，或者将椅垫、椅罩等弄得掉在地上。

（3）注意站稳

离开座椅后，不要急于离开，一定要站稳之后才可以离去，如果过于匆忙，则显得缺乏必要的礼仪。

三、坐姿要点

入座和离座都是一个短暂的动作，坐的礼节还是主要通过坐姿体现出来。所以，作为一名从事家政服务工作的保姆来说，不论在什么地方都要保持正确的坐姿。

坐姿不好，不仅显示一个人的精神状态不好，更显示一个人的身心不健康。作为一名保姆，如果整天往椅子上一坐，跷着二郎腿，一看就是二流子作风；再不然往桌子上一趴，一副没精打采的样子，雇主一看就会皱眉头。雇主一皱眉头，估计你就快要换工作了。

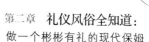

优雅的姿势是一个人修养的外在表现，微微前倾的上身，稍稍提起的脚后跟，轻轻并拢的双腿，给人一种姿势优美、沉稳大方的感觉。雇主可以通过你展现出的优雅的姿势感觉到你的工作效率与风格。

坚决避免不文明、不雅观的坐姿。不管是坐在沙发上还是椅子上，都要注意，一是不能过于靠后，完全陷进座位里面，给人懒惰的感觉；二是不能仅坐一点，给人一种应付差事的感觉。坐下后，双腿要并拢或者适当压低，既不能把双腿叉得太大，也不能跷着二郎腿来回晃动；女同志一定要想法收紧裙子，不能随意撩起裙子露出大腿，给雇主一种思想过于开放的感觉，让雇主觉得你是一个不适宜做家政工作的人。如果是这样，你此次应聘工作可能要泡汤了！

10. 做饭、沏茶都是"技术活"

家庭主妇都知道，家务活累死人不显功，就是说做家务也不是一件简单的事情，需要耐心，更需要技巧。

一、做饭礼仪

（1）筷子摆放技巧

筷子在中国流传了几千年，不但在使用上有技巧，摆放也有不少学问。摆放的时候要注意，如果有筷架，应将筷子放在筷架上，如果没有，就应将筷子放在小盘上；刷洗干净之后，如果有消毒柜，直接放消毒柜即可，如果没有，就把筷子头朝上放在筷笼里，这是为了保持筷子的卫生。

（2）清洗餐具

清洗餐具是一项重要的厨房工作，也是比较麻烦的一件事情。有些人为了省事，不用洗洁精水泡，也不用清水洗，就直接用餐巾纸擦拭酒杯、餐具，这是不对的。这样不仅对雇主是一种不礼貌的行为，更表现出一种严重不负责任的态度，这样做还会严重危害他人的身心健康。所以，作为一名优秀的保姆，要想打出自己的"金字招牌"，就要从点滴做起，尽到自己的各项职责，不管多脏多累，都要尽心尽力。

（3）做饭礼仪

保姆做饭的目的不是为了自己吃好喝好，而是为了让雇主吃得舒心可口，所以在做饭的时候，保姆不能按照自己的口味，想怎么做就怎么做。做饭前一定要了解雇主的口味，是口味重还是口味轻，是喜欢甜的还是喜欢咸的，是喜欢辣的还是喜欢酸的，喜欢吃荤的还是素的，这不仅是对雇主最基本的尊重，还是锻炼自己厨艺的一种好方法。如果做出的饭菜不符合雇主的口味，引起雇主的不满，那么对自己的工作就会产生不好的影响。

切菜时不要太粗暴，厨房里面叮当乱响，弄得四邻都能听见你的工作声音，特别是雇主在家的时候，不仅会影响雇主的休息，更会影响他的心情。

炒菜时记得关上厨房的门。炒菜时不仅会产生嗞嗞啦啦的响声，而且还会有很大的油烟味。为了避免这些异味和响声传到客厅或者其他地方，保姆在工作的时候一定要注意关上厨房的门，这样就能避免炒菜声音和油烟味影响到雇主。

二、沏茶礼仪

愿意请保姆的家庭，收入水平都是很可观的，生活情调也就多一点，沏茶也就成为保姆的一项必备工作。沏茶，虽然简单说就是端茶倒水，但是它和我们在自己家里的端茶倒水还是有一定区别的。

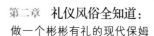

（1）注意茶具的使用

为雇主或者家里的客人更换茶饮用具时，不要用两只手拿着几只杯子过来，这样让主客均感到不卫生，另外也是对客人的一种不尊重，是一种非常不礼貌的行为。正确的方法是把清洗好或者消好毒的茶杯放在干净的托盘上面，双手稳稳地端到客厅，轻轻地放到桌子上面。在放的过程中，不要用手去碰茶杯或者茶碗的边缘，要拿杯把儿或者碗把儿，拿取水杯时要拿杯的底部，总之手指不应触及茶具内壁。在摆放时，不要把茶碗或水杯摆在一起拿。摆放茶碗时，不要直接放在桌子上，应将茶碗放在茶碟上。

（2）注意泡茶礼仪和技巧

泡一壶好茶不是一件简单的事情，要真正泡好茶并非易事。不仅要注意茶与水的比例，还要注意泡茶水温、浸泡时间以及冲泡次数等。

对于茶、水比例而言，不同的茶叶茶、水比例是不一样的，一般情况下是"细茶粗吃""粗茶细吃"，即细嫩的茶叶用量要多，较粗的茶叶用量可少些。

注意冲泡水温，水温过高会破坏茶叶中的维生素C，水温过低则茶叶中的有效成分浸泡不出来，茶汤滋味寡淡，不香、不醇、淡而无味，一般以落开的沸水为好，这时的水温约85℃。另外泡茶水温的高低，还与茶叶的老嫩、松紧、大小有关。茶叶原料粗老、紧实、整叶的，冲泡水温要高；茶叶原料细嫩、松散、碎叶的，水温要低。不同品种、花色的茶对水温的要求也不同。

注意冲泡时间，茶叶的种类、色泽，泡茶的水温、用茶的数量以及饮茶习惯，都对冲泡时间有影响，普通红绿茶，头泡茶以冲泡后3分钟左右饮用为好，杯中剩三分之一茶汤时，可以再续开水；以香气著称的乌龙茶、花茶，通常冲泡2~3分钟即可。由于泡乌龙茶时用茶量较大，因此，第一泡1分钟就可将茶汤倾入杯中，自第二泡开始，每次应比前一泡增加15秒左右，这样可使茶汤浓度不致相差太大。冲泡时间还与茶叶老嫩和茶叶的形态有关。一般说来，原料较粗老、茶叶紧实的，冲泡时间可相对延长；凡是原料较细嫩、茶叶松散的，冲泡时间可相对缩短。

（3）倒茶礼节

泡好茶之后，万事俱备，只欠倒茶这一"东风"了。倒茶时，倾斜度不应超过15度，以免将水洒落在地上。

11. 保姆也要有"内在美"

有些人认为，保姆工作就是洗衣做饭、打扫卫生，没必要计较太多内在的东西，只需要有体力、踏实肯干就行了。随着人们生活水平的提高，雇主对于保姆的要求也逐步提高，他们不仅需要保姆有一个极佳的外在形象，更需要保姆具有一定的内在素养。所以，作为一名现代保姆，不仅需要衣着大方得体、言谈文明礼貌等外在的东西，还需要具备一些内在的东西，即内在美，包括人的思想道德修养、文化修养，最好再有点艺术细胞。具体来说就是需要一个现代型保姆。

一、具备一些现代化的技能

随着社会的全面进步，人们对服务水平的要求越来越高，保姆已从过去简单的体力劳动发展到高级服务的层面，这就要求保姆不仅要善于操持家务，还要掌握育儿、康复护理等技能，甚至有些家庭还要具备一定的外语、电脑知识，会开车并能操作各类家用电器，这种高素质家政服务人员会更加受到大家的欢迎。会驾驶、懂电脑的高素质家政服务人员的需求将进一步扩

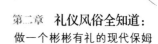

大，人们在享受现代生活的同时，更期待着家政服务朝着高质量、专业化、社会化和产业化的方向发展。

二、要有丰富的学识

丰富的知识也是人的内在美所不可缺少的。保姆不要觉得自己是从事体力劳动的，就放弃了对知识的学习，懂得一些外语、了解一些优秀的传统文化、掌握一些电脑的基本操作，对于保姆而言都是必备的知识，和其他人相比这就是自己独到的优势。

三、要有一定的才艺和爱好

担任保姆工作的人基本上都是整日忙碌的，除了工作之外，常常已经忘记了生活中还存在着很多其他方面，当你被工作束缚、禁锢之时，生活中也就没有了其他的色彩和情趣。如果能有一点自己的爱好，并且从中感受到快乐，平淡的日子也会过得有滋有味、丰富多彩，不再让人觉得孤单、枯燥；如果爱好变成了自己擅长的事情，也就是才艺，那么就等于掌握了走进成功大门的一把金钥匙，说不定什么时候就能应用到工作中去，让雇主对你刮目相看。

如何培养自己的爱好呢？工作之外的业余时间，不要让它虚度，更不要花费大量时间在看肥皂剧或是和别人打牌、打麻将之上，你可以读书、下棋、运动、钓鱼、郊游，这都是非常有益身心的活动，不仅可以净化心灵、陶冶性情，而且对于内在美的激发也是很有帮助的。

12. 除旧迎新的春节盛宴

春节是最具中国特色的一个节日，在节日期间，全国各地都要举行各种带有浓郁民族特色的活动以示庆祝，所以每年的这个时候也是保姆最累的时候，不仅要做好日常的各种事情，还要帮助雇主做好春节的各项庆祝活动。

一、祭灶

即祭灶神。祭灶是迎接春节的一个前奏，在我国民间影响很大、流传极广。灶神，即灶王爷，传说是玉皇大帝封的"九天东厨司命灶王府君"，负责掌管各家的灶火。所以，在民间很多家里都设有灶王爷的神位，尊称他为"司命菩萨"或"灶君司命"。神位以前多是放在厨房的灶台上，民间有"官三民四船家五"的说法，所以作为家政服务员的保姆，要做好这一件事情并不是那么容易。首先要根据当地的习俗提前准备好祭灶的各种用品，不要等到祭灶日到了，还要什么没有什么；祭灶用品准备完毕后，等到祭灶日来临时协助雇主完成祭灶仪式。

二、除尘

除尘是我国民间的传统习俗，就是我们所说的打扫卫生，把家里里外外打扫一遍，不留死角。因"尘"与"陈"谐音，新春除尘其用意是要把一切"霉运""晦气"统统扫出门，希望来年家里能够平平安安，没有什么不

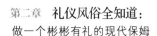

顺心的事情发生，表达了人们对新生活的一种追求和向往。据说，在尧舜时代就有春节扫尘的风俗。一般是在腊月二十四这一天，保姆需要把家里彻底打扫干净，包括房屋以及庭院、锅碗瓢盆、衣服被褥、墙角屋顶的尘垢蛛网等，为迎接新年做好准备。

三、备年货

备年货是家政服务员要进行的一项重要任务，主要是过新年的各种装饰品，比如春联、窗花、福字、年画等，这是家家必备的一些东西。在购买年货时，保姆一定要事先询问雇主的喜好，喜欢什么样字体的春联及其他装饰品。

四、贴春联

贴春联是年初一的第一项工作。不管是农村还是城市，为了增添节日喜庆气氛，家家户户都要在门上贴一副精选的大红春联及威武的门神，意味着不让晦气入门；在窗户上要贴上各种窗花，意味着来年的生活丰富多彩、红红火火。在太阳还没有升起来之前，保姆就要把家里的各种装饰都贴上，除了春联、窗花以及门神外，还有各种福字。福字一般贴在各种小的地方，有些地方故意把福字贴倒，意味着福气随着新年的钟声来到了，寄托了人们对幸福生活的向往，以及对美好未来的祝愿。

五、守岁

除夕之夜，雇主家里的人肯定要守夜，这个时候保姆的工作不是陪着大家一起守夜、吃年夜饭，而是要为守岁的人准备出丰盛的菜肴，等着一切准备妥当之后，大家再团聚在一起，一块儿吃年夜饭。在此期间，保姆要注意为大家做好服务，比如做好茶点、夜宵等，以免大家在守夜的时候出现口渴或者饥饿的现象。

总之，春节是中华民族最隆重的传统节日，也是民间最受重视的一个节日。对于保姆来说，春节也是最累的时候，因为这段时间的工作量要远远高于平时。一般情况下雇主都会加薪，但是不管雇主是否加薪，保姆都要把春节这顿大宴做好，一方面有助于为自己打造"金字招牌"，另外也有助于加深雇佣双方的和谐关系。

13. 清明节的特殊禁忌

清明节是中国的一个传统节日，自古以来流传下了很多习俗。祭祖，又叫扫墓，是清明节的重要内容之一。

关于祭祖一般有两种形式，家祭和墓祭。所谓家祭，就是在家里或在祠堂太庙里面，摆上一些贡品来祭祀祖先；所谓墓祭，就是去野外祖先的坟茔墓地去祭祀祖先，摆放一些祭品，比如冥币、水果等，以表示对死者的怀念，有的地方还要在树枝上挂些纸条，然后举行一个简单的祭扫仪式；另外还要把坟地上的野草除掉，在坟地上添些新土，把坟地打扫得干干净净。

作为保姆，如果雇主需要给祖先上坟，就需要提前准备一些祭祖用的物品：如酒食果品、纸钱、香火等。另外，如果雇主需要保姆陪同扫墓时，保姆就需要了解以下几点：

一、了解一些相关程序

先将所携带的食物摆在坟前供祭，点上香火祈求土地神保护亲人，再将纸钱焚化，然后再为坟墓添上新土，为逝者修整坟墓。待雇主上完香火、祭祖之后，保姆才能离开，防止因燃烧香火引起火灾。

二、时间尽量早一点

扫墓活动一定要在下午三点之前进行，古人认为下午3点之后阳气已逐

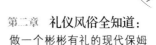

渐消退，阴气逐渐增长。一般祭祖都要求尽早进行，早上5至7点是最好的时候，但是考虑到实际情况，一般都是11点之前。

三、一定要注意不能大声喧华，嬉笑怒骂

坟墓是埋葬逝去先人的地方，所以不能在这个地方大声喧哗、嬉笑怒骂，更不能污言秽语、乱跑乱碰，这样做是对先人的不尊敬，同时也不能对雇主家先人的坟墓或墓穴评头论足，这是对先人的亵渎和不敬。

四、祭祖献花注意种类

在祭祖的时候，保姆一定要注意不能买一些如牡丹、玫瑰等象征美好生活的富贵花，要买一些颜色淡雅的菊花和百合，以寄托对先人的哀思。

五、不要给雇主在坟墓前照相

在中国，祭祖就是对亡灵的敬拜，所以如果雇主不知道保姆一定要告诉雇主，不要在坟墓前拿出手机或相机照相，如果已经拍摄过，赶紧删除或把相片烧掉。

保姆帮助雇主做好清明节祭拜并不是一件简单的事情，既要做好必要准备，又要规避一些禁忌，这就要求保姆一定要了解一些传统文化的知识，帮助雇主过好清明节。

14. 端午节不仅仅是吃粽子

端午节，也就是农历五月初五，是中国的一个传统节日，对我国而言，是一个非常重要的节日，不管是民间还是政府，都会开展各种各样的庆祝活

动，比较普遍的活动有以下几种形式：

一、吃粽子

粽子是端午节必吃的食品，吃粽子更是一种传统。南北方人对粽子的口味要求也是不一样的，北方人喜欢吃甜的，南方人多吃咸的或者喜欢在糯米里面放上肉丁。所以，对于家政服务员而言，端午节快到时，一定要先了解清楚雇主家的口味，然后到超市购买，也可以买材料自己制作，总之，不管是购买粽子的馅料还是现成的粽子，都要根据雇主的口味进行选择，不要自己喜欢什么买什么。

二、赛龙舟

赛龙舟是端午节必不可少的活动。据说，屈原投江以后，当时楚国的人们舍不得屈原离开，于是许多人争先恐后地划船追赶拯救，追至洞庭湖时却不见屈原的踪迹。从那以后，每年五月五日人们都进行划龙舟比赛以纪念屈原，据说这是为了借赛龙舟来驱散江中的鱼，不让他们吃掉屈原的身体。对于保姆而言，如果雇主要参加赛龙舟的活动，就要帮助其做好各项后勤工作，让他们能够全力以赴地进行这项活动。

三、饮雄黄酒

端午节饮雄黄酒是南方的一种习俗，特别是在长江流域地区的人家很盛行。古代人认为雄黄能够克制蛇、蝎等百虫，饮用雄黄酒不仅能够辟邪，还能让自己不生病。然而现代科学证明这种说法是错误的，喝雄黄酒等于吃砒霜，因为雄黄的主要成分是硫化砷，砷是提炼砒霜的主要原料，因此，服用雄黄会引起人中毒，轻度中毒者会出现恶心、呕吐、腹泻等症状，有的还会出现中枢神经系统麻痹、意识模糊、昏迷等症状，严重的还会导致人死亡。所以作为保姆，一定要了解这点常识，不仅不在端午来临之际配制雄黄酒，平时也不能喝，以免引起中毒。如果雇主不了解，一定要解释清楚。

四、佩戴香囊

端午节来了，有的地方有给小孩佩戴香囊的习俗，有辟邪驱瘟之意。关于这一点，如果雇主家里面有小孩，在向雇主了解了孩子的喜好后，可以为孩子自制香囊，在香囊内装上香料等，然后用丝线做成各种形状，不仅清香四溢，还可以作为装饰品佩戴。

由于各地的端午节习俗各有不同，这就要求保姆首先清楚了解雇主的需求，然后依据雇主的要求或者习惯来安排节日的工作。

15. 中秋月饼圆又圆

中华民族有四大传统节日，即中秋节、春节、清明节以及端午节，中秋节为农历八月十五，也称团圆节，是四大传统节日中仅次于春节的一个节日。

由于中秋节的特殊性，所以在这个时期，很多家庭需要雇佣保姆。那么，作为一名保姆，应该如何帮助雇主过好中秋节，让中秋月饼圆又圆呢？下面给大家简单介绍一下中秋节的几项活动，希望大家看了以后，能够做到心中有数。

一、设宴赏月

设宴赏月是中秋节的第一个习俗。中秋节是团圆的节日，所以设宴就是其中必不可少的一个环节，保姆要根据雇主的要求，提前准备好用餐的材料，到时候让雇主一家开心地享受美味以及团圆的喜悦。在晚宴上有一样东西是少不了的，那就是月饼。月饼象征着团圆、美满，代表着甜蜜与平安，所以是中秋佳节必食之品。至于要选什么馅的月饼，就要根据雇主的口味和要求，千万不能根据自己的口味去买。

赏月，又叫走月，既然是走，所以就不能站在院子里静止不动看月亮。当八月十五夜晚来临的时候，不论贫富老小，都要穿上正式的衣服，然后点上香火，对着月亮说出心愿，希望得到月亮神的保佑，这叫祭月；还有的地方，邻里之间要互赠月饼，希望大家都团团圆圆；还有的地方人们喜欢在中秋之夜，穿着华丽的服饰，三五成群地走到大街上，闲暇游玩。所以保姆除了要备好晚宴之外，还要准备好祭拜月亮的各种物品。至于物品的种类，不同的地方需要的物品不一样，保姆一定要先征求雇主的意见之后再去购买，免得费力不讨好。

二、赏桂花、饮桂花酒

晚宴当然少不了饮酒。传说嫦娥在月亮上面住着很孤单，于是吴刚想办法为她酿造出了佳酿桂花酒。所以，中秋月圆之夜饮桂花酒就成了某些地方的风俗，而且在饮酒吃月饼的时候，人们还使用桂花制作各种食品，以糕点、糖果最为多见。所以，保姆一定要问好雇主，中秋之夜是不是还需要提前酿制桂花酒或做其他食品，提前采购好，确保大家都能够过一个快乐的中秋节！

三、玩花灯

虽然现在很少有烧火做饭的家庭，但是玩花灯仍是中秋节的主要活动之一。中秋节是我国三大灯节之一，玩花灯特别受到儿童的喜爱。所以，如果雇主家里有孩子，保姆要提前准备好有关花灯的用品。

玩花灯不是在灯笼里面放根蜡烛，然后拿着到处跑，而是要在花灯上面写上字谜，让大家猜，大家比赛看谁猜对的多，以此吸引大家的注意力。花灯有各种形式，比如芝麻灯、刨花灯、蛋壳灯、鱼鳞灯、谷壳灯、

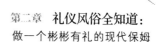

稻草灯、瓜子灯及鸟兽花树灯等，现在还有孔明灯，究竟买什么样的，要听雇主的安排。

16. 重阳节应该怎么"过"

早在战国时期，就将每年的农历九月初九定为重阳节，但是直到唐朝才被正式定为民间的节日。重阳节，又叫重九节，每到这一天到来的时候，亲友们便会插上茱萸，相约结伴出游赏秋，有的登高远眺，还有的去观赏菊花。有的地方还举办吃重阳糕、饮菊花酒等活动。但是新中国成立后，重阳节的活动又有了新的内容，1989年，我国政府将重阳节定为老人节。所以，如果保姆服务的家中有老人，就要格外注意，除了要做好传统活动的各项准备之外，还要想办法让老人能够感受节日的快乐。

一、登高吃糕

登高吃糕是重阳节最普及的活动。金秋九月，秋高气爽，这个季节登高远望可达到心旷神怡、健身祛病的目的。吃重阳糕和登高的意思接近，"糕"与"高"谐音，吃糕意思是年年升高，取吉祥之意义。另外，如果雇主家里有老人，保姆为他准备好各种物品，如果老人可以健康行走，可以登高，就要提前做好陪伴老人登高的准备，带好水和必备的药品。

另外，还有一些地方利用重阳登山的机会，祭祖扫墓，纪念先人。据说九月初九是妈祖羽化升天的忌日，许多乡民都会到湄洲妈祖庙、宫庙或港里的天后祖祠祭祀，求得保佑。

二、插茱萸和簪菊花

与登高相伴的还有插茱萸和簪菊花的习俗。茱萸是一种植物，不仅具有浓郁的香气，还具有较高的药用价值。传说在重阳节这一天插茱萸可以消灾避难。有的人把茱萸放在香袋里面佩戴，有的人干脆把茱萸直接佩戴在胳膊上，还有插在头上的，特别是妇女、儿童，对插茱萸有着浓厚的兴趣；另外有些地方的人们也有头戴菊花的习俗，把菊花枝叶贴在门窗上，认为可以解除凶秽、招揽吉祥。保姆可以根据雇主家的风俗习惯购买一些用品，如果雇主家里有孩子，还要为孩子准备好佩戴的香袋和登高所需的物品。

三、赏菊并饮菊花酒

中秋节赏桂花，饮桂花酒，而重阳节则是菊花盛开正当时，自然菊花就成了重阳节活动的主要内容。菊花在我国象征长寿，重阳节饮菊花酒在古代是必须进行的活动，饮菊花酒不仅可以祛灾、祈福，而且由于菊花酒还具有疏风除热、养肝明目、消炎解毒的较高的药用价值，所以重阳节饮菊花酒还具有保健的效果。保姆在重阳节来临之际，一定要结合雇主的意见，准备好相应的菊花酒。

第三章

高效能沟通术：

如何与雇主"零距离"交流

　　说话是一门高深的艺术，决定着交谈的进展
与结果，不可轻视。或许保姆并不是沟通高手，
但是却要学会在与雇主的谈话中，抓住说话的重
点，取得成效。如何与雇主进行"零距离"交
流，说话的方法与技能非常重要。这一章，我们
将学习如何掌握交谈中的技巧，避免踩中其中的
雷区，高效能地与雇主进行沟通、交流。

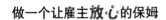
1. 如何判断谈话氛围是否安全

谈话氛围对整个交谈的进行以及结果起着极其重要的作用。据调查，环境能影响谈话交流的情绪，在不同环境下，谈话者的表现也会有所不同。沟通中给对方安全感，让对方感受到诚意，让双方毫无压力地畅所欲言，才能直达问题的本质，取得沟通的成效。

所以，对话中双方不仅要重视谈话氛围的安全性，而且还要去营造安全的对话氛围。对话场所与交流话题的选择、对方情绪心理的变化等，都与对话氛围有着密切的联系，要从这些方面入手，判断其是否安全。下面就来学习一下与此相关的知识吧。

一、对话的场所

对话场所的选择很重要，它直接影响着对话氛围。一般会选择环境优美、令人放松、比较安静的对话场所，首先对谈话双方的心理上都比较"安全"，不会担心被打扰或者心理上有压力。

二、愉悦的交流话题

交流不仅仅是双方单纯的目的性很强的谈话，而是一种愉悦的聊天方式，氛围非常重要。不管是以什么为目的的谈话，乏味的、陈旧的话题都无法带动对话的顺利进行，还会造成尴尬的氛围。

每个人都有自己的兴趣爱好，即使再沉默寡言的人，只要与人谈起他的

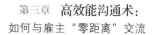

兴趣爱好，也会口若悬河。所以，要营造安全的对话氛围，愉悦的共同话题很重要。除了正式的谈判现场，不管是第一次与陌生人的交流，还是与身边人的谈话，都是一次令人身心放松、畅所欲言的对话，不能聊一些沉重、无聊的话题。

与雇主的对话，共同话题就是护理方面的知识和事宜，双方该如何配合，切记不能谈论关于病情好坏之类的话题，会给对方情绪上造成压抑，心理上带来压力。

三、观察对方的心理与情绪变化

谈话时，需要不断观察对方的心理、情绪变化，这样才能判断对话氛围是否安全，该讲什么，不该讲什么，进而产生共鸣。特别是在和雇主的谈话中，一定要观察对方的情绪变化，是激动还是沮丧，然后再判断是否要改变话题，提升氛围。

如果谈话中出现棘手、尴尬的情况，导致谈话无法正常进行，我们就要采取相应的措施"修复"。道歉、幽默、寻求共鸣等，都有助于消除对话中的不安全因素。

2.高效沟通：要学会"看人入里"

家政人员在与雇主沟通时要学会"看人入里"。看人入里，就要学会时刻关注对方出现的各种变化，从沟通时的人物表现、心理表现、情绪表现等了解对方的性格、心理，然后采取相应的对话策略或是及时调整谈话方式等，使沟通取得圆满成功。

每个人由于成长的环境、背景不同，性格也截然不同。在与雇主的沟通中，只是从表面去观察心理是不够的，要从其性格入手，分析其内心深处。心理学家根据人的心理倾向，将性格分为内向和外向两种。内向的人，一般比较安静，常把自己的思绪、情绪等都藏在内心；外向的人，一般好动并喜欢将任何情绪都表现在外。保姆跟不同性格的人沟通，要采取不同的方法。

一、跟内向的雇主交流

内向的人一般不爱说话，喜欢干净利落，说起话来正经、不敷衍。在沟通中，你没必要迂回曲折，可以直接表达自己的观点，态度要严肃认真。同时，这种性格的人最容易受到外界影响，心理动摇、踌躇不前。所以，在交流中，要掌握住对方的性格特点，尽量将自己完美地介绍给对方或者将意见清晰地传递给对方，让他明了其中的利害关系，坚定地做出决定等。

二、和外向的雇主交流

外向的人，交流起来比较轻松。对方不拘小节、落落大方，时常爱放声大笑等。他们做事果断，一旦下了决心，就不会轻易改变。但是这类人一般都是急性子，有的甚至是暴脾气。所以，与这类的雇主交流，一定要时刻调节氛围，表现出自己的诚心与诚意。

三、和性格不同的雇主交流

在为人处世中，要根据不同人的性格，采用相应的方式进行沟通交流，运用不一样的技巧，才会达到高效沟通的目的。

（1）自我中心型性格的人

这种人表面看起来很温和、乐于听取别人的意见，实则不然。他们内心只关心个人的价值与利益，和自己无关的事情一概不关心。在与这样的人交流时，保姆要将对方的利益放在首位，闭口不谈其他事情。

（2）以他人为中心型性格的人

他们与别人初次见面，非常热情，无话不谈，即使是自己的隐私，也会毫无保留地说出来。他们不过分在乎自己的想法，但很在意别人的想法，即使改变自己的想法也无所谓。当然，跟这类人沟通，要将自己合理、科学的意见全部说出，让雇主根据自己的意见去做决定。

（3）追求完美型性格的人

这类人对自己要求严格，对别人要求更严格，他们无法忍受任何马虎的人和事。和他们共事、沟通会很累，一定要抓住重点再进行沟通。

（4）歇斯底里型性格的人

这种人的自尊心很强，一旦受挫，就会萎靡不振，甚至情绪失控。交流中，一定要谨记不能伤害对方的自尊，提出自己的建议，然后再结合对方的意见进行合理分析，让雇主清楚地了解各项事由。

3. 太委婉的表达会让你远离目标

保姆在雇主的日常生活中，担负着很大的责任，照顾老人、孩子、孕妇等，其间不仅要与被照顾方沟通、交流，可能还要给被照顾方的儿女或者父母报告每天情况等。在这种情况下，表达方式就显得尤为重要。

在面试中，如果保姆不能大胆、直白地将自己介绍出去，就不会得到雇主的聘用；报告时若不能清晰、明白地将每一件重要的事情讲述给雇主，那么，面临的命运就是被解雇。所以，很多状况下，太委婉地表达只会让你远离雇主，面临失业。

面对雇主，保姆应该大胆地表达自己的想法，毕竟双方所处的位置不同，想法也不一样。就如列宁向克鲁普斯卡娅求婚时，他开门见山、大胆地表达："嫁给我，做我的妻子吧。"克鲁普斯卡娅也一直爱慕着列宁，就干脆地答应了他的求婚。列宁的求婚宣言直白、简短，感情真挚，直接打动了克鲁普斯卡娅，最终两人结成连理。反过来想想，如果列宁运用委婉的、暗示性的语言或者行为求婚，那么，克鲁普斯卡娅会这么干脆地答应吗？

表达太委婉，甚至让对方去揣测你的意思，那样，收不到任何的效果。直白表达也要有一定的技巧，既能讲明白话，又能让对方明了、接受。

一、阐述要点，揭示问题的本质

沟通是生活中必备的技能，简单来说，就是要会说话，知道怎么说。保姆在与雇主的沟通交流中，要抓住谈话的重点，找到对话关键，方能解决一切问题。

有的雇主，遇到一些突发问题，比如，年迈的父亲突发高血压、宝宝发热而哭闹不断，就会在情绪失控、惊慌失措的状况下，不经过深思熟虑地做出一些违背护理原则的事情。此时，保姆就应该先将雇主的情绪稳定下来，阐述问题的本质，抓住要点，采用快速、有效的措施进行护理。如果在这种状况下，保姆还是用委婉地与雇主进行商量式的交流，那么，就会延误时间，酿成严重的后果。

二、沟通要明确目的，最好用精确的数字说话

在与雇主的沟通中，要明确目的，直奔主题，合理地洽谈或者提意见。在护理方面，雇主没有你专业，但是有时由于关心家人的急切心理，会产生疑问等。作为保姆，要清晰、有条理地进行沟通，最好使用数字论据，更加让人信服。在对高血压、冠心病的老人照料中，要每天关注病人的血压等，将精确的数字报告给雇主，能更好地解决出现的问题或者意外状况。

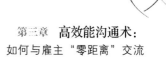

三、提出利弊，让雇主去衡量

有些保姆，一味地听从雇主的吩咐，即使明知不对，也会按照对方的要求办事。其实，这种态度非常消极，会造成意想不到的事故。作为保姆，不能唯雇主的要求而遵循，要利用自身的专业知识，大胆地指出其中的问题，将事情的利弊提出来，不能一味地用太委婉的表达方式搪塞过去，更不能让雇主自己去衡量其中的利害关系，以便真正把问题解决好。例如，在照顾宝宝时，很多家长反对让孩子外出，害怕宝宝被太阳晒伤等，此时，保姆就应该向家长解释宝宝外出的好处，讲明晒太阳可以补钙、玩耍可以强健体魄等道理。

4.直白的表达等于乏味或伤人

李萌从事保姆工作有4年了，她的专业技能强、态度好，对待每一个雇主就像对待自己的家人一般掏心掏肺。但是，她唯一的缺点就是说话太直白，很多时候都让对方无言以对。

一般的人都喜欢和直接豪爽的人做朋友，因为交流起来没有压力、没有顾忌，想说什么就说什么。太熟的朋友之间，被对方直接指出缺点，也是一件很伤人的事情。豪爽而不失言，直接而不伤人，这才是交流中必须遵循的一个原则。

一、不要总是自说自话

交谈中，如果你将自己的一切都向对方说出来，若双方有共同的爱好时，会引起对方的兴趣，但其他的话题都会让人感到无聊、枯燥乏味。同时，你给对方留下的印象就是太浮夸，反而显得不真实。所以，交谈中要抓住说话的要点，捕捉住可以引起共鸣的话题展开交谈。

二、把握分寸，别让大实话伤人

交流中，太委婉的表达可能达不到预期的效果，要开门见山、直奔主题，但是有时太直白的表达，会让人感到乏味，毫无兴趣。在生活中，有话就直说，但是在特定的环境中，说话太直白，会在无意中将真话变成错话，造成对方的误解和不必要的麻烦，结果导致整个交流无法正常进行下去。

特别是保姆在与雇主交流时，要注意把握说话的分寸，不能将真话全部说出来，特别是对方的身体状况，否则会给他们造成心理上的负面影响，久而久之，他们不愿意再跟任何人交流，不利于保姆对其病情、心理变化的了解，进而不能进行合理的护理。另外，雇主为了解闷会主动与保姆谈心聊天，可是保姆太直白的交谈，会让雇主感到乏味，不清楚该如何将谈话继续下去，这样，会使聊天"不欢而散"。

三、委婉表达想法，提出建议

很多情况下，保姆应该委婉地表达想法、提出建议，而不是不经大脑就直接指出雇主的缺点、错误等。特别是在家里有客人或者公共场合，保姆要谨言慎行，做事、说话不能太直白，伤到雇主的自尊心。即使再有心，最后也不得对方的"心"，还会造成更严重的后果。

适当得体地委婉说话，是一种处事策略，既不会得罪人，也不会中断交流。有时候，不适当的直白是一种消极和否定的交流方式，这时就需要适当得体的委婉方式来弥补。在和雇主交流时，不能直接地指出其缺点，不然会让人觉得很不舒服，甚至还会影响自己的工作前途。

四、把拒绝说得不那么令人反感

人际交往中，拒绝别人是一件很难的事情，要做到不得罪人很难。拒

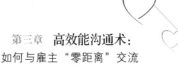

绝他人时，说得太直白，会伤人；说得太委婉，对方又领会不到被拒绝的意思。所以，在拒绝别人的时候，要用明确、委婉的话语，让对方直接明白意图，这样既不得罪人，也不会终止下一次的交流。

面对雇主的无理要求或者无休止的纠缠时，要及时说“不”，既不损及双方的感情，也巧妙地拒绝了对方。巧妙地运用拒绝式的说话方式，要注意以下原则：

（1）诚恳、灵活

拒绝对方时，态度要诚恳，话语要灵活，当对方看到你的诚意与难处时，也会欣然地接受拒绝，而不觉得被伤害。

（2）寻找恰当的借口

如果有不能说的原因，那就寻找一个恰当的、科学的、令人相信的理由委婉地告诉对方，表明立场；陈述理由的时候，态度要真诚、充满歉意，对方才不会过多地苛责。

用餐时，若雇主推荐你吃某样你不想吃的东西，或者你已经吃饱了，也不要直接生硬地拒绝说“我不吃”。你可以说：“对不起，我饭量不大，这次要不是吃饱，我肯定还会吃好多，这些菜真好吃！”如果雇主让喝酒，不要直接说“我不喝酒”，这样会让雇主觉得你不够和气。你可以幽默地说：“我比较擅长为大家倒酒。”如果被雇主问到不想回答的私人问题或让你不舒服的问题时，可以微笑着说：“呵呵，这个问题我还真不好回答。”这样既不会给对方难堪，又能守住你的底线。

5. 说话要注重目标、深度与广度

张大爷的儿女都在外地上班，老爷子不肯离开居住了一辈子的地方。儿女们没办法，就请了保姆王大姐照顾他。王大姐发现张大爷最近喜欢看一些关于空巢老人的纪录片，而且看完之后，情绪低落好几天。

于是，王大姐就找机会和老爷子谈话。谈话中，王大姐主要围绕空巢老人的话题，与张大爷进行了深入的探讨。在探讨中，王大姐时刻关注张大爷的表情、情绪变化等，真正了解到了老爷子内心深处的期盼——儿女们常回家看看。

由此可见，一次谈话并不只是简单地聊天，要注意说话的深度和广度。现在保姆的基本素养与技能都在逐渐提高，知识层面也随之加深，雇主对其要求也越来越高。交谈的时候，每个人都会先将自己隐藏在一个壳子中，然后逐渐向外释放自己，这需要一个过程。所以，在谈话中，特别是家政服务人员，一定要掌握好说话的目标、广度与深度，从中挖掘出更有价值的信息。

一、说话的目标

失败的对话就是因为在交流中，面对对方的强大气场以及自己没有自信而没有抓住关键对话，远离了交谈的真正目的。要抓住关键对话，首先要改变关注目标。在与雇主谈话的过程中，保姆就要提醒自己希望达成什么目

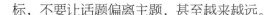

标，不要让话题偏离主题，甚至越来越远。

二、说话的广度

交谈中，话题可以多样性，从中找到与对方共同的兴趣爱好，营造轻松、愉悦的氛围。通过有广度的谈话，观察、了解对方的爱好和兴趣，为以后的护理工作做好充分的准备。例如：雇主喜欢下棋，那么，作为保姆就要在下棋方面有所了解。

三、说话的深度

交谈时，一方可以顺着对方关注或者感兴趣的一个点，深入地进行探讨。探讨时，还要随时观察对方的情绪、情感变化，感受其心理变化，逐渐产生共鸣。从这样的交谈中，还可以探寻到对方内心深处的渴求。在日常的护理中，保姆要时刻关注雇主的心理变化，预防心理疾病。

6.学会从雇主的角度出发

俗话说："人心换人心"。你用心与人沟通、交往，那么，别人同样会和你交朋友。特别是保姆和雇主这样的雇佣关系，一切的沟通交流都要从心开始，方能将对方作为家人一样对待、相处。换种方式来说，在交往中，每次的交流沟通、接触都要用"心"，创造更好的沟通机会与氛围。

要想赢得别人的尊重，要先学会尊重别人，不要过度地看重自身利益，而损害对方的利益。在人际交往中，每个人都有自己的人生观、价值观，时常会发生冲突分歧。这时候，不要一味地去追求自己的利益，要设身处地地为对方着想，从对方的角度出发想事情。

在日常护理中，保姆要学会从雇主的角度、立场想问题，不要把自己的意志强加在对方身上。保姆要改变思维，学会变通，把雇主的身心健康放在首位。

一、给对方宣泄情绪的机会

长期需要照料或者不能自理的人群，他们在心理、情绪上都会发生变化，郁闷、悲伤、苦闷的情绪较多，所以，对身边保姆的态度时好时坏。当然，作为保姆也不能太小孩子气，不要一受到委屈就走人，要学会设身处地地为他们着想，帮助他们排解不愉快的情绪。

二、多站在对方的立场看问题

多从对方的立场、角度考虑问题，也是尊重、理解对方的一种伟大表现。"人不为己天诛地灭"，大多数人都会以自我为中心，将自己的利益放在首位，但是长久下去，没有人会愿意和你交往，你会变得没有朋友。在人际交往中，特别是发生分歧的时候，要换位思考，站在对方立场看问题，这样，不但所有分歧会迎刃而解，还会加强交往对象之间的关系。

李妈从事保姆工作多年，人缘、口碑都非常好。最大的原因是她有一种大爱的精神，从不将个人利益放在首位，总是从雇主的角度想问题、做事情。在李妈这么久的保姆生涯中，她印象最深刻的雇主就是一位独居的70多岁的老太太。老太太有点儿小孩子脾气，稍不如她的意，就会生闷气、不理人。在此之前她已经赶走了好几位保姆，但是李妈却坚持了下来，而且两个人相处得非常好，老太太每天都是乐呵呵的。

同行的姐妹都问李妈是怎么坚持下来的，李妈告诉大家："多站在老太太的角度看待事情，将自己想象为对方，想要身边的保姆怎么做。这样，我们就知道该如何去理解对方，帮她实现心中所想。"

在错综复杂的人际关系中，每个人都不是单独存在的个体。或许对方的

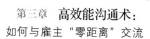

想法也是自己想要实现的，只要转换立场、互换角色，交流便会畅通无阻，彼此的关系也会更加融洽。

7. 借助表情、目光和手势来表达

沟通交流中，言语的表达固然重要，但是借助表情和动作来表达，会让事情达到事半功倍的效果。下面是保姆们在与雇主的交谈中应该懂得的技巧：

一、表情

表情是指借助眼、眉、鼻、嘴以及面部肌肉等部位的变化来表达内心的感情信息。著名社会心理学家伯德惠斯戴尔说过："面部变化可以传达出大约25万种不同表情。面部表情最能直接、充分地表达出人类喜怒哀乐中蕴含的各种情感。"所以，在交流中，表情可以直接表达出个人的意图与态度。

在与雇主的交流中，保姆的表情变化会直接影响到对方的心情，例如，皱眉、撇嘴角、无表情等，会让雇主感受到冷淡、漠不关心的态度，甚至是嫌弃的心理。同时，保姆面部表情的变化，会让患者感觉与自己病情联系起来，造成负面的影响。

所以，交流中，要重视的表情就是目光和微笑了，它们是最直接的感情的表达方式。

二、目光

目光就是指眼神，可以传达出内心深处的一种隐藏式的情感。眼睛是心灵的窗户，内心的喜、怒、哀、乐等不同情感都可以通过目光的变化真实地传达出来。

在与雇主的交流中，目光要和对方保持在同一水平上，交谈时要直视对方的眼睛，这是一种尊重、平等的关系。在与对方的交流中，特别是对卧病在床的老人，交流时目光要呈俯视状态。这种保护的姿态，可让对方感受到关爱、体贴之情。

三、动作与手势

动作主要是指身体姿态的变化。身体姿态的变化也是交流中情绪、情感变化的表达，它是一种无声的身体语言。在与雇主的人际交流中，动作的变化不仅是情绪的表达，还是自身基本素养的直接表现。

手势是最能表达情感、传递信息的动作。手势可以配合语言使用，而且还可以单独使用，例如握手、招手的动作变化，可传达出喜欢、热情、厌恶等情感。

在与雇主的交流中，手势动作可传达出双方的态度。例如，在照顾发热患者时，是温柔地轻触额头，还是简单地给出体温计自己测量，就表达出关心与否。交谈中，面对对方的诉说，双手放在身体前方，或者其间给对方端水，都是耐心倾听的表现。

8.让雇主畅所欲言吧

每个人都有自己的想法，想在别人面前痛痛快快地讲出来。遇到志同道合的朋友后，更是侃侃而谈、停不下来。雇主每天最频繁见到的人就是保

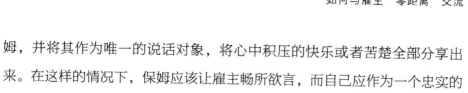

姆，并将其作为唯一的说话对象，将心中积压的快乐或者苦楚全部分享出来。在这样的情况下，保姆应该让雇主畅所欲言，而自己应作为一个忠实的听众。

一、从畅所欲言中加深对雇主的了解

让雇主畅所欲言，保姆便可以从中了解到对方的心理变化、情绪变化以及身体健康状况，从而采取相对应的办法进行疏导与护理。

张妈是一个经验十分丰富的保姆，她做事心思细腻，总能从细节中找到问题。张妈最近护理的对象是一个坐月子的产妇。坐月子是新妈妈重要的时期，张妈细心地、全方面地照料新妈妈与宝宝。但是，张妈最近发现新妈妈总爱看着孩子发呆，孩子一哭闹就会显得有些烦躁，但是大多数时候还是会很耐心地喂养宝宝、换尿布等。张妈觉得这不是一个好兆头，可能是产后抑郁症的前期。

于是，她就趁着宝宝睡着，和新妈妈进行了一次交谈。交谈中，新妈妈止不住内心的情绪爆发，将全部情感表达出来。张妈耐心地听她倾诉，其间还会适当地进行安慰。慢慢地，新妈妈的情绪得到了平复，心情也舒畅了许多。

之后的日常护理中，张妈妈从她讲述的重要细节入手，从心理上对其进行疏导，逐渐将其从产后抑郁症的边缘拉了回来。

二、从畅所欲言中体验对方的信任

交谈中，对方的畅所欲言也是对你的一种信任与依赖。对方将你作为家人或者朋友，才会将自己内心的想法讲出来。如果面对对方的畅所欲言，你表现得不耐烦或者不认真，这是对别人的不尊重，不仅会使交谈显得尴尬，而且还会失去别人对你的信任。

珍惜雇主对自己的信任，让雇主可以畅所欲言是一方面，与其积极互动是另一方面。保姆不能随意打断对方，而且要观察对方的表情、语气变化，在适当的时候、适合的节点插话，否则会显得不尊重对方。在倾听期间，保姆还要做出相应的反应，如点头、微笑等，能更加取得对方的信赖。

9. 倾听也是一种"表达"

倾听是一种心与心的交流，耐心倾听也是对对方重视与尊重的表现，这样才会给对方留下好的印象，达到交流的最终效果。倾听，也是一种情绪、情感的表达，需要采用一定的技巧，方能达到听与说这两种方式的双重效果。

一、耐心倾听很重要

交流中，端正坐姿，眼睛与对方保持平行，看着对方眼睛，用坦诚、诚恳的心态倾听对方的倾诉，这是耐心、体贴、关心的情感表达。倾听时，不能左顾右盼，表现出一种不耐烦的情绪。耐心倾听对方的诉说，即使是喋喋不休，也要保持微笑、耐心。

而且，耐心倾听本身需要强大的气场，如果保姆在与雇主的交流中坚持耐心倾听，那么，对方会同样感受到强大的气场，进而体会到你的诚意。

二、倾听是为了理解对方意图

有些交谈并不是无怨无故地发泄情绪，是带有某种目的性的。保姆在与雇主交流时，不能只是一味地听，而且要明白对方的意图与用意。这种情况下，我们在倾听的过程中，可以抓住对方讲话的关键点，并且掌握对方的性格、爱好，甚至是了解对方的目的。

特别是长期被疾病折磨照顾的对象，与外界隔绝，失去人际交往，每天

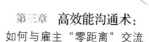

见到最频繁的人就是保姆，所以就会向保姆倾诉心情，一方面是找人说话，排除心中的痛苦，另一方面是想取得关心、体贴，不被抛弃。保姆用心倾听，就会让对方感受到对他们的真诚关心和不抛弃、不放弃的态度。

三、必要的互动不可少，可适当反问和提问

倾听是一种表达。在倾听时，必不可少的互动也是一种无形的表达，比如做出相应的回应，微笑或者点头。雇主讲到高兴的事情时，保姆要流露出愉快的情绪；悲伤的时候，也要用语言或行动安慰对方。这是一种关心对方的情感表达。

在倾听中，与对方产生共鸣，随时"附和"、赞美对方，然后再提出自己的问题，使自己不至于太被动。例如：

"是啊，后来怎么样了？"

"这样啊，那后来的情况怎么样了？"

这种反问和提问有利于更深刻地理解对方的意思，使话题不跑题，以便使对方的情绪高涨，使交流的气氛更加融洽。

四、不打断对方是一种礼貌

即使对方情绪的表达不合理或者不被认可，至少在谈话结束之前不能否定或者打断他。倾听期间，可以适当地插话，如用感叹词"是哦""对呀"，这样使对方既不觉得被打扰，也感受到诚意，才能敞开心扉去交流。

10. 雇主的"言外之意"

在交流中，你不但要懂得说话，而且还要会"听话"，也就是会分析话中的其他意思，即雇主的"言外之意"。

小李从事家政服务行业才两年的时间，但是她却能说会道，嘴很甜，很招人喜欢。所以，她的人缘很好，被她照顾的老人都喜欢她。那些老人的儿女平日上班不回家，只有在周末的时候才会回来探望。一段时间下来，老人的儿女们对小李也有了基本的了解。

一次，老人的小女儿对小李说："年轻真好，真羡慕你们，我忙得连玩手机、看电视的时间都没有呢？"小李感觉是在夸自己很高兴。

晚上，小李忙完后和培训时的老师聊天，将白天雇主对她说的话告诉了老师。小李的老师意味深长地说："你难道没有听出你雇主的言外之意？"

"没有啊，还有什么意思吗？"小李不解地问。

"你雇主的意思是，让你照顾老人时尽心点，不要顾着玩手机、看电视，这样太不尽责任了。"

这时，小李恍然大悟，意识到自己平时的服务还有很多让雇主不满意的地方，而且自己爱玩手机的毛病确实是需要改正。

作为家政人员，与雇主的沟通很重要，但是如何听取雇主的话语，并了解其中的意思呢？虽然，你拥有专业的护理知识，要照顾老人或者孩子很

辛苦，但是不要将自己的这些劳苦当作功劳，雇主要找的是一个能够将照顾对方作为家人，全身心付出的保姆。有时候，他们会说一些让人捉摸不透的话，其实，这也是一种暗示，话语间蕴藏着其他的意思。保姆也应该相应地了解雇主的说话方式、摸透对方的心思，不至于听不懂、不理解雇主的"言外之意"，否则大大咧咧，听不出来好坏话，不仅可能会把工作弄丢，而且自身弱势也得不到解决。

11. 为什么听不懂，为什么说不清

在交流中，会出现这样的情况：双方有时会听不懂对方在讲什么，甚至是一个话题怎么都说不清，显得很迷茫的样子。其实，说话技巧与个人语言表达能力和方法有关。找到正确的语言表达方式，才会抓住重点、条理清晰、表达清楚，让整个谈话变得既能说得清，又能听得懂。

一、时刻记住自己的沟通目的

双方交谈都带有目的性，最好的结果是达成一致，但不是一方强加于另一方，也不是一拍两散。

二、确定好交谈话题

话题在谈话中也非常重要。首先确定了话题，才能引导整个交谈有条不紊地进行下去。

选择自己熟悉的话题：围绕熟悉的话题展开交谈，可以消除紧张心理，引发双方的共鸣。

选择符合语言环境的话题：谈话要看对象、看场合。见什么样的人就要说什么样的话，不能和从事医生职业的人聊关于电子商务方面的话题，那样会让对方听不懂，摸不着头脑。

选择有新意、能引起对方兴趣的话题：枯燥乏味的话题让人了无生趣，即使你口若悬河地说，对方也会听得心不在焉，最后听不懂你到底在表达什么。

三、简明扼要

说话抓住重点，越简明越好，而不需要过多的点缀。有些人在讲述一件事情的时候，滔滔不绝地讲了一大堆，最后还是没有将重点讲出来，让听众听得云里雾里的，没有一点头绪。在谈话前，要做好初步的计划，先讲什么后讲什么，哪些该说哪些不该说，这样自己既能讲清楚，又能让听众听得懂。

四、话语、用词不必过于频繁

在谈话中，叠词或者重复使用某些词语，会起到强调、加强语气的效果，但是如果过分使用，就会累赘，让人感到厌烦。

五、避免使用口头禅

交谈中，偶尔使用口头禅可以起到调节气氛的作用，但是过于频繁，就会让听众对自己的印象大打折扣，也会使自己的人品、修养受到质疑。

六、通俗易懂，少用术语

非正式的交流中，要少使用艰涩难懂的专业术语，言语要通俗易懂，听起来才舒服明白。在与雇主交流时，会涉及护理方面的知识，特别是针对需要护理的老人，不要用专业术语进行对话，不然会引起对方的反感。

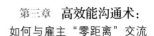

12. 意志力是成为说话高手的关键

说话高手并不是天生的，也需要后天的努力；成为说话高手并不是一蹴而就，这需要一个坚持的过程，在这个过程中，意志力是成功的关键。有些人具有人群交流恐惧症，不善于与人打交道，害怕说错话，有害怕、胆怯的心理。但是，一旦依靠意志力克服这些障碍，最终也会成为说话高手。

一、消除紧张情绪

紧张的情绪会让大脑一片空白，把想要说的话都忘记了。因此，不要紧张，也不要怕说错话，要大胆地将自己想的表达出来。为了消除紧张情绪，我们可以自己在家对着镜子练习说话，慢慢地你会发现，说话并不是一件可怕的事情。

二、鼓足勇气，面对挑战

世界上很多著名的演说家，最初都被认为是笨拙的人，都经历过第一次演讲的失败。为什么他们现在却取得如此大的成就呢？除了坚持不懈的努力之外，还有鼓起勇气勇敢面对挑战的超强意志力。特别是面对重要的谈话，不要害怕失败，要找到自身的弱点，每天坚持克服、改正它们，虽然不能短时间内取得成效，但是长期坚持下去，最终会轻松地驾驭谈话技巧，并取得成功。

三、心理素质过硬，不要怕出丑

心理素质过硬也是意志力的一种表现。因为心理素质好的人，不畏惧每次重要的谈话，也不害怕出丑，而会从中汲取经验，找到自己的不足之处，日后加以改正、练习。

四、有胆量，克服羞怯的心理

作为成年人，做事、说话都要有胆量，敢想敢说，敢做敢为。即使说错了，也要及时做出弥补，并坚决避免以后出现类似的情况。只有胆量才会攻克羞怯的心理。当然，克服羞怯的心理需要强大意志力的支撑，并不是一朝一夕就能成功的。每个人心里都有羞怯的一面，这也是缺乏自信的表现。面对人际交往，要有自信，让身边的朋友帮助练习，或者进行模拟式的训练，同时要改变自己，从形象、表达方式等方面入手，坚持下去，就会塑造一个全新的、充满自信的自己，那么，到时就会在各种交流中表现得游刃有余，不再羞怯。

13.怎样应对"棘手"的对话

有些对话并不是亲近的，更不是令人感到愉快的，但却是难以逃避的，比如别人的无理要求、别人的拆台、侮辱等，你必须学会运用巧妙的办法，回应或回击对方。应对"棘手"的对话，确实需要高深的"功夫"。

一、怎样应对别人的"揭短"

揭短，一般为小人行径，为大家所不齿。但是在某些谈话中，你也许会

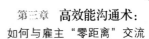

遇到被别人揭短的状况。这也不是什么丢人的事情，要敢于承认缺点，并加以改正，这是一件值得庆幸的事情。

（1）不要以牙还牙

别人说出自己的缺点时，不能一气之下，揭对方的短，这样就会让整个交谈陷入尴尬、"硝烟四起"的战场，还给其他人留下心胸狭窄的印象。

（2）以君子之心度小人之腹

交谈中，不管遇到什么样的棘手问题，都要有君子气度。或许，对方只是无意之中将你的缺点作为玩笑说出来，并没有不怀好意，要用君子风范去原谅或者忽视对方这些话语。

二、怎么回击侮辱

在生活中，和素质低下的人交流，会遇到粗鄙、难以处理的对话。侮辱别人是一种道德低下、素质缺失的行为。侮辱性的话语会严重伤害自尊，造成人身伤害。

尽管如此，这种情况下，我们也不能与之谩骂，不然会引起更大的争执，只会将自己的身份降低，被其他人认为素质低下；更不能置之不理，任由其侮辱。表面不带侮辱性的话语是回击对方的最好方法，让对方意识到自己的错误，会感到无地自容。例如：当别人说，"你父母怎么教你的？"不妨这样回击"我父母教我不可以问别人这么没有教养的问题"。

三、怎样反击当面挑衅

在交谈中，会遇到这样一类人：当面向你叫板、挑衅，还理直气壮，让你躲避不得，不得不迎战。面对这类人，我们要掌握住反击的技巧。

（1）让对方作茧自缚

当面挑衅者来势汹汹，已做好了准备，针对你而来。面对他们制造的各种难堪，最好的方法是将对方引入到他自己设置的圈套，让其自食其果，作茧自缚。

（2）迂回反击

不过于在意对方的无理取闹与纠缠，而是以客观事实为依托，从相反的方向进行回击，让他自己知难而退、羞愧难当。

四、怎么应对谈话中的咄咄逼人

谈话中咄咄逼人的气势，有时的确让人难以招架，甚至无处可躲，进而处于被动的位置。对付这样的局面，最好的办法就是以静制动、后发制人。也就是先把拳头缩回来，到一定程度时看准对方，再快、狠、准地打回去。咄咄逼人者，开始时锋芒毕露、不可一世，你根本找不到其破绽进行反击。但是，当他到了不能自圆其说的时候，你就能找到其弱点，对不攻自破的地方进行狠狠的反击。这样，既能反击对方，又不失自己的修养。

五、怎样应付谈话中的胡搅蛮缠

当对方出现理亏，但又不想丢了面子，就会开始胡搅蛮缠。胡搅蛮缠的人会把没有联系的东西硬联系到一起，不说带有伤害性、攻击性的话语。当然，这种情况下，最好的应对办法就是不予理睬，让对方自己说下去，说累了就会停止。

14.赞美：最友好的说话方式

说话是一门技术，说话方式是运用好这门技术的钥匙。说话高手都很注重说话方式，友好的说话方式是交谈中获胜的法宝，体现了对对方的尊重，能给人留下最好的印象，为接下去的深入交谈埋下了伏笔。

交谈中的赞美话语，像一缕阳光照进每个人的心房，驱走谈话中的尴尬与阴霾。赞美一个人，不仅会送对方一份愉悦心情，而且会使自己手留余香。但是，赞美也有自己的要求，会赞美的人说出的话让人觉得心里像被熨斗熨过一样舒服，而不会赞美的人说出的话让人觉得浑身起鸡皮疙瘩，反倒是弄巧成拙了。那么，我们在平时应该怎样赞美别人呢？

一、赞美第一次交谈的人

要先从谈话中观察对方，初步了解其性格、爱好等，"投其所好"，抓住适当的时机赞美对方，一方面可以调节谈话的氛围，另一方面还可以调动对方的情绪，推进交谈的顺利进行。

二、赞美应该发自真心

现实生活中，大家都不喜欢圆滑、逢场作戏、油嘴滑舌的人，只要他们一开口说话，就会给人留下虚伪的印象，沟通的时间越长，产生的效果越坏，因为他们没有让身边人感受到真诚。所以，保姆在与雇主沟通说出赞美之言时，要让他们感受到你的真诚和真心。

三、学会赞美别人的行为

赞美时不要空洞无物，要有所指向，不要滥用赞美之词，让人觉得有拍马屁之嫌。

四、学会背后赞美人

背后说人长短容易引起别人误会，但是背后赞美别人往往让人感到更加亲近。如果对方是从别人口中听到你对他的赞美，比你直接告诉他会让他更加高兴；如果是批评对方，就要委婉地直接告诉他，避免中间人添油加醋。

五、学会欣赏竞争对手

如果你的对手或者自己不喜欢的人受到称赞，不要急于否定，就算你的看法是正确的，也不要表现出来，要学会欣赏对方，实在找不出赞美的词的话，也可以说"是啊，你们说得很对，他真的很努力"或者"他真的很优秀"，以显示自己的度量。

15. 幽默交谈会制造更多快乐

平淡、乏味、枯燥的谈话，会让人感到无趣，甚至是有想中断的冲动。这样的谈话中，缺少了幽默因素。幽默具有神奇的力量，有很多奇特的好处：给交谈适当地加点幽默，让自己的缺点也变得更加美丽，化险为夷、化干戈为玉帛，给自己或者对方一个台阶下。它们都是妙不可言的神奇力量。

一、幽默是人际交往的润滑剂

在交谈中，双方不可避免地会出现尴尬、冲突的时候，这时候，幽默就是最好的调节剂、润滑器，使交谈不会因此而中断。

在与雇主的沟通中，当出现紧张的气氛或者说错话的状况时，都可以运用幽默的语言化解紧张、尴尬的氛围。特别是在第一次的交谈中，幽默可以让人表现得更加大方、自然，而且还可以让雇主的情绪、心情感到放松，有利于身心的健康，使交往变得更加顺利、自然。

幽默可以稳定对方的情绪，减少沟通中的冲突。在某些状况中，交流会出现矛盾、意见不统一的时候，几句幽默的话可以缓解双方的情绪，有利于交流顺利地继续下去。幽默是人际交往中必不可少的"润滑剂"。

二、幽默是一种快乐的感染力

幽默的语言具有神奇巨大的力量，幽默是个人的个性标签，不单单只是让交谈更加愉悦，而且在生活中还会将快乐感染到身边的每个人，让双方全身心都感到快乐、轻松，从中体会到不同寻常的享受。保姆的工作性质要求其有个性、有幽默感，这会给护理工作带来极佳的效果。

三、幽默也不能滥用

幽默常常会被演艺为"语不惊人死不休"，这是一种不按常理出牌的表达方式，但是却会造成适得其反的效果。幽默的话语要分场合，也要把握一定的尺度。在严肃、正式的交谈场合下，最好不要说幽默的话语；想要话语幽默化，可使用比喻、夸张、拟人化的方式，切记不能太过，惹对方不高兴，还搞砸了整个谈话的氛围。

16. 批评诱导，不要当面指正雇主的错误

俗话说："人活一张脸，树活一张皮。"可见，脸面对一个人是多么重要。所以，为了给别人留面子，我们需要得饶人处且饶人，不要因为一时的私心而随意地当面指正对方的错误。特别是在公共场合或者人多的谈话中，保姆不能将雇主的错误当众指出来。每个人都有自尊心，不喜欢被任何人无缘无故地伤害自尊。现实生活中，有的亲密朋友为了面子翻脸，甚至还成了仇人，见面分外眼红。

保姆林语是科班出身，专业护理技能极强，但是唯一的缺点就是进入社会时间太短，人又直接，看到什么说什么，不考虑后果。

一次，林语陪着雇主去参加聚会，结果当着众多人，将雇主犯的错误

当面指正出来。结果，雇主面子尽失，非常丢人。回来后，雇主就将其解雇了。林语感到很委屈，觉得自己没有做错，错误就应当及时指出来。

她错就错在完全没有考虑到雇主的面子与感受。人有失手，马有失蹄。每个人都会犯错误，切记不能当面指正对方的错误，否则会造成严重的后果。

当然，我们也不能为了明哲保身，而忽视雇主犯下的错误，导致其一犯再犯。有错误指出来是正确的，但是要分场合、分情况，可以轻声提醒告知，绝不能让对方当众丢人，失了面子。你可以私底下与雇主面对面交谈，委婉地指出其错误。那么，明智、开明的雇主就会对你产生感激之情，而且会更加重用于你。

在如何将批评之语说得令人心服口服、能够接受方面，以下内容是值得学习的：

一、批评时看对象

一般，君子能够海纳百川，能够虚心接受别人的批评和建议，所以对君子可以直言相谏。但是对小人就应该小心了，因为"忠言逆耳""良药苦口"，对于心胸狭窄的人，即便你是为他好，他也不一定领情，甚至误解你的好意。所以，对别人提意见，一定要看准对象。

二、批评要掌握方式

为了让病人能够顺利地把药吃下去，药厂把药装进胶囊里面，既可以达到用药目的，又不用苦口。给别人提意见也要注意方式，尽量不要直言不讳，要用一种别人比较容易接受的方式和对方交谈，如果你觉得雇主说的不正确，千万不要直接说："你这样说不对，你应该……"这样会让雇主很尴尬，可以说："关于你的，我有些想法，或许你可以听听看。"

三、批评要注意时间地点

人逢喜事精神爽，当别人精神状态不佳时，就不要再搬块石头砸下去了，这个时候对方很难接受你的批评和建议。另外，不要当众给别人提建议或者进行批评。比如，当雇主家里来客人时，不要当着客人的面给雇主提建议，这样会让雇主很没有面子。

四、不能渲染和张扬对方的失误

人无完人，每个人都有犯错误的时候，但并不代表不能被原谅，也不能将其失误大范围传播给所有人知道。

小薇特别讨厌同事王兰，因为王兰总是在背后将自己犯下的失误告诉其他同事，搞得自己很丢面子。她觉得王兰是故意打压自己，公报私仇。

在与人交谈的过程中，若对方犯下一些小小的失误，只要无关大局，都可以被忽视。但是，一旦被某些人夸大后，就会弄得人人皆知。不但扭曲了事实，而且还给人留下为人刻薄、小心眼的印象，让人反感。

17.争辩是最愚蠢的举动

在保姆与雇主的谈话中，每个人都有自己的想法，双方发生意见和观念不统一也再所难免，一旦失控，就会发生强烈的争辩。这时候一定要保持冷静，不可做出争辩这种愚蠢的举动。谈话中，即将发生争辩前，一定要冷静地考虑清楚：争辩是否有意义，将会产生什么样的后果。

一、争辩的起因

对方对自己是否有成见？如果没有的话，那纯粹只是意见之间的不合。如果是一些毫无意义的小事情，发动争执是不明智的选择。

如果彼此有很大的针对性，那更不应该在公众场合争辩，不但没有结果，还有失身份。大智若愚、真正聪明的人是不会公开地与人争辩的，而是要低调，有些事情在私下解决更好。

二、争辩的结果

你在情绪激昂之时应该考虑一下争辩后会有什么结果？是在嘴上逞一时之快赢得了对方，还是输给对方、丢了面子与修养？

作为雇佣关系的保姆与雇主之间，意见不合有分歧是常见的事情。即使有分歧，也不能毫无退让的争辩。特别是面对老人或者身体有疾病的雇主，更不能做出愚蠢的举动，因为言语上的争辩会让对方血压升高、心脏受到刺激，甚至会威胁到生命。这绝对是一项极为愚蠢的举动。

人际交往中，争强好胜不是一件好事情。因为争辩的指向性很强，每一方都把对方作为"敌人"。争强好胜的人，总会让别人接受自己的意志，一旦对方与之不合，就会争辩到底，直到分出胜负为止。那么，谈话的气氛就会很紧张、尴尬，或者直接被中断，不欢而散。同时，也会给对方及其他人留下自以为是、毫无礼貌的印象。

18.给建议而不是"下命令"

每个人都有很强的控制欲，在这种控制欲的驱使下，总希望把自己的意志强加给别人，让对方按照自己的意愿做事。其实，这是人性的一个缺点。在交流中，我们可以给对方提建议而不是"下命令"，因为我们没有任何权利决定别人的行为。

每次去逛化妆品店，都会有一些推销员跟在你后面，介绍这款产品多好，那款产品效果极佳等。其实，每个去这家店的顾客都很反感，甚至以后就不会再去了。这些推销员在用语言去引导顾客要买什么，而不是根据其需求、肤质等给出合理、科学的建议。

一位病人去眼科医生那里配眼镜，医生居然摘下自己的眼镜让病人试戴："这副眼镜我已经戴了很多年了，效果很好，就送给你戴吧，反正我还有一副呢？"病人戴上后却还是看不清东西，就告诉医生要重新配一副，但医生依然坚持，最后遭到病人的拒绝后还非常生气。其实，这就暴露了人性中控制欲的一面，特别是作为医生，更不能在不诊断的情况下，就给病人确诊。这种行为会造成严重的后果。

作为家政服务人员的保姆，更不能将自己的想法凌驾在雇主之上。雇主聘请保姆，就是因为他们能够提供自己做不到的一些护理服务，雇主对保姆会处于一种从属和听命的状态，无条件地、机械地按照保姆的要求与指导去做，甚至也不了解为什么要这样做。甚至有时候，他们完全丧失了思考和选择的自主性。

当雇主按照保姆所说的方法做了之后，没有收到预想的效果，就会非常生气。这种后果的出现是因为，保姆总把自己放在太高的位置，抱着沾沾自喜的心态去对待雇主，忽视他们也是真正的当事人和对自己情况最了解、最清楚的人。保姆绝不能利用雇主这样的心理去命令、操纵他们。

人际交往中，双方的谈话要轻松、自由，在共同话题下各抒己见，这样的氛围才是最好的。一方绝对不能为了占优势、凸显自己的才华而去改变另一方的意志，替他决定做什么。"忠言逆耳利于行"，即使对方有需要改正的错误，也不能替他们做决定，还是要良言相劝，给出建议，让对方自己去取舍决定。如果对方不接受，我们也会无愧于心。

第四章

烹饪大师来了：

用 美 味 去 征 服 雇 主 的 胃 和 心

　　一个让雇主满意的保姆，必须具备的第一技能就是既会购买烹饪的原料，又会煲汤炒菜，更会搭配出一桌色香味俱全、科学营养的美味佳肴。这就需要保姆既会购买、制作烹饪原料，又会合理搭配膳食营养，更重要的还必须确保雇主"舌尖上"的安全，做出的饭菜一定要健康卫生。

1.烹饪原料大采购

家庭烹饪的第一步是烹饪原料的购买。采买时，应注意采购新鲜、环保、卫生的原料，这是烹制出一桌美味佳肴的前提。为了做到这一点，你可以从以下几个方面入手：

一、烹饪原料的种类

你可以将烹饪原料按以下三种方法分类：

（1）按原料在菜肴中的作用来分类

主要可分为主料、配料和调料。主料是菜肴中的主要原料，配料是菜肴中的搭配调料，调料是菜肴中用来调味的调味品。例如在"油豆腐烧肉"这道菜中，肉是主料，油豆腐是配料，油、盐、酱、醋、葱、蒜、茴香、桂皮等则是调料。

（2）按原料的来源来分类

主要可分为动物性原料如肉类、蛋类、乳类、水产类等，植物性原料如蔬菜、水果、粮食、植物油等，矿物质原料如矿泉水、盐、食用碱等。

（3）按原料的加工方法来分类

主要可分为鲜活原料如牛肉、羊肉、猪肉、活鸡、活鸭、活鱼、鲜虾、新鲜蔬菜等，干货原料如笋干、干果、花椒、香菇、黑木耳、虾仁等，副食品原料如腊肉、酱肉、香肠、火腿肠、罐头食品等。

二、掌握选购、识别烹饪原料的技巧

一个合格的保姆在购买烹饪原料时应该是独具慧眼的，需购买的原料种类虽然很多，但每一种原料的购买都有其方法和技巧，掌握了这些技巧和方法，你就会成为选购和识别烹饪原料的行家，就可以购买到质量上乘的原料，做出让雇主吃得开心的美食。

（1）按计划和要求购买

保姆的购买工作切忌不要按自己的计划和意图，而应按雇主指定的物品进行，毕竟花的是人家的钱给人家买东西。通常一个合格的保姆可以根据雇主每日的膳食安排做一个采购详单，详单中应列出原料的名称、数量、单价、金额，雇主审核同意后再进行购买。

（2）确保质量

保姆在购买时，应确保原料的质量。因此购买场所一般应选择信誉良好的大型超市或者管理严格的农贸市场。选购的原料应该是经常使用的品牌或老字号产品，可保证质量和分量。还应该重视原料的食用价值、新鲜度、成熟度、纯净度和清洁卫生度。对所购的产品应反复挑选，切忌不要贪图便宜而因小失大。

看蔬菜的新鲜度。首先应看，看看蔬菜的质地是否鲜嫩，颜色是否有光亮，水分是否充足，表面有无损伤。其次是闻，闻一闻蔬菜，如果发出的是自然的清香，就是好菜，放心购买就是；如果有异味，可能是刚喷洒过农药；如果有臭味，就是不新鲜或者坏掉了。

选购青菜时，宜选择颜色呈较淡的墨绿或青绿色，菜叶饱满、完整，叶柄较短的。鲜嫩的蔬菜其叶柄易被掐断，菜叶会被捏出印痕，溢出汁水，即为新鲜的好蔬菜；如果有黄叶、枯叶、蔫叶，叶柄较长，摸起来发软、干涩、无水分，即为蔬菜不够新鲜，或者已经开始变质了。蔬菜如果闻起来自然清香，就是好菜；如果闻起来有腐烂味、化学药剂味或者其他异味，则可

103

能受化肥、农药污染，千万不要购买。

（3）注重价格，购买物美价廉的原料

在确保原料质量的前提下，还要注重价格，尤其是到农贸市场购买原料，不同的菜市场、不同的摊位，同一种原料的价格是不一样的。因此，要货比三家，学会讨价还价，会识别原料的质量和新鲜程度，才能买到物美价廉的原料。

2. 粮食类原料的优劣你能辨得清吗

一日三餐最离不了粮食，如包子、饺子、面条等老少都喜欢的面食均为粮食制品；做汤一般也离不了面粉、淀粉；大米、小米更是备受大家喜爱。但近几年市场上出现了很多假冒伪劣产品，食用问题粮食会严重影响人的健康。下面就给你介绍几种粮食类的选购及识别技巧和方法。

一、大米的选购和识别

现在市场上的大米有很多品种，品质优劣不等，要想鉴别大米的质量，可从以下几个方面入手。

（1）看一看

主要是看色泽和外观。正常、优质的大米大小均匀、颗粒整齐、丰满光滑、有光泽、干燥、无沙粒、无米虫、米灰极少、碎米和黄粒米很少。劣质大米则碎米多、色泽暗、米灰多、潮湿、有霉味。一般来说，大米腹白越少、口感越好，因此选时可挑选腹白少的大米。

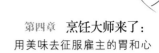

从品种上看。目前市场上最常见的大米有糯米、粳米、籼米等品种。挑选时，糯米应选粒形体大而圆、硬度低、色乳白、不透明的为好；粳米应选粒形短圆、色蜡白、透明或半透明状的为好；籼米应选粒形扁圆、细长、色灰白、半透明的为好。

从新旧程度上看。当年产出新上市的大米叫新米，含水分较多，颜色白中略带青，煮熟的饭柔软清香、黏性大。存放时间很久（一年以上）的大米叫陈米，其颗粒小，且较细碎，颜色明显发黄。煮出的饭口感干、味道较差。

（2）抓一抓

抓一把大米，放开后，看看手上粘有糠粉的情况。如果糠粉很少，就是合格的大米；如果手上有黏黏的感觉，很有可能是加了矿物油。

（3）闻一闻

取少量大米，用手摩擦发热，或者向大米哈一口热气，然后立即闻其味，有清香味、无异味的为合格大米，有异味的是问题大米。有些商贩会在米中添点香精来掩盖霉味，要注意鉴别。

（4）尝一尝

可取几粒大米嚼一嚼，微甜，无异味的为合格大米。如果用力咬才能咬碎，说明该米水分低，比较干燥；如果轻轻一咬就断，说明米水分高，较湿，不宜多买。

（5）查看包装上标注的内容

包装上有QS标志，并标明产品名称、产品标准号、特殊标注内容、生产企业、净含量、质量等级、生产日期和保质期等，表明是正规厂家加工的好米。

最好不要因贪图便宜而购买无标签的大米，更不要购买发霉变质的大米。

二、小米的选购和识别

选购优质的小米，可从下面四个方面入手。

（1）色泽

新鲜小米，光泽鲜亮且比较均匀，呈金黄色；而染色小米，光泽暗淡，呈深黄色。

（2）气味

新鲜小米，有天然小米香味，无异味；染色小米，有染色素的气味，没有小米的清香。

（3）手搓

取几粒小米，蘸点水用手搓几下，如果是染色小米，手心会染上黄色，颜色会由黄变暗黄。

（4）水洗

用温水清洗小米时，如果水色不黄，则为新鲜小米；若水色显黄，则为染色小米。

三、小麦面粉的选购和识别

用小麦面粉可以做汤、馒头、包子、饼、面条等，购买面粉时可从下面三个方面来识别。

（1）看

一看包装上是否标明厂名、厂址、保质期、生产日期、产品标准号、质量等级等内容，尽量选用标明不加增白剂的面粉；二看包装封口，如有拆开重复使用的痕迹，则为假冒产品；三看面粉颜色，面粉的天然色泽为乳白色，或者略带微黄色，如果颜色纯白或者灰白，则使用增白剂过量。

（2）闻

正常的面粉具有天然的麦香味，如果有异味或霉味，则要么增白剂添加过量，要么是超过保质期或受环境污染而发生变质。

（3）选

通常做馒头、面条、饺子等要选择面筋含量较高、有筋道、色泽好的面粉；制作糕点、饼干则选用面筋含量较低的面粉。

3. 你选购的水产品鲜美吗？

随着我国人民生活水平的不断提高，我们的餐桌越来越离不开鱼、虾、蟹等水产品，要想做一桌味道鲜美的全鱼宴、海鲜宴，首先应该选购鲜活的鱼、虾、蟹等水产品，你可以用下面的方法进行采购。

一、选购蟹类的方法

（1）看蟹壳和腹脐

鲜活的蟹蟹壳呈青黑色，腹面发白，身体结实，腿脚灵活有力，肚脐突出。不新鲜的腹部深黑而深陷，腹面脐部上方泛出黑印，按压时觉得发空、没弹性。

（2）看鳃

剥开甲壳后观察，新鲜的蟹鳃比较洁净，白色或稍带黄褐色，鳃丝清晰。不新鲜的蟹鳃丝黏结，且开始腐败。这里提醒一句，死河（湖）蟹切忌食用，以免食物中毒。

（3）肢体连接的程度

新鲜的蟹躯体和步足连接紧密，提起蟹体，步足不松弛下垂。不新鲜的蟹类步足会明显呈现松垂现象。

（4）蟹黄是否凝固

手持蟹体翻转，感觉一下壳内蟹黄的流动状，新鲜的蟹类，蟹黄不流动；不新鲜的蟹类，蟹黄呈半流动状；变质的蟹体，蟹黄会变得很稀薄。

二、选购鲜虾的方法

市场上常见的鲜虾有对虾（明虾）和河虾两种。选购时可以从下面几个方面辨别其优劣。

（1）看外形

新鲜的虾，虾头和虾尾连接结实，头尾完整，爪须齐全，虾身较挺，壳较硬，有一定的弯曲度；不新鲜的虾，头与体、壳与肉相连松懈，头尾易脱落，不能保持一定的弯曲度。

（2）看色泽

新鲜的虾，皮壳发亮，河虾呈青绿色，对虾呈蛋黄色（雄虾）或青白色（雌虾）；不新鲜的虾，皮壳发暗，呈灰紫色或红色。

（3）闻气味

新鲜的虾，无异味；不新鲜的虾，有腐臭味。

（4）摸体表

新鲜的虾体，摸起来有干燥感，外表洁净；不新鲜的虾，虾体有一层黏液，摸起来有滑腻感。

（5）看肉质

新鲜的虾，手触摸时肉质感觉硬，有弹性；不新鲜的虾，肉质松软，弹性差。

三、选购活鱼的方法

购买活鱼时，可以看一看鱼在水中游动的情况。稍好的鱼一般都在水的下层游动，鱼背在上，呼吸时鳃盖一张一合，比较均匀；稍差的一般在水的上层游动，尾部下垂，鱼嘴紧贴着水面；躺游或横漂于水面上的鱼，大多为

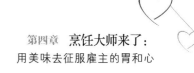

即将死亡的鱼。

离开水的活鱼或刚死掉的鱼，体色青亮，有光泽，膜有弹性，鱼肉有硬度，鱼鳞完整，有少量透明黏液；鱼眼发亮透明，眼球饱满，向外凸出；鱼鳃鲜红或粉红，鳃盖紧闭，不易抠开，无黏液，无臭味；鱼背结实，有弹性，用手指按一下，凹陷处会立即平复；鱼腹不膨胀，白色鲜亮。如果鱼眼灰暗，向内塌陷；鳃暗红或灰白，有臭味和陈腐味；鱼鳞发暗，鳞片松动、脱落；鱼腹膨胀，鱼背发软，按压时凹陷部分不易平复，则表明鱼已死掉很久，已经不新鲜甚至是变质了，千万不要购买。

4. 今天，你记账了吗？

要想成为一个让雇主称心放心的保姆，就要为雇主当好家、理好财，及时做好"日记账"就是一个不错的方法。

日记账不是太复杂，就是把每天购买的日常用品，按时间的先后顺序，逐笔进行记账。一般情况下，可以记一个简单的现金日记账，其基本结构由"收入""支出""结余"三栏组成，保姆每天只需把现金的收入、购买的日常用品的支出进行逐笔登记，并得出余额，就可以检查每天现金的收、付、结余情况。

无论雇主是把家中的生活开支都交给保姆去做，还是只把伙食开支交给保姆，让她只需购买烹饪原料，均可采用三栏式记账法。具体做法可以通过下面的例子来说明。

一、购买家中所有的生活用品

例如，1月份，雇主在月初支付给保姆1500元的生活用品购买费，1月2日保姆购买晾衣架10个花去50元，零食一兜花去60元；1月3日购买鸡蛋5斤花去17.5元，鲜羊肉2斤花去56元，豆芽、芹菜、黄瓜花去7.5元，苹果5斤花去25元。保姆可以记账如下：

1月份日常购买收支表

日期		摘要	收入/元	支出/元	结余/元
月	日				
1	1	收到雇主支付的日常生活品购买费	1500		1500
1	2	购买晾衣架10个		50	1450
1	2	购买零食1兜		60	1390
1	3	购买鸡蛋5斤		17.5	1372.5
1	3	购买鲜羊肉2斤		56	1316.5
1	3	购买豆芽、芹菜、黄瓜		7.5	1309
1	3	购买苹果5斤		25	1284

这样记账，每一笔费用收支可以一目了然，你可以清晰地看到费用收支的日期，干了什么事情，还剩多少钱，便于你及时核对现金。

二、只购买伙食用的烹饪原料

例如4月初，雇主支付给保姆烹饪原料费1000元，4月5日保姆购买活鸡1只花去25元，鱼1条花去17.5元，花椒、八角、桂皮、白芷、肉蔻花去28元，蔬菜花去8.5元。保姆可以记账如下：

4月份伙食购买收支表

日期		摘要	收入／元	支出／元	结余／元
月	日				
4	1	收到雇主支付的伙食购买费	1000		1000
4	2	购买活鸡1只		25	975
4	2	购买活鱼1条		17.5	957.5
4	3	购买花椒、八角、桂皮、白芷、肉蔻		28	929.5
4	3	购买鲜蔬菜		8.5	921

如果雇主想了解一天的开支，你可以逐笔把一天的支出加起来；如果想了解一周的开支，你可以把一周每天的开支加起来；若想了解一个月的开支，你可以把每周的开支加起来。

如果你会使用电子表格，那就更容易了，在结余栏列出收入减去支出的公式，结余会自动算出。雇主想了解一周的支出，你只需用鼠标选定一周的开支，结余就会在电子表格的右下端显示出来。

三、记账的注意事项

①购物单据应妥善保存，可按购买日期先后排列整齐，放在容易找到的地方，以便退换、维权、结账时用，这也是记账的一个凭证。

②购买结束后应及时记账，不仅能很好地防止忘事漏记，还便于雇主随时查阅、了解家庭开支情况。

③在摘要栏应记录采购物品的具体名称和数量，以便日后自己和雇主都看起来清楚，一目了然。

④每天的开支既要根据雇主的安排进行，也要尽可能地控制在预算数内，要尽量地为雇主省钱。

⑤每到周末或月末，应主动把账目交与雇主查阅。

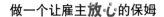

5.不懂营养学，如何吃出健康

身体健康是一个人的本钱，实践证明，吃得"好"并不一定身体就健康。一个合格的保姆，应树立合理膳食保健康的新观念，学点营养学，懂点营养知识，科学合理的安排和烹制雇主喜欢的膳食，让雇主吃出健康。

一、了解人体必需的营养素

人体所需的营养素有蛋白质、脂肪、糖类、维生素、无机盐和水六大类。这些营养素都是通过食物获取的，因此，保姆应该了解各个营养素对人体的作用，以及来源于哪些食材，以便根据雇主身体的需求，合理选购食材，做出营养餐。

二、懂得营养配膳

营养配膳是指根据各种食物所含的不同营养成分，将其进行科学合理的搭配所构成的膳食。营养配膳不仅能为人体提供充足的热能和各种营养素，满足人体正常的生理需求，还能让各种营养素之间保持合理的结构，所以又称"合理膳食"或"平衡膳食"。

三、必须坚持科学合理的膳食结构

营养专家们认为，比较科学、趋于合理的膳食结构，应该是以植物性食物为主，动物性食物占一定比例的结构。因此，合理的膳食不可或缺的是谷类食物，特别是豆类及豆制品，是人体健康的保证；人体所需的蛋白质主要

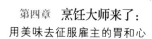

来源于畜肉、奶类及奶制品，此外，水产品中也含有优质的蛋白质；蔬菜、水果是补充人体维生素的重要食品；木耳、蘑菇、海带等菌藻类食物是天然的保健食品；核桃、花生、芝麻等坚果类食物是健脑益智的佳品。

四、保持膳食的营养成分

在购买、储存、烹饪食物的过程中，如果稍不注意，很多营养成分就会损失、破坏，因此应予以重视，尽量保持膳食的营养成分。

①购买原料时，应尽量挑选新鲜的，买回的蔬菜不宜存放太久，以免变质坏掉；也不宜长时间在水中浸泡，以免蔬菜中的维生素遭到破坏。

②蔬菜应先洗后切，切后尽快烹制，以免水溶性维生素流失。

③煮菜不要将菜汁挤去，火候要适当，水不要太多，时间不宜过长；煮菜不宜用铝锅，以免破坏维生素。

④煮饭、做菜时，不要加碱，因为它容易破坏食物中的维生素。

⑤做菜或汤时可加入适量的淀粉，可避免维生素受破坏。如畜肉、猪肝、腰花等用淀粉和酱油拌一下再下锅翻炒，不仅能保护维生素和蛋白质，而且做出的菜肴还鲜嫩可口。

6.优质营养素——人体的健康管家

优质营养素是人体健康的专家，前面已经讲过人体需要的营养素包括蛋白质、脂肪、糖类、维生素、无机盐和水六大类。下面就简要介绍一下各种营养素在人体中的作用。

一、蛋白质

蛋白质是组成人体的基本部分，对人体的生长发育和免疫力具有重要的作用。如果蛋白质摄入量不足，就会影响人的生长发育，或者导致免疫力下降。但蛋白质摄入量过多，会增加肝脏的负担，还能使人发胖。

二、脂肪

脂肪对人体主要有三大作用：一是人体能量的"仓库"，能够根据人体需求，储存或释放适当的能量；二是能够缓解外力对人体的冲击，对体内各器官和组织有保护作用；三是能够确保人体的体温恒定。脂肪摄入过量，会引起消化不良和积食，影响人体对钙、铁等营养物质的吸收，引起一些疾病，如高血脂和动脉硬化等；摄入量过少，又会妨碍人体对脂溶性维生素的吸收，并引起一些疾病，如皮肤干燥等。

三、糖类

人体最主要的能量供给物质就是糖类，它能维持人体各系统的正常功能，增强体力，提高工作效率。如果过量食用糖类，会使人发胖，影响人体健康；长期摄入量不足，又会引起低血糖，使大脑功能发生障碍，出现昏迷、痉挛，甚至导致死亡。

四、维生素

人体对维生素的需求量虽然不大，但维生素对人的生命活动却起着"四两拨千斤"的作用，因此绝对不可缺少。根据溶解性的不同，维生素可分为水溶性（B族维生素、维生素C等）和脂溶性（维生素A、维生素D、维生素K、维生素E等）。水溶性维生素可溶于水，难以储存，过量吸收会随尿液排出体外；脂溶性维生素可溶于脂肪，被人体吸收后可储存起来。从营养学角度看，人体比较易缺乏的维生素类有维生素A、维生素D、维生素B_1、维生素B_2、维生素B_3和维生素C。

（1）维生素A

维生素A对人体的正常视力健康和上皮组织的完整有维护作用，能够促进儿童和青少年的生长发育，增强人体的免疫力，还具有抗癌疗效。

（2）维生素D

维生素D能调节和帮助人体对钙、磷的代谢和吸收，能促使骨骼和牙齿正常生长。

（3）维生素B_1

缺乏维生素B_1，会引发人体胃肠消化系统的疾病，使人出现反应迟钝、记忆力减退、嗜睡等神经性疾病，严重时还会引起心衰、血管扩张、心肌收缩力减弱等心血管系统的疾病。

（4）维生素B_2

维生素B_2对人体蛋白质、脂肪和糖类的代谢有促进作用，能够促进生长，维护眼睛、口舌、皮肤及神经系统的正常功能。缺乏维生素B_2，容易引起口角溃疡、舌炎、唇炎、视力下降和角膜炎等疾病。

（5）维生素B_3

维生素B_3具有调节人体神经系统、胃肠道和表皮活动的功能，缺乏维生素B_3会引起皮炎、腹泻及痴呆以及胃肠功能紊乱和精神失常等病症。

（6）维生素C

维生素C是一种活性很强的还原物质，参与体内重要的生物氧化过程，可提高机体的工作能力，维持骨骼、肌肉、牙齿、血管的正常发育和功能，能促进伤口痊愈和造血功能，增加人体内的抗体。维生素C还有抗癌、解毒和降低血清胆固醇的作用，缺乏维生素C可引起坏血症。

五、无机盐

无机盐也是人体中不可或缺的重要营养素。我国膳食中较易缺乏的无机盐有钙、铁和碘等。

（1）钙

钙是身体骨骼和牙齿的主要构成成分，对儿童和青少年的成长发育尤为重要。钙对心肌的搏动、神经细胞的正常活动、血液的凝固都起着重要作用。人体缺乏钙会造成骨骼、牙齿生长不良，使肌肉和神经的兴奋性增高，引起抽搐。

（2）磷

磷与钙可以使骨骼、牙齿具有坚硬的特性，是构成骨骼和牙齿的成分之一。磷同时也是组织细胞中很多重要成分的原料，参与物质的能量代谢。

（3）铁

铁是血红蛋白、肌红蛋白、细胞色素的主要构成成分，参与人体内氧的运转交换和组织呼吸过程。如果人体缺乏铁，就会影响人体内血红蛋白的生成，引起缺铁性贫血等疾病。

（4）碘

碘是人体甲状腺素的重要构成成分。人体缺乏碘会引起甲状腺肿大；孕妇缺乏碘容易导致新生儿发生呆小病。

（5）氯化钠

氯化钠主要功能是能够维持人体内水、渗透压及酸碱的平衡，与肌肉的活动有密切关系。它还是胃酸的主要成分。人体缺乏氯化钠就容易疲劳，引起肌肉软弱无力，甚至发生肌肉痉挛。

六、水

水占人体组成的70%，因此，人体的生命活动离不开它。水对身体内营养素的消化、吸收和代谢有促进作用，有调节人体体温的作用。如果失水超过20%，就无法维持生命。人体缺水或失水过多，则会出现精神萎靡、乏力及其他严重的反应。

7. 不同的食物，不同的营养成分

人体所需要的营养素是通过摄入各种食物来获取的，上述的每种营养素都是人体不可或缺的。但不同的食物有不同的营养，一种食物中不会含有人体所需的所有营养，如果你想为雇主有针对性地补充某一种营养素，就必须了解这种营养素在哪些食物中含量较多，下面就简要介绍一下。

一、大豆

绝大多数豆类都含有丰富的蛋白质，尤其是大豆（黄豆），所含的蛋白质高达40%，而且大豆蛋白不含胆固醇，氨基酸比较完整、合理，属优质蛋白质，因此大豆被称为"蛋白黄金"，如果人体需补充蛋白质，大豆及其制品应当是首选食品。其他富含蛋白质的食物还有肉类、动物的肝脏、禽类、蛋类、鱼类、乳类、坚果等。

二、脂肪

如前所述，脂肪对人体有三个方面的作用，即使是肥胖者，每天所摄入的食物中也应该含有一定量的脂肪。人体的脂肪主要来源于各种动物油脂和植物油脂。

三、糖类

膳食中富含糖类的食物很多，主要有谷类、豆类、薯类和块根茎类蔬菜，还有水果、蔬菜、糕点、食用糖等。

四、维生素

（1）维生素A

富含维生素A的食物有各种动物的肝脏、奶类、鱼类和禽类，其中含量最多的是河鳗和贝类。另外，胡萝卜素是维生素A的前体，在人体内可转化成维生素A。含胡萝卜素丰富的主要是有色蔬菜，如胡萝卜、芋头、香菇、油菜、豆苗、辣椒、香菜；水果中的葡萄、红枣、香蕉、杏、李子、柿子等也含有丰富的胡萝卜素。维生素A在油脂中比较稳定，因此烹调时应注意多放些食用油。

（2）维生素D

富含维生素D的食物主要有动物的肝脏、鱼肝油、蛋黄等。

（3）维生素B_1

富含维生素B_1的食物有谷类、豆类、干果、酵母、动物内脏、瘦肉、蛋类等，尤其是谷类中的杂粮含量最高。过分淘米会使米中的维生素B_1损失，过度加热，容易破坏维生素B_1。

（4）维生素B_2

维生素B_2主要来源于动物的内脏、乳类、蛋类、河蟹和黄鳝等水产类，另外，菌藻类、豆类、酵母中的含量也较高。在烹调中维生素B_2不易被破坏，但易被碱类和阳光破坏。

（5）维生素B_3

维生素B_3主要来源于花生、豆类、谷类、酵母及动物肝脏和肉类。

（6）维生素C

新鲜蔬菜及水果中均富含维生素C，尤其是鲜枣、猕猴桃、山楂、沙田柚和橘子中含量极其丰富。鲜枣被称为维生素C之王。

五、无机盐

一般的食物中都含有无机盐，所以，只要膳食调配恰当，就能满足人体

需求。

（1）钙

含钙丰富的食物有很多，主要有奶及奶制品、蛋类、紫菜、海带、鱼类、虾皮、虾米、大豆和部分绿叶菜。此外，奶酪被称为钙元素之王。

（2）磷

含磷丰富的食物主要有乳类、肉类、蛋类、豆类及绿色蔬菜。

（3）铁

含铁丰富的食物有黑木耳、动物的肝脏、蛋黄、瘦肉、豆类及绿叶蔬菜。如果人体缺铁，黑木耳、猪肝及菠菜都是不错的选择。黑木耳被称为铁元素之王。

（4）碘

含碘量较高的的食物有海带、紫菜、海蜇等。

（5）氯化钠

氯化钠主要来源于食盐、酱油、味精等调味品。

8. 中国居民平衡膳食宝塔

中国居民平衡膳食宝塔在营养上是一种比较理想的膳食模式，虽然它所建议的食物量，特别是奶类和豆类食物的量与当前大多数人的实际膳食之间有一定的差距，但我们应把它作为奋斗的目标，努力争取，逐步达到。

一、膳食宝塔结构

膳食宝塔把每天应该吃的主要食物种类分为五层：

①底层：谷类、杂粮类、薯类及水。

②第二层：蔬菜类、水果类。

③第三层：肉禽类、蛋类、水产品类等动物性食物。

④第四层：奶及奶制品类、豆类及坚果类。

⑤塔顶：食用油及盐。

各类食物在膳食宝塔各层位置和面积的不同，在一定程度上反映出它们在膳食中的地位和应占的比例高低。

二、宝塔建议的食物摄入量

各类食物的摄入量是指一类食物的总量，而不是某一具体食物的摄入量。

（1）谷类、薯类及杂豆类

膳食中能量的主要来源就是谷类、薯类及杂豆类，建议每人每天应摄入250~400克。选择谷类、薯类及杂豆类食物时应重视多样化，粗细搭配，适量选择一些全谷类制品、杂豆及薯类，建议每次食用全谷类制品或粗粮50~100克，每周5~7次。

（2）蔬菜类

建议每天吃300~500克新鲜蔬菜，其中深色蔬菜最好占50%以上。

（3）水果类

建议每天吃新鲜水果200~400克。在鲜果供应不足时可选择一些含糖量低的纯果汁或干果制品。蔬菜和水果各有优势，不能完全相互替代。

（4）肉类

建议每天吃50~75克肉类。猪肉脂肪含量较高，应尽量选择瘦一些的畜肉或禽肉。动物内脏胆固醇含量较高，不宜食用过多。

（5）水产品类

水产品脂肪含量低，含有丰富优质的蛋白质，且易消化，建议每天吃鱼虾类50~100克，有条件的可以多吃些。

（6）蛋类

蛋类的营养价值较高，建议每日摄入量为25~50克。

（7）乳类

乳类不包括奶油、黄油。建议每日摄入300克液态奶，相当于酸奶360克、奶粉45克，有条件的可以多吃些。

（8）大豆及坚果类

建议每日摄入30~50克大豆及其制品；坚果类的蛋白质与大豆相似，有条件的每日可吃5~10克坚果来替代大豆。

（9）烹调油

烹调油尽量使用植物油，且经常更换品种。建议摄入量为每天25克，最多不超过30克。

（10）食盐

健康成年人每日食盐的建议摄入量不超过6克。

三、膳食宝塔的应用

（1）确定适合自己的能量水平

上述建议的每人每日各类食物适宜的摄入量，仅适用于一般健康成人，在实际应用时，还要根据每个人的性别、体重、身高、年龄、劳动强度、生理状态、生活特点、身体活动程度、季节等情况进行适当调整。年轻、身体活动强度大的人所需要的能量高，应适当多吃一些主食；年老、活动量少的人所需要的能量低，可少吃些主食。

（2）根据自己的能量水平确定所需食物

膳食宝塔按照七个能量水平分别建议了十类食物的摄入量，适用于一般健康成人，在实际应用时，还要根据自身的能量需要进行选择。每天膳食中应尽量包含膳食宝塔中的各类食物，但也不必千篇一律，重要的是要经常遵循膳食宝塔各层中各类食物的大体比例。

（3）食物同类互换，调配丰富多彩的膳食

应用膳食宝塔可把营养与美味结合起来，按照同类互换、多种多样的原则调配一日三餐，变换多种吃法，使膳食结构更加丰富多彩。

（4）因地制宜充分利用当地资源

我国幅员辽阔，各地的饮食习惯及物产不尽相同，只有因地制宜，充分利用当地资源，才能使膳食宝塔发挥有效的作用。例如在牧区奶类资源丰富，可适当提高奶类的摄入量；在渔区可适当提高鱼类及其他水产品的摄入量；在农村山区可利用山羊奶以及花生、瓜子、核桃、榛子等资源。

（5）要养成习惯，长期坚持

膳食对健康的影响并不是一时见效、立竿见影的，而是通过长期坚持慢慢显示出来的结果。因此应自幼养成应用膳食宝塔的习惯，并坚持不懈，才能充分体现其对健康的重大作用。

9. 好的"刀工"就像一门艺术

好厨师能够运用不同的刀法，按烹调的要求，将不同性质的烹饪原料加工成均匀一致而又整齐美观的各种形状，因此切菜就像一门艺术，能使做出的佳肴呈现出不同而造型，勾起人们的食欲。

一个具有好刀工的厨师做出的菜，不但让人吃着味美，看着也会赏心悦目。比如说爆炒鸡胗这道菜，如果随便将鸡胗剁一剁就进行爆炒，做出的菜即使很够味，人们也只能把它当成家常便饭吃掉，不会有意犹未尽、回味无穷的效果，而如果将鸡胗切成不断、不穿的规则菱形花纹，再用旺火爆炒，短时间内即可迅速炒熟，不但入味脆嫩，也能展现出食材的美丽形状，即使是吃饭特别挑剔的孩子，也会情不自禁地拿起筷子狼吞虎咽地吃起来。这就是"刀工"的艺术魅力。如果你想做一桌让雇主赏心悦目的菜，那就练一练你的"刀工"。

大家知道，"刀工"并不是一日就能练就的，但你可以按下列标准将原料切成片、段、块、球、丝、丁、条、末、泥等形状，也能起到事半功倍的效果。

一、将食材切"片"的艺术

片有大小、厚薄之分，种类繁多，常见的有长方片、柳叶片、月牙片、菱形片、指甲片等。

①从大小上来看，一般情况下，在切片时，大片可切成边长3厘米左右，小片切成2厘米左右。再切小一点，可以切成手指甲大小的指甲片。

②从厚薄程度上来讲，薄片一般不超过0.3毫米，厚片一般不超过0.7毫米。

③从烹制菜肴的要求来看，做汤的片应切得薄一点；有韧性，或者发脆的片，可切得薄些、小些，如肉片、鸡片、黄瓜片、萝卜片、笋片等；容易碎烂的片应切得大些、厚些，如鱼片、豆腐片等。

二、将食材切"段"的艺术

段的粗细以原料的自然直径为准，一般长3~5厘米，如鳝段、葱段。

三、将食材切"块"的艺术

烹饪常用的块有长方块、菱形块、滚料块等。块有大有小，切块时，大块一般边长为3~5厘米，小块边长为2.5厘米左右。

四、将食材揉成"球"的艺术

球，北方称"丸子"，南方称"圆"，也有大小之分。根据不同的烹饪用途，可做成大小不一的丸子，大的直径约为5厘米，如四喜丸子、油炸牛肉丸等；小的直径约为2厘米，如鸡肉丸、鱼丸等。

五、将食材切"丝"的艺术

切丝时，肉丝、鸡丝、鱼丝等可切成长6~10厘米、粗2.5毫米的豆芽丝；萝卜丝、笋丝等可切成长6厘米左右、2毫米粗的火梗丝；姜丝、豆腐干丝等可切成长5厘米左右、粗0.5毫米以下的棉线丝。

切丝时可依据原料的质地，来确定是横切还是顺切。一般猪肉斜切，牛肉横切，鸡肉顺切。

六、将食材切"丁"的艺术

丁一般可分为大、中、小三种。大丁边长约1.2厘米，如豆腐干丁、茭白丁、土豆丁等；中丁边长约1厘米，如冬笋丁、肉丁等；小丁边长约0.8厘米，如鸡丁、鱼丁等。

七、将食材切"条"的艺术

条主要有手指条和筷梗条。手指条长约6厘米，粗约1厘米，像成人的小手指，如鱼条；筷梗条像竹筷的后端，长约5厘米，粗约0.5厘米，如鸡条等。

八、将食材切"粒、末、泥"的艺术

"粒"指的是和饭粒大小差不多，也称为米，如鱼米、鸡米等。

"末"指的是像芝麻一样大小，如姜末。

"泥"指的是植物性原料达到最细小的程度，或称为"沙"或"蓉"，如豆沙、莲蓉、土豆泥等。

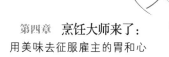

10. 不要把配菜当成"配角"

配菜就是将几种烹饪原料进行合理、恰当、巧妙地搭配，不但使做出的菜肴色、香、味、形俱全，营养得到合理配置，还能很快吊起人的胃口。因此，做菜时可别小瞧了配菜，更不能把它当成"配角"。下面介绍几点小技巧，能帮你迅速成为配菜的行家。

一、应掌握的配菜原则

将各种烹饪原料进行合理、恰当、巧妙地搭配，尤其是对主辅料的搭配，是配菜的关键。因此配菜应掌握以下六个原则：

（1）量的搭配

单一的原料，要按单位定额配菜，一般小盘主料为150~200克，大盘主料为300~400克；主、辅料的搭配，应突出主料；如果主料有好几种，那么几种主料的用量要基本相等。

（2）质的搭配

主料和辅料在质地上的配合，应掌握脆配脆、嫩配嫩的原则。

（3）营养成分的搭配

各种不同的烹饪原料均有不同的营养成分，配菜时应注意各原料营养成分的互补作用，例如动物性原料为主料的菜肴，可适当搭配些果蔬原料，来补充维生素的不足。

（4）色的搭配

在搭配主、辅料的颜色时，应突出主料颜色。

（5）香和味的搭配

香和味的搭配应注意原料加热前后及调味前后的变化，搭配时应以主料的香味为主，用辅料的香味来补充主料的不足。例如，在浓香的羊肉汤中放入芫荽或者葱花，就可以适当调和冲淡油腻感，使汤味适中可口。

（6）形的搭配

搭配原料的形状时，辅料须服从主料，也就是说丝配丝、丁配丁、片配片。几种形状进行搭配，辅料应略少于主料。

二、应熟记的配菜方法

熟练掌握配菜的基本方法，能使你很快搭配出一道色香味、营养俱全及造型美观的菜肴。

（1）搭配单一原料的菜

大多数菜肴都可以用单一的原料做成，在配菜时应注意以下两点：

①突出原料优点，避免缺点，在进行选料、初加工和刀工、烹调方面都要注意。例如，做爆炒羊羔肉时，羊羔肉是主料，因此选择时应挑选体重在二三十千克的羊羔的肉；过轻会因过于瘦小而炒不出羊羔肉的香味，过重会因羊羔肉成熟度略高而炒不出羊羔肉的鲜美味。在爆炒前应将羊羔肉用清水洗净，剁成均匀的小块，在锅中焯一下，捞出，洗净血沫，再进行爆炒。爆炒时先用大火爆炒7~8分钟，再加入开水改用文火慢炖，炖至熟烂入味，再改为大火收汤至汤黏稠，熄火，淋入香油适量，盛入大盘中就可以享受美味了。

②如果原料具有某些特殊浓厚的滋味，尤其是具有辛辣的味道，如大蒜、洋葱、辣椒等，就不适宜单独做成菜肴，应当作配料提味。

（2）搭配主辅料兼有的菜

主料确定以后再搭配适量的辅料，既可以烘托突出主料，也可以与主料相互映衬。辅料的量不宜太多，以免喧宾夺主。比如翡翠虾仁这道菜，以虾仁为主料，量应多一些，青豆可以少放一些，起配色、提味、点缀作用；而虾仁豆腐这道菜，则以豆腐为主料、虾仁为辅料，豆腐在用量上应该多一些，虾仁少一些。

（3）搭配不分主次的多种原料的菜

构成菜肴的原料有两种或两种以上，且各原料地位平等，不分主辅，那么在数量和形状上应基本相同和一致。此类菜肴的名称中往往有"双""三""四"等字眼，如清炒三丝、炒三丁、清炒双冬、植物四宝等。

11.“零失败”家常菜的做法

如果能让雇主天天在家吃到不同类型的家常菜，他们的生活就会越来越离不开你。下面就介绍一下家常菜的基本做法，期望你通过学习后，成为做家常菜的好手，顿顿做出"零失败"的家常菜。

一、热菜的基本做法

（1）煮

煮就是将食材放入多量的汤汁或清水中，先用大火烧开，再用中、小火慢炖成熟。煮好的鲜汤可直接食用，如鸡汤、羊肉汤；在做热菜时一般取用煮好的鲜汤，使做出的菜肴汤色浓白、汤宽汁浓、口味浓厚而不油腻，如成都蛋汤、奶汤鲫鱼、鸡汤干丝等。煮熟的主料可剁成块、切成片做成冷菜，如白斩鸡、白切肉；或捞出直接食用，如盐水煮的虾、毛豆、花生等。

（2）烩

烩菜就是把鲜汤烧开，放入切好的原料，再加入调味品，用旺火烹制成半汤半菜的一种烹调方法。做出的菜肴主料突出，汤宽汁浓，口味鲜醇，如羊肉烩面、牛肉羹、酸辣汤、海鲜羹等。

（3）焖

焖就是先将原料炸、煎、煸炒后，加入高汤、酱油、糖等调味，盖上锅盖，大火烧开，再用小火慢炖。焖出来的菜肴酥烂鲜醇，汁浓味厚，色泽金红，如瓦块鱼、黄焖栗子鸡、油焖茄子等。

（4）炸

炸就是将原料放入多量热油中用旺火加热较长时间至熟。此类方法烹制菜肴，如果直接食用，一般需炸两次，头次断生捞出，二次回锅再炸，可使做出的菜肴外焦里嫩、香脆可口，如香酥鸡、干炸鱼块等。

（5）煎

煎就是将原料放入少量热油中加热而做出的菜肴。这是一种简单、快捷、实用的烹饪方法，做出的食品两面焦黄，香脆可口，如煎馍干、煎鸡蛋、煎菜饼等。

（5）烧

烧就是将原料经过炸、煎、煸炒或水煮后，加入适量的汤水和调味品，用旺火烧开，改用中小火烧透入味，最后用旺火收汁的烹调方法。此类方法做出的菜肴质软，嫩味鲜浓，卤汁少而黏稠。根据调味不同和收汁多少，可分为红烧（放酱油）、白烧和干烧。

（6）蒸

将经过调味的原料用蒸汽加热，使其成熟或酥烂入味，称为蒸。蒸制菜肴所用的火候，应随原料性质和烹调要求有所不同，主要有以下四种：

①旺火长时间蒸。这种方法用于原料体大质老、需蒸酥烂的菜肴。一般需要蒸1~3小时，如粉蒸肉、香酥鸭等。

②旺火沸水速蒸。适用于原料质地较嫩，成菜要求质地鲜嫩，口感细腻的菜肴。一般水开以后蒸10~15分钟即可，如清蒸鱼、清蒸虾等。

③中小火徐徐慢蒸。适用于原料质嫩，或经精细加工，要求保持鲜嫩的菜肴，如鸡蛋脑、蛋白糕、蛋黄糕等。

④微火沸水保温蒸。冬天饭菜保温常用此法。

（7）汆

原料多为无骨小型、质地鲜嫩的食材，用旺火把水烧开，将原料入锅一滚即成的烹调方法就叫汆。此类方法做出的菜肴汤多、质嫩、爽口不腻，如皮蛋香菜鱼片汤、榨菜肉丝蛋汤等。

二、凉菜的制作方法

凉菜是家常随意小吃，可热制冷吃，也可冷制冷吃。会餐及正式筵席上都离不了凉菜，其口味甘香、清爽而脆嫩。

（1）油炸卤浸

原料油炸后，放入预先配制好的调味中浸渍，或以小火加热收汁，使其入味的烹制方法。此类方法做出的菜肴味浓醇厚，如油爆虾、油爆鱼等。

（2）卤

卤可分为白卤和红卤。白卤是用盐、水和香料调制的卤水烹制菜肴；红卤是用酱油或红曲粉、糖、水和香料调制的卤水烹制菜肴。卤菜香浓可口，如卤香茶叶蛋、打卤面、卤鸭等。

（3）酱

做法与红卤大致相似；不同点是用酱收汁，比卤汁稠浓，酱出来的菜肴色泽很好，口味浓郁香美，如酱鸭、酱羊蹄、酱牛肚、酱牛肉等。

（4）冻

原料烹调成熟后，在原汤汁中加入适量胶质（琼脂或肉皮冻），冷却后凝结成透明如水晶状的菜肴。此类菜肴凉爽不腻，是夏季的好食品，如水晶虾仁、水晶鸡等。

（5）拌

把生料或熟料制成块、片、条或丝等较小的形状，用调味品拌匀后直接食用的方法。拌出来的凉菜清爽脆嫩，常吃的有凉拌油麦菜、凉拌黄瓜、凉拌三丝等。

（6）腌

将原料放入调味汁中，利用盐、糖、醋、酒等的渗透作用，使其入味。腌出来的成品脆嫩爽口，如酸辣黄瓜条、咸鸭蛋、醉蟹等。

12. 黄金搭配，让家常菜与众不同

一个厨艺高超的保姆，做出的家常菜不仅能提供各种营养素和足够的热量，还能使各种营养素强强联手，为健康服务。其中的诀窍就在于，她能将不同的食材科学合理地进行"黄金搭配"，所以做出的家常菜与众不同。

一、家常菜黄金搭配的基本标准

家常菜黄金搭配的基本标准，一般是每人每月平均应进食谷类15千克、薯类3千克、肉类1千克、鱼类0.5千克、大豆1千克、蔬菜15千克、食油0.3升，再配上适量的乳类、禽类、水果和食糖。

二、家常菜黄金搭配的方法

家常菜的营养价值与造型是由主料、辅料、调料及烹调方法等因素决定的。因此,要想做出完美的家常菜,需要掌握家常菜的黄金搭配方法。

(1)家常菜数量的搭配

家常菜无论是单一原料的,还是多样原料的,应突出主料的肥美、鲜嫩和鲜香,选料上应精细,其数量与器皿大小应协调起来。

一般情况下家常菜应少配或不配单料菜,因为其所含的营养素不全,而应尽可能地加入数量不等的辅料,以便含有较全面的营养成分。

(2)家常菜的营养搭配

家常菜应注意提高营养素的含量和种类,以便使人摄取更多、更全面的营养。动物性原料与植物性原料的营养成分一般差别较大,二者搭配有很好的互补效果。另外,还应多配一些人体容易缺乏和损失的营养素,例如可多配些含铁丰富的木耳、肝脏、牛肉等。

(3)家常菜色、香、味、形的搭配

家常菜的色泽搭配应注意主料和辅料相协调,并突出主料。在烹调加工时还应注意原料色泽的变化,以免影响家常菜的颜色,但最好别用化学合成色素。

(4)家常菜味的搭配

家常菜无论是单一味,还是复合味,其味道应能满足不同食者的要求。例如有人喜欢吃辣,有人不能吃辣,这就要求在口味上搭配原味、微辣、中辣和辣的家常菜。

(5)家常菜形的搭配

形的搭配也是家常菜的一个重要环节。在搭配造型时,辅料的形状需衬托主料的形状,使主料突出。

13. 家庭主食的选择艺术

主食类主要由五谷为原料烹制而成，我国古代中医在养生上一向以"五谷为养"为原则，因此，主食类是人体一天中摄入量最大的食物，其营养质量对于人体供应量最为重要。一般来讲，健康成年人每天需摄入250~300克主食，才能满足机体的需要。选择主食也需要讲究艺术，通过选择不同的主食来安排雇主的一日三餐，让雇主吃出感觉，吃得享受，吃出健康营养。

一、主食种类以多样为好，注意粗细粮合理搭配

主食都选择细粮并不一定就好，因为在米和面的精磨加工中，谷粒中的维生素和矿物质有70%以上会受到损失。因此，在主食中适当搭配一些粗粮、薯类和豆类，不但能补充米面中缺失的养分，对人体健康有利，而且还会在不增加成本的基础上，提高一桌菜的标准和档次。

在平时的膳食安排中，最好每天都搭配一两种粗粮及豆类、薯类，而且经常调换品种，对维持膳食的营养平衡非常有利。这点并不麻烦，因为现代的灶具为我们创造了非常快捷便利的条件。每天早餐我们用上好的全麦粉、各种杂粮面，加上鸡蛋和各类新鲜的蔬菜，就能利用电饼铛快速地做成各类营养丰富的杂粮蔬菜鸡蛋饼；也可以用高压锅把各种豆类、杂粮和薯类煮成美味的粥食。

二、主食应强化营养质量

这点很有用，尤其是对老年人和食量较少的人，他们食量较少，如果还按正常人的标准搭配主食，就不能满足身体的需求，容易发生缺维生素、缺钙、缺锌、缺铁等现象。因此，选择和安排主食时，应选择能够强化营养质量的主食，如可选择强化钙、铁或锌的面粉来制作各类主食，选择强化赖氨酸的饼干、强化B族维生素的面包、强化多种营养素的挂面等来增加人体摄入营养素的质量，以增强免疫力和抵抗力。

三、主食应以清淡为主，尽量少放油和盐

味道丰富的菜肴，配上清淡的主食，如馒头、面条、米饭等，能够为人体提供均衡的营养。如果丰富的菜肴再配上各种"花样"主食，如肉包、饺子、羊油大饼、馅饼、肉丝面等，由于其中的脂肪和盐含量较高，特别是羊油饼和肉馅以饱和脂肪为主，不但使人觉得油腻，还会使脂肪和盐摄入过剩，对心血管不利，同时也为身体带来了很大的负担，对健康无益。

四、主食中的糖分越低越好

过食含淀粉或糖的主食，会使人体重加重，血糖上升，引发糖尿病等病症，因此在选择安排主食时，应注意控制糖分的摄入量，主食中应搭配适量的粗粮和杂粮，如荞麦和燕麦等低血食品；也可以把粮食类食物与鸡蛋、牛奶、豆类及豆制品一起食用；还可以加一些醋以利于降低血糖指数。另外，在制作主食时要尽量不加或少加糖，尽量少安排含糖量较高的甜点。

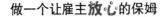
14. 一锅好汤，永葆健康

日常生活，家常便饭，汤是离不了的美味，一锅好汤，不仅能给人体带来丰富的营养，补充体内的水分，还能够给人带来美食的享受，使身体永葆健康。以下几点技巧可让你煲一锅好汤：

一、选择好的食材

做汤其实很简单，但首要的是选择好的食材，尤其是主料，应尽可能地选择最新鲜的。其次是搭配好煲汤用的辅料。例如葱、姜是很多汤类都需要的食材；木耳等干货可用于做各类咸汤的辅料，老少皆宜；红枣可以美容；枸杞、桂圆可以进补；豆类也不错，做排骨汤时可放些黑豆，做猪蹄汤时可放些黄豆，做鸭汤时可放些绿豆，这些对身体都有不同的滋补功效；做甜汤时离不了冰糖的捧场，银耳、枸杞、桂圆是甜汤的最佳搭档。

另外，选择食材还要根据季节的变化而有所不同，例如冬季可选择羊肉、桂圆、枸杞等温补的食材做汤，夏季可选择清凉可口的蔬菜、海鲜、鱼类等食材。

二、选择比较大的锅具

一般煲汤用的锅具有大有小，要想让家里人都能喝到鲜美的汤羹，选购一个大的煲汤锅是很实用也是很给力的。满满一大锅汤，让人感觉真来劲，可以敞开肚皮美美地喝一顿。

三、煲汤时间并不是越久越好

大多数人都认为煲汤时间久，食材里的营养就会被"熬出来"，汤的营养价值就会高。其实这种认识是不太准确的，因为食材在高温下熬煮，许多营养素会遭到破坏，煲的时间越长，营养物质破坏得越厉害，尤其是其中的蛋白质变性很厉害。

①形体较大，难以熟烂的鸡、鸭、羊骨等，煲汤时间最好也要控制在2小时以内。

②如果汤里有人参等滋补类的药材，长时间煲煮，其中的营养成分会被分解和破坏，因此煲汤时间不宜超过40分钟。

③如果煲鱼汤，由于鱼肉比较细嫩，只要鱼汤发白即可，时间不宜过长，一般需15分钟左右。

如果汤内需要新鲜蔬菜，出锅时放入即可，以免维生素被损失破坏。

四、汤并不是煲得越浓越好

羊骨、鸡肉、鸭肉等肉类食品经水煮后，能释放出嘌呤碱、氨基酸等"含氮浸出物"，煲出的汤越浓郁，含氮浸出物就越多，"嘌呤"等也就越多，而过多的"嘌呤"会导致高尿酸血症，引起痛风病。因此，看起来浓郁有营养的美味，偶尔尝尝鲜就好，对身体有补益作用，但长期食用对身体不好，特别是对糖尿病和痛风病患者不宜。

15.自己制作的日常饮品，味道就是不一样

如果你的雇主喜好到咖啡厅或者甜品店喝饮品，你可以试着在家做几种他喜欢的日常饮品。这个并不难，只要家里有一台榨汁机及新鲜的水果、蜂蜜、牛奶、干果等食材，仅需几分钟，就可在家做出美味的各类饮品。

自己做出的日常饮品的味道，是在任何咖啡店或甜品店都买不到的。原因之一是自家的饮品是用干净的蔬菜、水果、蜂蜜、牛奶等为原料制成，真材实料；之二是自制饮品的成分均为纯果汁、蔬菜汁、牛奶、蜂蜜等，既没有加入大量的水进行稀释，也不会有用果汁粉、蔬菜汁粉勾兑的嫌疑；之三是自家制的饮品没有添加任何食用香精、添加剂等不健康的东西；之四是自家制的饮品干净、卫生。

下面就推荐几款饮品的做法，你可以按照食谱做，也可以举一反三：

一、陈皮酸梅汤

【原料】

乌梅8~10颗，陈皮6克，山楂片20克，冰糖适量。

【做法】

①把所有食材放在水里浸泡10分钟，洗净。

②锅中加水，倒入所有的食材，大火烧开，加入适量冰糖，改用小火慢炖15~20分钟，熄火，焖一会儿，凉凉即可饮用。

二、菠萝香瓜饮料

【原料】

菠萝、香瓜各1个。

【做法】

①把菠萝、香瓜削皮，留果肉，切成小块；将菠萝在盐水里浸泡几分钟。

②将果肉混合，放进榨汁机，插上电源，榨汁一分钟，倒入容器即可饮用。

三、西瓜汁

【原料】

西瓜（适量）。

【做法】

①将西瓜洗净取出西瓜瓤，再把西瓜瓤切成小块。

②把西瓜块放入榨汁机，按下启动按钮，不用一分钟，一杯鲜艳可口的西瓜汁就做出来了，冷藏过后更加美味。

四、山楂果茶

【原料】

山楂10~15颗，胡萝卜1根，冰糖、盐各适量。

【做法】

①用淡盐水将山楂泡几分钟，洗净去蒂和核。

②胡萝卜洗净，切小块，蒸熟。

③将山楂、蒸熟的胡萝卜、冰糖倒入米糊机，放入适量的水。

④按"米糊"键或设置适当时长，几分钟后一锅山楂果茶就做好了。

五、香蕉草莓奶昔

【原料】

香蕉2个，草莓8个，牛奶240毫升，酸奶300毫升。

【做法】

①将香蕉去皮、草莓洗净，连同牛奶和酸奶一起倒入米糊机。

②将所有食材高速搅拌一分钟，即可饮用。

16. "甜美点心"的制作方法

甜点是大多数人都喜欢吃的甜点，如果你的雇主也是甜点爱好者，而你又恰恰会做几种拿手的"甜美点心"，那么，你肯定会更加得到雇主一家人的欢迎。看着雇主一家人有滋有味地享用你做出来的甜点，是不是感到格外的开心，感觉很甜蜜，很有满足感呢？

下面就给你介绍三种"甜美点心"的制作方法，让你迅速成为制作甜点的能手。

一、香蕉飞饼

【原料】

香蕉2根，飞饼3张，鸡蛋1个。

【做法】

①将去皮的香蕉切成小碎块，鸡蛋打散备用。

②将飞饼稍微软化，略微擀大、擀薄，放进冰箱冷藏松弛20分钟。

③将松弛好的飞饼切成两片，切去边条，使两片呈长方形。

④将用作下片的那片四周涂上蛋液，并把边条沿周围码好。

⑤将香蕉碎块放在下片中间，边缘涂上蛋液，用上皮盖上压好。

⑥用叉子沿周围轧出花纹。

⑦用刀轻轻在上片中间每隔1厘米横切一刀，注意不要切断下片，再次放入冰箱冷藏松弛15分钟。

⑧用蛋液将松弛好的上皮涂匀，放入烤箱中层，设置温度为180℃，烤20~25分钟，至饼皮分层明显、上色金黄即可。

二、抹茶豆沙酥

【原料】

油皮：中筋面粉150克，猪油50克，糖粉30克，水60毫升。

油酥：低筋面粉120克，猪油60克，抹茶粉5克。

豆沙馅400克。

【做法】

①将制作油皮、油酥的食材分别和成面团，盖上干净的湿布，醒20分钟。

②将油皮、油酥各分成8等份，然后每个油皮包1个油酥，捏紧，收口朝下。

③用擀面杖将油酥皮擀长，向下卷起来；静置松弛20分钟，再擀一次。

④将擀卷好的油酥皮从中间分成两段。

⑤切面朝上压扁，擀圆，在翻面包入豆沙馅，捏紧收口。

⑥在收口处涂上蛋液，粘上白芝麻，摆在烤盘上，并放入烤箱，设置温度为180℃，20~25分钟后，至油皮分层颜色翠绿即可。

三、蔓越莓鸡蛋布丁

【原料】

牛奶500克，蔓越莓80克，糖粉50克，鸡蛋2个。

【做法】

①蔓越莓切粒，鸡蛋打散。

②将糖粉放入牛奶中，搅匀；先倒入一半鸡蛋液搅匀，再倒入另一半，

再次搅匀。

③牛奶和鸡蛋的混合液过筛3次。

④将蔓越莓粒放入布丁瓶底层，再倒入过筛好的牛奶鸡蛋液，至七分满即可。

⑤预热烤箱10分钟，烤盘内加上冷水，烤箱温度设置为170℃，加热烤5分钟即可。

17. 浪漫西餐，吃出情调

随着生活水平的提高，人们的饮食不仅仅局限于传统美味的中餐，颇具情调的西餐也逐渐走进我们的生活。再看看那些西餐馆，各个都是大排长龙，人满为患，耽误很多时间不说，要想找到一家既有气氛又有情调的西餐厅确实有点难度。

如果你的雇主也是爱好西餐大军中的一员，你何不尝试着在家做几道经典的西餐，再配上一套漂亮的餐具和蜡烛，"制造气氛"，偶尔也让雇主在家吃顿西餐，吃出情调呢？下面就教你做几道大家喜欢的西餐。

一、芝加哥牛排

【原料】

牛里脊500克，鸡蛋1个，牛排调料1包，黄油（或者橄榄油、色拉油）、洋葱、小番茄、生菜各适量。

【做法】

①牛里脊剔去筋膜，切成厚度1~2厘米的片。

②用肉锤或刀背将肉轻轻拍散。

③用少许水将牛排调料调匀，涂在牛肉两面并抓匀，放入冰箱冷藏过夜。

④将黄油放入锅内化开，放入腌制好的牛肉进行煎制，先煎好一面再煎另一面。煎的熟度根据个人口味而定。

⑤添加鸡蛋、洋葱，煎好。

⑥盘中垫上生菜，将小番茄摆放在盘内；将煎好的牛肉、洋葱、鸡蛋盛入即可享用。

二、PIZZA鸡

【原料】

鸡肉400克，奶酪100克，调料28克，甜椒、黄瓜各适量。

【做法】

①将带皮的鸡肉用调料腌渍过夜，取出，放入烤箱，设置温度200℃，烤10分钟，应注意鸡皮的色泽。

②烤鸡的同时将甜椒、黄瓜和奶酪分别切成玉米粒大的小丁，奶酪应尽量切碎一点。

③取出鸡肉，翻个个儿，撒上蔬菜丁和奶酪，如果烤得太干，可多淋些橄榄油；放入烤箱再烤10分钟。

④垫上生菜，将鸡肉、蔬菜等装盘即可享用。

三、芝士素什锦

【原料】

新鲜的青豆、玉米粒各150克，胡萝卜1根，腰果、黄瓜、球生菜、奶酪、盐各适量，橄榄油少许。

【做法】

①胡萝卜切成小丁，黄瓜和奶酪也切成同样大小的丁，球生菜撕成小片。

②用开水将玉米、青豆、胡萝卜丁烫一下。

③锅中倒入橄榄油，翻炒上述的蔬菜丁，倒入腰果，加少许盐调味，熄火，加入奶酪丁，待奶酪遇热熔化在菜里，盛入盘中即可。

四、甜虾芦笋沙拉

【原料】

北极甜虾6只，芦笋10根，小西红柿5个，香蕉半根，沙拉酱、糖各适量。

【做法】

①虾去壳洗净；小西红柿一切为二；芦笋切成小段；香蕉斜刀切成块状。

②将芦笋在开水锅里焯一下，捞出放入凉水中，捞出控净水。

③将上述食材放入大碗里，加入沙拉酱、糖，拌匀后即可享用。

五、安列蛋

【原料】

鸡蛋2个，西红柿1个，洋葱小半个，牛奶、盐、黑胡椒粉、食用油各少许。

【做法】

①将西红柿、洋葱切成小丁。

②在锅中放入少许食用油烧热，倒入切好的洋葱进行翻炒，炒出香味后再放入西红柿翻炒，加入盐和黑胡椒粉调匀，将汤汁收浓备用。

③将鸡蛋打散，加入适量的牛奶、盐，搅拌均匀，放入烧热的锅中摊成鸡蛋饼。

④将炒熟的蔬菜摊在鸡蛋饼上，再把蛋饼折成半圆即可食用。

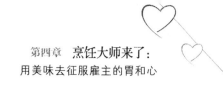

18. 家宴菜单设计"宝典"

雇主的亲朋好友来家聚会，或者雇主要纪念自己生活中的重大事项而举办家宴，如果你能设计并做出具有一定规格质量的一整套菜点，雇主肯定会觉得很有面子。家宴整套菜点是由冷盘、热炒菜、大菜、汤羹、点心和水果等组成。下面就介绍一下家宴菜单设计"宝典"。

一、冷盘，摆得最漂亮的秘诀

冷盘分为热制冷吃、冷制冷吃的菜肴，一般为家宴的第一道菜。一般为四小碟（一素三荤）、六小碟（两素四荤）、八小碟（两素六荤）。冷盘的成本金额比例应占整桌菜的10%左右。

二、热炒菜，主角登场

冷盘后面紧跟着的是热炒，热炒是快速加热烹制而成的菜肴。一般为4~8道菜。热炒菜要求使用多种原料，并采用不同烹调的方法烹制，做出的菜肴口味和外形均呈多样化，其成本金额比例应占整桌菜的40%左右。

三、大菜，重量级菜肴

大菜是随热炒菜后上席的，一般为整只、整块、整条等较大型原料烹制而成的菜肴，为了让其熟烂、入味、口感好，一般加热时间较长。大菜做好后，盛入大盆或大汤碗中端上桌，一般为1~4道，其成本金额比例应占整桌菜的35%左右。

四、汤羹，少了它就不算大餐了

大菜上后紧接着上较清淡可口的汤羹，可用于醒酒或者下饭，一般为一甜一咸两道，其成本金额比例一般应占5%左右。

五、点心，不可缺少的陪衬

紧随汤羹之后上席的是包子、饺子、面条等，一般为两道，或一干一湿，或一甜一咸，其成本金额比例应占整桌菜的5%~7%。

六、水果，完美的谢幕

最后上一两盘应时鲜果（或水果拼盘），其成本比例应占为整桌菜的3%~5%。

家宴菜单设计"宝典"，你记住了吗?

19. 学会这几道菜，快速成为"名厨"

一个保姆能做出几道拿手的家常菜，让雇主能吃出地道的传统味，尤其是在雇主宴请宾客的时候让他脸上有光，那就离获得"名厨"的桂冠不远了。下面就给你介绍几道家常菜的做法，让你快速成为"名厨"。

一、红烧鱼块

【原料】

鲜鱼1条（约500克），酱油、盐、葱、姜、蒜、干辣椒、糖、食用油各适量。

【做法】

①鱼去鳞、内脏，洗净，剁成块，放适量盐抓匀，腌渍半小时左右。

②葱切段，姜切丝，蒜切末，干辣椒切段。

③锅内放食用油两大勺，烧热后放入姜丝、蒜末和干辣椒段，再把鱼块放进去将两面煎黄，倒入酱油，放一小勺糖，加水至没过鱼；

④盖上锅盖，用中火焖7~8分钟，放入葱段即可出锅。

二、黄焖鸡块

【原料】

嫩公鸡1只，高汤250毫升，冬笋50克，冬菇50克，葱20克，花生油75毫升，酱油60毫升，料酒10毫升，糖20克，味精2克，八角5克，大葱油20毫升。

【做法】

①将鸡洗净，去嘴爪，其余全部剁成块，用酱油腌渍20分钟；葱、姜洗净拍松，冬笋切厚片，冬菇切两半。

②锅内加适量花生油烧至九成热，将鸡块入油锅内炸至金黄色捞出，控净余油。

③锅内加花生油40毫升，烧热后放入葱、姜炸出香味，接着加入高汤、鸡块、八角、料酒、糖，大火烧开，盖上锅盖，用小火慢慢焖烂，捞出葱、姜，加入冬菇、冬笋、大葱油、味精搅匀至食材熟透即成。

三、红烧肉

【原料】

五花肉2.5千克，食用油50毫升，糖120克，料酒（可用红酒）100毫升，葱段50克，姜块25克，盐15克。

【做法】

①将五花肉置于火上烤至上色后用温水洗净，切成肉块；葱、姜拍松。

②将食用油烧热，放入糖炒至浅红色，放入肉块、葱和姜煸炒至六成熟，倒入料酒，再煸炒至肉块颜色透亮、表面微黄。

③加水没过肉块，再加入盐，小火炖至肉熟烂，撇去浮沫即可食用。

四、红烧肘子

【原料】

前肘子1.2千克，清汤200毫升，酱油80毫升，南酒40毫升，花椒油15毫升，白糖10克，水淀粉3克，味精少许，食用油、糖色、葱段、姜片各适量。

【做法】

①酱肘子洗净，放入汤锅内煮至五成熟，捞出晾干，涂上糖色，放在蒸碗里。

②锅内放入适量食用油，加入白糖，炒至呈鸡血红时，放入酱油50毫升、南酒15毫升、清汤100毫升，烧开后放入葱、姜，倒入肘子，烧至熟烂，扣在盘子内。

③把剩余的调料（花椒油、水淀粉除外）全部放入锅内，烧沸后用水淀粉勾芡，调入花椒油，浇在肘子上即可。

五、四喜丸子

【原料】

肥瘦精肉250克，水发玉兰片50克，花生油1000毫升，酱油、淀粉、蛋清、香油、南酒、盐、味精、葱末、姜末各适量。

【做法】

①将肥瘦精肉、玉兰片均切成玉米粒大小的丁，加上少许酱油、淀粉、盐、味精、蛋清、南酒、葱末、姜末，搅至上劲，做成4个大丸子。

②锅中放花生油烧至七成热，放入丸子炸黄至飘起捞出。

③将丸子放入蒸碗内，加入剩余的南酒、酱油、盐、味精，入笼蒸熟，取出扣在盘内。

④将原汤倒入锅内，用淀粉调水勾芡，淋上香油，浇盘，即可食用。

六、鲜人参滋补母鸡砂锅

【原料】

净母鸡1只（重约1000克），鲜人参1只，清汤、淮山药、枸杞子、姜片、盐各适量。

【做法】

①将母鸡洗净，放入沸水中汆一下。

②将鸡、姜片、清汤、鲜人参、淮山药放入汤锅内，大火烧开，改用小火炖2小时，放入盐、枸杞子即可。

七、五福汤

【原料】

红枣、桂圆、百合、莲子、白果各100克，冰糖500克。

【做法】

①桂圆去皮洗净、红枣洗净，分别用清水浸泡1~2小时；百合、莲子如果是新鲜的，去皮后可直接使用，如果是干的，百合需浸泡一夜，莲子需浸泡2~3小时；白果最好买去皮的，洗净即可用。

②将所有食材放入锅内，加适量清水，倒入冰糖，用大火煮开，再改用小火炖煮约1小时即可。

第五章

保洁大作战：

强力去污，获得最清洁的家庭空间

　　家庭环境的保洁包括对家居的日常保洁、居室的整理及雇主衣物的清洗和收藏，任务艰巨而烦琐，而且是一项技术含量很高的细活。要想轻松做好家庭保洁大作战，必须掌握一定的技巧。本章将专门为保姆介绍家居保洁各方面的技巧，期望有所帮助。

1. 地面需要打扫了

所有家居中，最容易被弄脏的地方莫过于地面了，因为我们的每一项活动，吃饭、梳洗、行走等都可能对地面产生影响，地面脏了就需要打扫。因此，地面的清洁是最繁重和最频繁的保洁工作，要想彻底、快速、利索地把地面打扫干净，必须掌握一定的技巧。

一、清洁地面应注意的要点

（1）工具

半干的拖布、扫帚、抹布、吸尘器、皮手套、围裙及各类清洗剂等。

（2）顺序

打扫地面时应注意按照正确的清扫顺序进行，一般是从里到外，由角边到中间，由小处到大处，由床下、桌底到房间大块地面，依照顺序进行，才不至于出现遗漏，也能避免重复劳动。

（3）动作要领

用扫把清扫地面时，应轻拿轻放，不要弄得尘土飞扬而污染其他地方。如果地面的尘土较多，可先用点水轻洒地面，或者先将扫帚蘸点水后再扫。

二、各类地面的保洁方法

受生活水平、个人喜好等因素的影响，各个家庭的地板是不相同的，即使同一个家庭，不同的居室地板也不一定全部相同。地板不同，清洁的方法

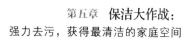

也不同，下面就简要介绍一下几种常用地板的清洁方法。

（1）瓷砖地面的清洁

可先用扫帚清扫，或用吸尘器吸尘，再用湿拖布拖地；用湿拖布拖完后须用干抹布擦干，以防滑倒。

（2）木质地板地面的清洁

一般先用软扫帚清扫，再用半干的拖布拖地，切忌用水冲洗，以免地板浸水受潮腐蚀。有污渍可用软布蘸中性洗涤剂擦拭，再用干布擦净。

（3）大理石地面的清洁

一般可用湿布拧干擦拭。清洁后，要注意擦干水痕，以防大理石地板变色染色，出现斑点。

大理石地面若有污渍要及时清除，建议选用温和、中性的洗涤剂清洗，切忌直接使用肥皂等清洁剂进行洗刷，以防破坏大理石的光泽度。清洁顽固污渍需进行深度清洁，需选用pH值在10~11的清洁剂。清洁完毕后，先用地板蜡均匀地涂抹，再用干布擦净即可。

（4）地毯地面的清洁

地毯必须每天用吸尘器清理，一旦出现大量的污迹及污垢，渗进地毯纤维就难以清洗了，下面给你介绍几个清洗小诀窍：

①长期被家具支脚压住而出现的褶皱：可先用湿毛巾铺在上面，用熨斗熨过，再用牙刷把毛刷顺，痕迹就会完全消失。

②火烧焦痕：可用硬毛刷子将烧坏部分的毛刷掉。

③啤酒迹：可先用棉纱或软布条蘸洗衣粉液涂抹擦拭，再用温水及少量食用醋溶液清洗干净。

④水果汁：可用冷水加少量氨水擦拭。

⑤墨水渍：可用柠檬汁除去。

⑥咖啡、茶渍：可用甘油除掉。

⑦血渍：先用冷水擦洗，再用温水或柠檬汁搓洗。

⑧油污：可用汽油与洗衣粉一起调成粥状，涂在油渍处，将其擦拭去除。

2. 明净的窗户，微笑的脸

我们经常用"窗明几净"来形容卫生打扫得好。从保洁的角度来讲，窗户是人首先能够感应到的部分，窗户明净，整个房间都是清新、通透、明亮的，心情自然就会畅快愉悦，家庭充满温馨和欢悦。那么，怎样使窗户清洁明亮呢？

一、窗帘的保洁

窗帘一般每隔三个月清洗一次即可。窗帘一般都可水洗，小型的可以在家用洗衣机洗，很快就可以晾干；大型的窗帘征得雇主同意后可送干洗店进行干洗，两三天就可以取回。干净的窗帘可以给居室带来清爽的感觉。

二、纱窗的清理

纱门、纱窗装卸比较容易，一般可取下先用清水冲洗，再放入洗衣粉温水里泡上10~20分钟，再用毛刷洗刷，最后用清水冲洗干净。需要注意的是，铝合金纱窗如果使用时间过长容易粉碎，一旦发现这种情况应及时告诉雇主进行更换。

三、玻璃的清洁

擦拭玻璃易留下痕迹，用湿布或海绵擦拭后，最好再用麂皮布或旧报纸擦干。如果窗户过大，用手够不到的玻璃应借助玻璃擦等工具。擦拭玻璃应按先

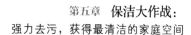

上后下的顺序；擦拭玻璃时应注意安全，寒冷的冬天切忌用热水擦拭，以免玻璃爆碎，如果在楼房高处擦玻璃，应采取必要的防护措施，以免发生意外。

四、百叶窗的清理

百叶窗可先用吸尘器吸去灰尘，再用较粗的布蘸清洁剂，一叶接一叶地擦洗，最后，再用干布擦干即可。百叶窗十分锋利，擦洗时应戴上手套，以免割伤手。

五、窗沟的清理

窗沟因平时被忽视而常常积聚很多灰尘、蚊虫和细碎的东西而成为死角，窗沟的洁净程度可以彰显你打扫卫生的彻底程度。

铝合金门窗窗沟内的灰尘，可用刷子先集到一处，再用吸尘器吸去；如果灰尘不太多，可用水擦拭；擦不掉的污垢，可用尼龙刷子蘸清洁剂刷洗干净；如果生锈，可用小刀轻轻刮掉，再用肥皂水清洗、干布抹干，打上蜡油，最后用干布擦亮，就会光滑如新了。

六、窗台的清洁和整理

窗台上物品的摆放也可以成为居室的一个景观，因此窗台上不宜堆放杂物，可以放一些精致小饰品。朝阳的窗台还可以放上一两盆花草，比如茉莉花、栀子花、米兰、吊兰等，既可以美化居室，又可以净化空气，茉莉花、栀子花、米兰开放时，整个居室都会充满淡淡的清香。但无论是小饰品，还是花草，都不要放太多，以免显得杂乱。

清洁窗台时，需要挪动窗台上的物品，以便彻底打扫干净。清洁完毕后应物归原处。

窗帘洗好后要及时安装，这样，整个窗户就清理完成了。看着明净的窗户，你是不是有一种成就感？是不是也感到心情很愉快？

3.好家具需要好的养护方法

现在一般家庭中所使用的家具，不仅具有实用性，还具有很高的观赏价值，有美化家居环境的作用。好家具需要好的养护方法，才能美观不变色、不变形。前面我们已经讲了各类家具的保洁方法，本节教给你家具养护的妙招，期望对你的工作有所帮助。

清洁家具虽然是保姆保洁工作中最常干的一件事，看起来简单，但如果不讲究一定的方法和技巧，就不能取得理想的效果。

一、红木家具的养护方法

红木家具是由珍贵稀有的木材制成的，木质坚韧，通常雕刻有各种花纹，表面用生漆揩擦而成，高贵典雅，经久耐用，具有独特的抗腐蚀、抗霉蛀等优良性能，一直以来被认为是高档家具的象征。这种高品位的家具只有妥善保养，才能延长其使用寿命。红木家具的保养方法主要有以下几种：

①红木家具忌干燥，因此不要放到太阳下暴晒，摆放时应远离暖气、壁炉等高温处和门口、窗口、风口等通风较好的地方；切忌将家具摆在空调吹风口处。

②平时要经常保护好家具表面涂料，最好每隔三个月，用少许蜡擦拭一次，不仅能保护好家具表面的光泽度，使家具更加美观，而且还能保护家具的木质。

③家居保洁可用干净的纱布擦拭灰尘；家具表面不要使用光亮剂，以避免漆膜发黏受损，可把核桃碾碎、去皮，用三层纱布去油抛光，来保持家具漆膜的光亮度。

④家具摆放要方正，勿倾斜，以免家具变形受损。

⑤搬运或移动家具时不能生拉硬拽，以免家具整体结构松动。

⑥家具表面不要粘上酒精、香蕉水等溶剂，以防家具表面长"伤疤"。家具表面如有污垢，可用低浓度肥皂水洗净，干燥后上蜡一次，切忌用煤油、汽油、松节油等化学性溶剂擦拭，以免擦掉表面的涂料和破坏漆的光泽。

⑦表面不能用油污克星、碧丽珠等清洁用品保洁保养；即使有污垢也不要用小刀等利器削刮。

⑧红木家具的四季保养。

春季最适宜保养红木家具，可使用蜂蜡烫蜡一次，对家具进行一次彻底的保养；平常多用软棉布擦拭家具表面。

夏季比较潮湿，防霉防潮很重要，室内应多开空调排湿，避免家具受潮变形。这个季节不适宜烫蜡。

秋季保养的方法与春季基本相同，烫蜡一次，并经常用"软磨硬"的方法擦拭家具，多用软棉布经常擦家具的表面。

冬季尽量让室内湿度大些，温度不要过高，放置时应远离暖气。

春、秋、冬三个季节应尽量保持室内适宜的湿度，可用加湿器，也可以用养鱼、种花草的方式增加室内的湿度，湿度最好保持在25%~35%之间。

二、胡桃木家具的保养

胡桃木家具取材胡桃楸木，色彩雅致悦目，有的还有美丽的花纹。其日常保养非常简单，主要有以下几种方法：

①常用纯棉的软湿抹布擦洗，擦拭时应尽量顺着木材的纹理，这样会越擦越亮。

②如有污渍，可用温茶水轻轻去除，晾干后，涂上少许光蜡，轻轻擦拭以形成保护膜，切不可用汽油、酒精等化学溶剂清除污渍。

③不要让金属制品或其他利器碰划家具，避免其表面出现碰划伤痕迹。

④春、秋、冬季节过于干燥，可采用加湿器、养鱼、养花、用湿布擦拭等人工加湿的措施补充水分；夏季过于潮湿，可用薄胶垫将家具与地面接触的部位分开。

三、花梨木家具的保养

花梨木家具是古典家具中美德典范，具有很高的欣赏和收藏价值，只有细心保养，才能使其经久耐用，其保养方法如下：

①不要在阳光下直射和暴晒，避免造成变形、龟裂和酥脆。

②不要过度干燥，避免因干裂而变形；谨防潮湿，避免家具因过度潮湿而膨胀，受潮后应及时吹干，避免腐烂。

③花梨木易燃，应注意防火。

④不要在家具面上堆压重物，避免家具变形、扭曲。

⑤不要随便用湿布擦拭或用水冲洗家具，更不能用碱水、酒精等具有腐蚀性的化学品进行擦拭，以免损毁、破坏木材的纤维。

⑥在挪动时一定要轻抬轻放，切忌生拉硬拖，避免黄花梨造成损坏。

四、聚氨酯漆类家具的保养

聚氨酯漆类家具富丽豪华，需定期进行打蜡保养，打蜡及保养要求如下：

①用干净的软布将家具表面擦净，用上光蜡均匀地涂抹在家具表面。

②用棉纱或柔软的布料使劲将漆膜上的上光蜡擦去，直至漆膜上的雾层消除，出现镜子般的光亮。

③不能用湿布擦拭打过蜡的表面，以免将表面蜡层擦去，影响家具的光泽度。

五、金属类家具的保养

金属家具美观大方，如果再配上装饰性的玻璃，将更加漂亮。其保养方法如下：

①金属家具要安置在干燥处，表面如有水迹，应及时擦干。一般用干布揩擦灰尘及污物即可，不宜用含水的湿抹布擦，更不能直接用水冲洗，以防金属生锈。

②平时应常用干纱布蘸上少许防锈油或缝纫机润滑油擦拭家具表面，以便使其保持光亮如新。一旦生锈，可放入机油中浸泡，再用布擦干，切不可用砂纸打磨。

③用金属清洁剂清洁完家具上的污垢后，要用上光蜡等揩抹，打蜡要求可参照聚氨酯漆类家具打蜡及保养要求；也可用金属光亮剂等进行擦拭，使其表面光亮如新。

六、藤质家具的保养

藤质家具朴实耐用，其中的藤椅及藤质沙发非常舒适，老少皆喜欢。

①藤质家具多孔，里面的灰尘可用毛头较软的刷子由内向外拂去。如果污迹严重，可用刷子蘸上洗涤剂、小苏打水使劲擦洗，再用干毛巾擦一遍。

②保养时也可在家具表面打上一层蜡，既可增加光洁度，也可起到保护作用。如果家具是白色的，打点蜡就更有必要了，可以防止家具变色。打蜡要求可参照聚氨酯漆类家具打蜡及保养要求。

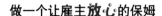

4. 整洁的客厅：最温馨的氛围

客厅是一个家庭中面积最大、功能最齐全的地方，这里摆放的家具最多，人在此活动的时间也最多，因此很容易脏乱，常常是这边刚弄好，那边又被搞乱了。客厅又是一个家庭主要的活动场所，招待客人一般都在这儿进行，一个家庭的温馨整洁多是由客厅表现出来的，因此，在雇主家进行保洁大战，客厅是重中之重。下面告诉你几个妙招，掌握一定的技巧和保洁顺序之后，可减轻你的工作负担、轻松搞定客厅几大死角。

一、客厅保洁的一般顺序

（1）准备好用具

拖布、扫帚、抹布、吸尘器、护理剂、洗涤剂等。拖布和抹布在使用时最好是半干的，以免水分使地板打滑，破坏家具。

（2）保洁顺序

保洁按从上到下，先死角、后面上，最后清洁地面的顺序进行。在清扫地面的时候，为了避免尘土浮起，可以先洒适量的清水，再用吸尘器将尘土吸去，最后用半干的拖布把地面擦干净。这样的顺序安排是为了避免重复劳动，比如说，如果你先把地板清扫干净了，再去打扫天花板，天花板上的浮尘会再次将地板弄脏，你不得不再次清扫地板。因此，安排好保洁的先后顺序很重要。

二、客厅天花板和墙面的保洁

天花板、墙面和墙面装饰物不必天天打扫，隔几个月或者过年、过节清扫一次即可。

（1）清洁天花板

清洁天花板主要是清除灰尘和蜘蛛网，主要使用鸡毛掸子将灰尘掸去，用扫帚将蜘蛛网轻轻撩去。如果是木质天花板，也可用湿抹布轻轻擦去灰尘。

（2）清洁灯具

清洁灯具应先切断电源，再用干布将灰尘擦去。如果灯具上有污渍，可蘸点清洁剂或醋进行擦拭。

（3）清洁墙面

墙面一般比较平整、光滑，灰尘不易堆积，平时隔几天用鸡毛掸子轻轻掸墙面即可。如果墙面有装饰的凹凸花纹，应每天用鸡毛掸子掸灰尘，每隔两三个月用吸尘器清理一次。如果墙面较脏，可用干净的湿毛巾轻轻擦拭。

（4）清洁护墙板

如果护墙板是塑料贴面的，可先用洗洁剂清洗，再用拧干的湿毛巾擦拭干净；如果护墙板是油漆装饰的，可先用毛巾或棉纱布擦拭，再用家具上光蜡涂擦在护墙板的油漆表面，最后再用干净的棉纱擦干净。

（5）清洁墙面字画、饰物挂件

隔段时间可用鸡毛掸子轻轻掸去墙面字画上的灰尘。墙面的饰物、挂件可用吸尘器吸去尘土。

（6）清洁踢脚线

踢脚线上的灰尘可先用小白毛刷子刷一下，再用吸尘器或湿布将落到地面的余灰清除一下即可。

三、门窗的保洁

具体操作参见本章第二小节所述。

四、清洁玄关和鞋柜

如果玄关是瓷砖地面，只要用湿布或湿拖布擦拭干净即可。如果瓷砖地面铺了垫子，可先在垫子上撒上苏打粉，然后用扫帚扫掉，再倒上清水擦洗，灰尘很容易就去掉了。也可先用吸尘器吸净灰尘，再用海绵擦拭干净。

清洁鞋柜时，先将鞋子全部拿出，再用吸尘器吸去灰尘，然后用湿抹布将剩余的灰尘、积垢擦干净，最后用喷雾器喷点酒精除菌。清洗完毕后不要把鞋子马上放进去，柜门要敞开保持通风状态，也可以用吹风机吹一下，以除去柜内的异味。待鞋柜完全干燥后再把鞋子整齐地放进去。

五、清洁沙发

（1）清洁布艺沙发

普通的布艺沙发，可用滚筒刷将上面的灰尘刷干净即可；价格较高的布艺沙发，则要用专门的吸尘器将表面的灰尘全部吸净，一旦上面脏污，可用干净的白布蘸少量沙发或地毯专用清洁剂，在脏处反复擦拭，即可清除污渍。沙发的扶手、靠背和缝隙处，可用毛巾擦拭。装护套的布艺沙发一般均可将护套拆下清洗。

（2）清洗皮沙发

平时可用鸡毛掸子或干净软布将沙发上的浮尘掸净或擦净。如果有了污渍，先将浮尘擦净，再用肥皂水将软布浸湿，拧干后轻轻擦拭污处。如果黏了口香糖等胶状物，可先用冰袋或冰水冷却，再用细绸布轻轻将口香糖擦拭掉。

六、清洁阳台

阳台扶栏上的灰尘可用湿布擦去；也可用旧牙刷蘸上清洁剂刷洗阳台窗户内的污垢，再用拧干的抹布将清洁剂擦干净；瓷砖上的污渍可喷点清洁剂，再用刷子清洗瓷砖间隙里的污垢，最后用拖布擦干净。

七、清洁地面

清洁客厅最后一项也是最繁重的任务就是清洁地面。客厅的地面脏了就需要打扫，一般一天一次，特殊情况可能一天需打扫两次以上。

客厅地面大致有瓷砖、木质地板、大理石、地毯等几种，不同的地面有不同的保洁方法，只有熟练掌握，才能做好地面的清洁工作。具体操作参见本章第一小节所述。

5.卧室保洁有妙招，轻松搞定几大死角

卧室是雇主休息的地方，应掌握雇主的生活起居习惯，尊重雇主的隐私。在打扫卧室前，应先敲门，征得雇主同意后或雇主不在时进行，以免尴尬情况出现。

卧室天花板、墙面、门窗、家具、地面的保洁方法与客厅相同，除此之外还要清洁床铺及床上用品等。

一、整理床铺

清洁卧室的重点是对床铺的整理。首先将床罩、被子和枕头移到椅子上，再整理床垫，将床单铺平。如果需要换洗，将用过的床单、枕套、被罩撤下，重新换上新的。然后，按铺床的顺序将床铺好。最后将被子、枕头、床罩等床上用品及床上装饰物摆放整齐。

二、清洁床上用品的方法

（1）晾晒棉被

棉被、被褥应经常在阳光下晾晒。阳光的直接照射既可以将吸收在纤维中的水分蒸发掉，使被褥保持清新干燥，还可以杀菌。晾晒被褥时最好翻转

调换，以便两面都接受阳光照射，使晾晒效果更佳。

（2）毛毯的防蛀

纯羊毛毛毯在不用时，可在毛毯面均匀地撒点樟脑丸粉末，然后存放在通风阴凉的地方，并适时拿到阳光下晒一晒，便有防蛀的效果。

（3）席梦思床垫的保养

每隔两个月，席梦思床垫应前后左右翻转掉头，以便所有的弹簧都均匀受力。每使用半年应搬到通风处晾晒一下，除去潮气，拍去灰尘。

（4）清洁凉席

夏季人极易出汗，凉席即使看着不脏，也需要天天清洁。清洁时用毛巾在温水中浸湿，拧干，然后按凉席的纬向轻轻擦拭。擦干净后，放在通风阴凉处晾干后再铺上。凉席切忌用水冲洗，也不能用沸水洗涤，更忌放在烈日下暴晒。

三、清洁床下地面的方法

床下的地面一般很容易被忽视而成为死角，长期不清理，会布满厚厚的灰尘。床是人休息时使用时间最长的家具，因此保持床下清洁卫生非常重要。

如果床底下是封闭式的，可每隔一个月定期清理一次，清理时先将床垫、床板移开，用吸尘器将灰尘吸去，再用拧干的毛巾或拖布擦拭干净。清理完毕后，将床板、床垫归位，依次铺上褥子、被单，并将枕头、被子摆放整齐。如果床底是开放式的，每天可先用长把的扫帚轻轻扫床底地面，再用拖布拖干净即可。

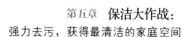

6.厨房里的"智能清洁"小秘方

厨房的清洁卫生关系到每个家庭成员的健康饮食，保持厨房的干净整洁也能体现保姆的工作能力。下面就给你介绍几个厨房"智能清洁"小秘方：

一、厨房的整体清洁

（1）环境卫生

厨房环境要求干净卫生，应注意防止苍蝇、蚂蚁、蟑螂等虫害污染食物和厨房物品。因此，应保持室内通风良好，及时清理垃圾，每次垃圾倒空后，垃圾桶须用水清洗，再放到通风处晾晒干。

（2）地面清洁

如果厨房地面油污沉积，难以擦洗，可先用热水将有油污的地面浸湿，撒适量去污粉，待去污粉乳化，再用拖布使劲拖。也可在拖布上倒点醋，增强去污力。

（3）清除异味

可在锅中加入少许食醋，烧开后再用小火慢慢加热使醋挥发，即可除去厨房的腥味、油烟味等异味。

二、墙面、纱窗及玻璃的清洁

现代家庭厨房的墙面大多数是瓷砖墙壁，清洗时先用湿布蘸清洗剂擦一遍，再用干净的抹布擦净即可。如果油污较多，墙面特别是瓷砖的缝隙处应

163

用洗涤剂仔细清除油污，然后用湿布擦干净，最后用干布揩干。

厨房的纱窗，积上油污不可能做到天天清洗，因此长期留存的油垢就很难清除。清理时可将纱窗取下，用去污粉、碱粉、肥皂三者的混合液洗刷，油垢就不难清除了。

像纱窗一样，厨房玻璃上的油污也特别多，擦洗起来不容易。清洁时可先用专用的玻璃清洁剂，均匀地喷洒在玻璃上，稍等片刻，用干抹布擦干净即可。也可用抹布蘸上洗洁精擦拭，再用湿抹布蘸清水擦净，最后用旧报纸或卫生纸将玻璃擦亮。

三、灶台、操作台及周围瓷砖的保洁

（1）灶台

每次用过煤气灶之后，应立即进行清洁。清洁时可用一块煤气灶专用的抹布，将油污或汤水擦拭干净，做到随脏随擦。如果清洗不及时，淤积的油垢污物难以清洗，可以撒些小苏打，再用抹布擦拭，就容易清除了。

（2）橱柜和操作台

橱柜及橱柜门应每天用抹布擦拭干净；操作台台面上的水、油污可用加了洗洁精的抹布擦净，每周应用消毒液消毒一次；水槽最容易堆积油污，可倒一些厨房清洁剂，用热水冲洗，同时应把过滤盒后的管子一并清洗，以免油污越积越多。

（3）周围瓷砖

厨房灶台及周围地面的瓷砖由于经常炒、炸、煎，极易溅上油污。要使这些地方保持清洁，每次做完饭应立即清洗干净。清洁时，可先用厨房专用的油污清洁液喷洒一遍，再用抹布擦拭干净。

四、厨房物品的清洗与消毒

（1）陶瓷餐具

每餐结束均应清洗餐具，水温以略烫手为宜，先用洗洁精洗一遍，再用

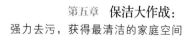

清水冲洗干净，然后放入消毒柜进行消毒。使用存放一周以上的餐具时，应当按以上程序清洗后再使用。

（2）铁锅（铁壶）

新铁锅在第一次使用时，可先用豆腐渣擦几遍锅，这样做出的饭菜就没有铁锈味和黑色了。铁锅（铁壶）上的污垢，可用绒布蘸少许柠檬汁和细盐进行擦洗。

（3）不锈钢器皿

不锈钢器皿上的污渍可用洗洁精擦拭，再用干布擦干即可。器皿用后产生的白斑，可用食醋擦洗干净。锅底的焦痕，可先用水浸软，再用竹片轻轻刮去，洗净后用干软布擦干。

（4）搪瓷器皿

搪瓷器皿上发黄的积垢，可用刷子蘸少许牙膏刷拭，效果很好。

（5）其他玻璃制品及陶瓷制品

其他玻璃制品及陶瓷制品上的污渍可用醋与食盐的混合液擦拭。

（6）茶杯

茶杯上的茶垢可用细盐或牙膏擦拭。

（7）案板

案板每次用过后必须刷洗，可先用洗洁精及棕刷充分刷洗，缝隙、切痕更应细心冲刷，然后用清水冲净，竖放，待其自然晾干。如果案板有异味，可用淘米水浸泡，再用盐或碱擦洗。案板要经常放在太阳下晒一晒，利用紫外线杀菌。

（8）刀具

刀具上有鱼腥味或葱蒜味，可先用精盐擦一下，再用清水冲洗净，然后用火烤一下，异味就会消失。也可用生姜片抹擦刀具除去异味。

（9）抹布

抹布要保持清洁，不用时要洗净挂起来晾干。抹布一定要重视消毒，消毒的方法是在加洗洁精的开水中煮沸15分钟，拧干后进行晾晒，利用太阳光消毒。

7. 怎样让卫生间变得香喷喷

现代家庭的卫生间一般是洗浴与厕所两用，因此清洁卫生间更需要技巧。下面就为你介绍几个小技巧，可以帮你把雇主家的卫生间变得香喷喷。

一、卫生间地面清洗的技巧

卫生间地面的瓷砖极易变得黏滑，瓷砖缝极易沾上污垢，可在瓷砖上喷些浴室用的清洁剂，稍等片刻，用刷子轻轻刷洗，再用清水冲洗即可。如果还有污垢或黄色斑点，就改用泡好的洗衣粉加点漂白剂洒在瓷砖上，可立即去污。

二、浴缸清洁的技巧

浴缸可用洗涤剂或去污粉擦拭，必要时可用消毒液消毒。浴缸里的黄水渍，久积难除，可用柠檬片盖住，黄水渍就会慢慢消除。

四、马桶清洁和消毒的技巧

先用水冲一下马桶，倒入少量的洁厕灵，浸泡20分钟，用刷子用力擦洗坐便器的四周和小孔，再用水冲干净。马桶的箱面、表面可用湿布蘸上浴室清洁剂或去污剂擦洗，再用干布擦干。马桶盖可喷些清洁剂，再用百洁布洗擦。整个马桶全部清洗完毕后，盖好马桶盖。

五、厕所除臭小秘方

①卫生间的门要敞开，保持良好的通风，使卫生间干燥。因为潮湿也会产生异味；浴巾、毛巾不要在卫生间堆放；脚踏垫要经常清洗，干燥后再使用。

②拿一块海绵，滴上香水或风油精，放在卫生间的架子上，每隔半个月再滴一次，有很好的除臭效果。

③在卫生间的角落放一小盒清凉油，臭味即可除去。

④在卫生间的架子上放几块香皂可起到干燥去臭的功效。

⑤可在卫生间放一杯香醋，每隔一周更换一次，可起到除臭的效果。

⑥在卫生纸盒最下层垫上一个香气袋，使用卫生纸的时候可带出香气。

⑦如果卫生间有精油香熏灯，可改放没有泡过的茶叶，点燃蜡烛，茶叶的清香便在卫生间弥漫开来，而且茶叶还有吸湿作用。

⑧随手将马桶盖及垃圾桶盖盖上，可以防止臭味扩散。

六、卫生间除菌小秘方

卫生间潮湿，易生出斑斑点点的青黑色霉菌，可用稀释的酒精予以清除。如果霉斑在浴室的角落里，可用棉球蘸上酒精擦拭。

8.这些常用的洗涤标识你都知道吗

我们购买的服装上都有一块白色的标签，标注着服装的一些重要信息，如服装的生产国别、生产商家、品牌及地址、服装面料成分、洗涤保养符号等内容。我们洗涤衣服主要是参考其中的面料成分和洗涤保养符号。洗涤保养的标记很多，但常用的主要有16种国际上通用的洗涤保养标记。为了便于记忆，可以将图形进行分类讲解。

一、熨斗形状

①熨斗上有一个×：表示衣服不能用熨斗熨。

②熨斗上有一个点：表示熨烫衣服应用低温，温度约为110℃。

③熨斗上有两个点：表示熨烫衣服可用比较高的温度，温度可达150℃。

④熨斗上有三个点：表示熨烫衣服可以用很高的温度，温度可达200℃。

二、水盆形状

①水盆内有一只手：表示衣服可用手洗。

②水盆上有一个×：表示不可用水洗。

③水盆内有一条波纹曲线，波纹曲线上下均有阿拉伯数字，表示衣服可用洗衣机洗，波纹曲线上面的数字表示洗衣机的速度，波纹曲线下面的数字表示洗衣的水温。

洗衣应选择适宜的水温，水温过高会使衣物缩水、褪色和起皱，水温过低又会影响洗涤效果。洗涤物不同，所需要的水温也不同，一般全棉床单及浅色工作服，水温可达到80~90℃；洗涤合成纤维和有色布衣的衣服，水温40℃左右为宜；洗涤绣花衣服，水温以室温或微温（30℃）为宜；而洗涤丝绸、毛料，水温度则应低于25℃。

三、三角形状

①三角形上有一个×：表示不可以用含氟成分的洗涤剂。

②三角形内有CI：表示可以使用含氯成分的洗涤剂，但须加倍小心。

四、圆形

①圆形上一个×：表示衣服不可干洗。

②圆形上一个×，并用正方形框起来：表示衣服不可用干衣机洗。

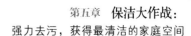

③圆形用正方形框起来：表示衣服可以用干衣机洗。

④圆形内有"A"字母：表示衣服可以干洗，"A"表示所有类型的干洗剂均可使用。

⑤圆形内有"P"字母：表示衣服可以干洗，"P"表示可以使用多种类型的干洗剂（主要供洗染店参考，避免出差错）。

⑥圆形内有"P"字母，并且圆形下面有一个直横线：表示衣服干洗时须加倍小心（如不适宜在普通的自动化洗衣店洗涤等），下边的横线就是表示对干洗过的衣服处理须十分小心。

⑦圆形内有"F"字母：表示可以洗涤，"F"表示可以用白色酒精和11号洗衣粉洗涤。

9.居家常用去渍剂的"分类表演"

居家常用去渍剂的种类很多，按去渍剂在洗涤衣物的作用的不同，可分为以下四类：

一、以清洗为主的去渍剂

此类去渍剂是洗衣的主要用剂，用量最大。洗涤衣物都离不开水，洗衣用的水水质不要太硬，过硬会影响洗衣效果，因此根据水质的不同，需要加入各类洗衣剂软化水质，一般水质越硬，所用的洗衣剂就越多。

（1）洗衣粉

洗衣粉是最常用的洗涤用品，可去除衣物上顽固的污渍和油渍，分手洗和机洗两种。手洗洗衣粉中含有护手成分，使用时对皮肤伤害很小；机洗洗衣粉不含磷，产生的泡沫少，便于漂洗。在选购机洗洗衣粉时，应从节能、环保的角度，尽量选购高效、节能、环保、多功能、综合性的无磷洗衣粉。

（2）液体洗涤剂

一般手洗、轻揉洗常用液体洗涤剂，此类洗涤剂有中性、弱酸性或弱碱性，性质比较温和，不含磷，不损伤衣物，是具有超强去污力配方的高浓缩、环保型高档洗涤用品。

（3）肥皂

肥皂是最常见的传统洗涤用品，是用脂肪和碱经化学反应制取得到的固体块状洗涤用品，呈碱性，用于洗涤衣物的污渍。

二、预洗剂

如果衣物上沾有顽固污渍，在洗衣前，可先在污渍处喷上预洗剂，约5分钟，再按一般的洗涤方法清洗衣物。

三、辅助洗涤用品

辅助洗涤用品品种很多，主要用于局部去渍的衣领净、洗洁净，以及增白增艳的氟漂水、氧漂水和消毒用的消毒液等。

四、调理用品

洗涤调理用品有各种品牌的膨松剂和柔顺剂，主要用于调理衣物的蓬松度和柔软度。

任何衣物使用时间长了，其蓬松度、柔软度都会明显下降，例如羊毛衣物的天然弹性会慢慢减小，棉麻织物及混纺纤维衣物会出现褶皱，合成纤维容易产生静电，如果能经常使用洗涤调理用品，羊毛衣物及毛巾就会恢复天然弹性，棉麻织物及混纺纤维衣物就会减少褶皱，合成纤维衣物也会减少静电，衣物会变得柔顺松软、清新芳香。

使用此类洗涤用品时，只需按产品说明将适量调理剂溶入清水中搅匀，

再把漂洗干净的衣物放入，略加翻动，使衣物能均匀地吸收调理剂，浸泡3~5分钟，将衣物取出，挤掉水分，即可晾晒，不需再进行漂洗。应注意切不可将未稀释的调理剂直接倒在衣物上。

10. 洗涤去污的护手妙招

现在的家庭在洗衣之时一般都用洗衣机，但一些轻薄柔软、不宜机洗的羊毛织品、真丝织物等，一些小件衣物如内衣、内裤、袜子等，还需要用手洗。另外，衣物的领口、袖口等处的污渍，用洗衣机常常洗不干净，还需要额外再用手进行搓洗。因此，手工洗衣是家庭洗衣中不可缺少的一种洗衣方法。

现在所用的洗涤用品大多都含有脂肪酸、发泡剂、蛋白酶、碱等有机物，不仅能吸出皮肤的水分，还能使组织蛋白发生变性并破坏细胞膜。另外洗涤用品中的阴阳离子表面活性剂，能破坏皮肤表面的油性保护层，对手上的皮肤伤害很大。因此，长时间用手洗涤衣服，皮肤会感觉瘙痒，有的手指上的皮肤还会出现破裂并露出血痕。如果雇主需要手工洗的衣服特别多，你又怕伤手该怎么办？下面给你介绍几个诀窍。

一、洗涤产品要"亲肤无刺激"

市面上很多洗涤产品都含有荧光剂，且碱性过高，使用这些洗涤用品洗涤衣物，即使漂洗得再干净，也难免会留下一些残渍，穿在身上会刺激皮肤，特别是用这些洗涤产品洗涤的内衣、内裤及贴身穿的羊毛衫、羊绒衫、真丝衫、牛仔裤等其他衣物，如果漂洗不净，穿在身上会使皮肤发生瘙痒和

171

刺激，让人痛苦不堪。因此，在洗涤贴身衣物时，应选择亲肤无刺激的洗涤产品。

（1）硫黄皂

硫黄皂算得上是物美价廉的健肤亲肤洗涤用品，一般超市均可买到，价格仅2元左右。呈中性，含有硫黄成分，具有去屑止痒、滋润爽洁、杀菌、除螨等药效作用，是洗涤内衣的好产品。

（2）中草药类药皂

此类药皂是采用中草药的浸取液，配入皂基并添加香料制成。其性质温和，对部分皮肤病有辅助疗效，且无明显的不良反应，可以用来洗涤内衣。

（3）新型药皂

此类药皂含有新型表面活性剂，具有杀菌效果，呈中性，对皮肤刺激很小，可用于洗涤内衣。

（4）香皂

香皂是日常生活必不可少的洗涤护理用品，超市里均有出售，价格不高。香皂呈中性，气味芳香，主要用于皮肤清洗，也可用于处理服装上的个别污渍。

（6）皂粉

皂粉是一种肥皂粉化的洗涤产品，其活性物质主要为脂肪酸，原料90%以上来自植物油脂，且不含聚磷酸盐，具有纯天然、低刺激、强去污、超低泡、易漂洗、清香的特点，比较适合洗涤贴身衣物、婴幼儿衣裤和尿布等。

二、戴上橡胶手套

这是一种最不伤手的防护措施。特别适用于强力去污，需要大量洗涤用品的洗涤。如果衣服特别脏，需要长时间用大量的强力去污洗衣粉洗涤衣服，就需要戴上橡胶手套进行洗涤。

三、借助搓衣板

此法既可以将衣服洗得干净，也可以缩短洗衣时间，即可避免手在洗涤溶液中浸泡时间太久。

四、借助毛刷进行刷洗

这种方法特别适用于质地比较厚实又特别脏的衣服，借助毛刷既省力，又省时，可以很快就把衣服刷洗干净。

五、重点洗

衣服的各个部位的脏污程度是不一样的，一般上衣的袖口、领口、腋下等部位比较脏，可多用一些洗涤用品进行揉搓；裤子的裤裆、裤脚、膝盖和小孩衣服的胸前、膝盖、屁股等部位比较脏，应重点洗。重点部位洗完后，其余部位不用额外再加洗涤用品，直接用余下的洗衣溶液，稍加揉搓，衣服就会洗得很干净。

11. 毛线衣物最难清洗

毛线织物包括毛衣、毛裤、线织围巾，所用的毛线有纯毛、混纺、腈纶等。无论何种材料的毛织物，其洗涤难度都比较高，掌握不好就会出现起皱、手感僵硬、失去弹性或变形，甚至洗一次就变形得不成样子，不得不丢弃。如果没有一定的洗涤经验和掌握一定的洗涤技巧，万一雇主的高档织物被洗坏了，那将是一件非常尴尬的事情。下面就给你介绍一些小技巧，让你轻轻松松就能将雇主的毛织物洗涤得干干净净。

在洗毛织物前，应先看清毛织物上的洗涤标志和面料成分，如果没有水洗标志，而且所含毛料成分较高，不能手洗，那就跟雇主明确说明，征求雇主同意，将毛织物送到专业的干洗店去洗。

如果有手洗标志且衣服所含的毛料成分不算太高，你可以按下列步骤进行洗涤：

①在洗衣盆内倒入适量的清水，水温不要超过40℃；羊毛衫等含毛量较高的毛织物水温最好别超过30℃；切忌用热水浸泡毛织物，以防毛织物弹性下降。

②将毛织物内层外翻，放入洗衣盆内浸泡10~15分钟，使毛织物上的污垢充分软化膨胀。

③选择中性洗衣粉，或中性洗衣液，最好是专用洗涤毛织物的洗衣液。好的羊绒衫专用洗涤剂，呈酸性，能有效保护羊绒衫表面的皮质层和鳞片层，能将羊绒的高吸潮性造成的不易清洗的污渍全部洗得干干净净，而且洗后的羊绒衫不发硬、不起球、不变色，使羊毛衫长久保持柔软、细腻和桑蚕丝般柔和亮丽的感觉。在洗衣盆中倒入适量的清水和洗涤用品，每件羊绒衫和围巾用洗涤剂4~5汤匙，搅匀充分溶解后，将毛织物浸泡5分钟左右。

④双手轻柔或拍打毛织物，切忌用力揉搓，更不能用搓板搓洗，时间不宜过长，以防缩绒和变形。

⑤漂洗时，用双手轻柔挤压毛织物，并轻轻翻动，以便将毛织物中的洗涤剂挤出；漂洗至少要三遍，直至水清没有泡沫为止；最后一遍漂洗，可在清水中加入少许食醋，以防毛织物变旧。

⑥漂洗干净后，切不可用力拧绞，而应用双手按压毛织物，尽量将水分挤出，再放入网兜将水分沥干。

⑦选择阴凉通风处晾干。晾晒时最好不要用衣架，而是平铺在板面上进

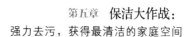

行晾晒，以防衣物变形；晾至半干，可对毛织物再进行一次整形，对领口进行整理，对前襟、裤脚、袖口轻轻拉伸；对胸、肩、袋盖等处，一手在里、一手在外地轻轻拍打几下，这样即使不经过熨烫，毛织物晾干后直接穿上也跟新的一样。

12.最适合棉麻织物的洗衣粉

棉织物由棉纤维加工纺织而成，具有良好的保暖性和吸湿性，对染料具有很好的亲和力，穿起来舒适、透气。麻织品由麻纤维纺织而成，其耐磨性高于棉织品，对染料的亲和力比棉织品低，具有韧性好、吸湿性好、传热快的特性，穿起来透气凉爽，是夏季衣服的良好选择。

一、适合棉麻织物的洗衣粉

棉与麻纤维一样，耐碱不耐酸，洗涤时宜选用碱性肥皂和普通洗衣粉。最适合棉麻织物的肥皂和洗衣粉主要有以下几种：

①普通洗衣皂：碱性大，比较适用于洗涤棉麻织物，用温水及软水洗涤效果会更好。

②增白皂：含有增白及漂白剂成分，碱性，有增白作用，适合洗涤白色及浅色的棉麻类织物。

③普通合成洗衣粉：碱性大，比较适合洗涤棉麻织物。

④加酶洗衣粉：具有很强的去污能力，如果棉麻织物有血渍、尿渍、奶渍、汗渍等，可选用加酶洗衣粉祛除。内衣等贴身衣服、睡衣、被套、枕

175

套、床单及其他有血渍的织物，均可选用加酶洗衣粉。

⑤增白洗衣粉：含有增白剂，有增白作用，如果棉麻织物是白色，洗涤时需增白，可选用增白洗衣粉。

⑥多功能高效合成洗衣粉：去污范围非常广泛，且具有护理织物的功能，能够清洗多种污渍，是洗涤棉麻面料不错的选择。

二、棉麻织物的洗涤方法

棉、麻等植物纤维织物对水温和洗涤剂的酸碱度适应性都挺强，可用手洗，也可用机洗。用各种洗衣粉、洗涤液、肥皂洗涤都能达到预期的效果。但还需注意以下几点：

①在洗涤有色衣物时，应选用碱性较小的洗涤剂，或减少洗涤剂的用量。

②洗涤麻类衣物时，摩擦力度应比棉类衣物轻些。

③洗后一定要用清水将泡沫漂净后再晾晒。

④不要在强光下暴晒，以免衣物泛黄或褪色。

13.丝绸衣物与"柠檬酸"

丝绸是由多种氨基酸组成的蛋白纤维，具有柔软、光滑、透气性好、吸湿性强的优点，对皮肤有营养和保护的作用，因此，丝绸衣服穿着舒服、凉快、清爽、不沾身，是夏季不错的选择。

但是真丝的耐碱性和耐光性都较差，另外，蚕丝蛋白中的酪氨酸、色氨酸等氨基酸残基，在空气中容易被氧化而着色，使得丝绸衣物在穿用和存放

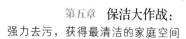

的过程中会泛黄变色，使衣服显得破旧不堪，本来昂贵上档次的衣服猛然间会身价大降。

如果你的雇主是丝绸衣服的爱好者，他/她的衣物上沾有汗渍或变黄，你该怎样对这些丝绸衣物进行养护呢？一个取材方便而充满清香的清洗方法就是用柠檬汁或柠檬酸去除丝绸衣物上的汗渍和黄色。

一、神奇的柠檬酸

①柠檬含有丰富的有机酸和维生素B_3等，其味极酸，这些天然成分中的酸性分子，能中和汗渍、水渍、碱性污垢、皂垢等碱性污垢，渗入污垢并加速分离，轻松地将它们清除。

②柠檬汁中大量的柠檬酸盐具有抑制各类污渍的作用，能溶解水中的钙质，软化水质，还能够抑制各类微生物的繁衍，减少细菌滋长。

③柠檬酸能使灰尘和污垢悬浮、分散，迅速沉淀金属离子，预防污染物重新附着在丝绸衣物上，提高表面的活性。

因此，用柠檬汁或柠檬酸洗涤丝绸衣物会使面料显得柔软、鲜亮，能有效祛除汗渍和污渍，使泛黄的丝绸织物重新光彩照人，还便于存放。

二、用柠檬酸去除丝绸衣物上的汗渍和污垢

①在温度不超过30℃的清水里，倒入柠檬酸，柠檬酸与水的比例为1：4或1：5，搅匀后将衣物浸泡5分钟左右，用手轻揉衣物，汗渍和污垢处可重点轻揉一会儿。如果有霉斑，可用软毛刷先轻轻刷一下。

②用清水漂洗，至少要三遍，直至将衣物上的柠檬酸漂洗干净。

③双手挤按衣物，将水分挤出，用晾衣架在通风阴凉处将衣物晾干。丝绸衣物洗后切忌在阳光下暴晒，以免面料褪色和损坏。

三、用柠檬酸去除丝绸衣物上的黄渍

泛黄的丝绸织物既可以用柠檬汁漂洗，也可以用淡柠檬酸漂洗，其方法和步骤与去除衣物上的汗渍和污垢基本上一样，只不过浓度稍低一些，可按

5~10%的比例，浸泡10分钟左右，轻轻揉洗，即可将黄渍去除，最后用清水漂洗干净。

四、用柠檬酸柔软丝绸衣物

柠檬酸能够软化水质，使用柠檬酸洗涤衣物，不仅可使洗出的衣物柔软润滑，还能中和衣物中残留的碱性物质。使用时，可按下列步骤进行：

①先用洗涤用品将衣物洗涤一遍。

②用质量分数为20%的柠檬酸水，按洗衣水升数配兑柠檬酸水1000∶1的比例兑好溶液，将衣物放入并轻轻拍打揉洗，使柠檬酸水渗入衣物，5~8分钟即可。

③用清水将衣物漂洗干净，在通风阴凉处晾干。

注意用柠檬酸水柔软衣物时，不要与肥皂一起使用，因柠檬酸水会把肥皂还原成油，使衣服变得黏糊糊。

五、用柠檬酸防止霉菌、细菌滋长

丝绸衣物清洗完后，用柠檬酸溶液浸泡一会儿，可防止霉菌和细菌的滋长和繁衍。具体的做法是在一盆清水内，加入2~3毫升质量分数为20%的柠檬酸水，搅匀后将衣物浸泡一会儿，捞出再用清水漂洗一遍。

应注意的是，虽然柠檬酸是养护丝绸衣物的好帮手，但丝绸织物一般比较娇贵，在洗涤之前应先看洗衣标志，如果不允许水洗只能干洗，那就不要自己逞能，征得雇主同意后，应将高级的衣物送到干洗店请专业人员清洗。

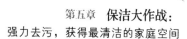

14. 羽绒衣物的洗涤保养全攻略

羽绒服是冬天的必备衣物，主要以鸭绒、鹅绒为填充物，使用的面料一般具有防尘、防风、防透气、防水的性能，因此洗涤起来非常难，最好拿到专业的洗衣店进行清洗。但如果雇主生活很讲究，不愿把羽绒服送进洗衣店，你可以采用下列方法进行洗涤和保养。

一、局部清洗

如果羽绒服不太脏，只有局部有少许污渍，比如领口、袖口或前胸，你大可不必将整件衣服进行清洗，可采用局部干洗法。由于羽绒服的面料一般都不怕水，只需在脏污的地方滴几滴洗涤剂或衣领净，过几分钟再用湿毛巾擦干即可将污渍去掉。如果一次未洗干净，多重复几遍就可以去掉污点。局部污点去除后，用一块干净的湿毛巾再将羽绒服整体擦一遍，就可以使羽绒服焕然一新啦！

二、整体清洗

如果衣服很多地方都脏了，就要对其进行整体清洁，具体步骤如下：

①将羽绒服放入约30℃的温水中浸泡，适宜的水温既可以软化污渍，又能使羽绒服不易掉色。

②选用中性洗涤剂，最好是专用的羽绒服清洗剂，倒入清水中搅匀使其充分溶解，这样不会使衣服泛黄。

③将羽绒服放入溶液中，用手将羽绒服中的空气挤压出来，使其不会在水中鼓起来，让水和洗涤剂顺利渗进衣服中去，这样搓洗羽绒服就会变得容易些。

④由于羽绒服一般形体比较大，浸水后很沉，搓洗起来不但会很累，还容易使羽绒打结，因此，你可以先把衣服放在洗涤盆的洗衣板或其他平板上，用软毛刷依次将羽绒服整体刷一遍，将污垢刷净，这样清洗效果比用力搓洗要好得多。

⑤在进行漂洗时，用手反复挤揉羽绒服，将渗入其中的洗涤剂挤出。每一遍漂洗结束，应尽可能地把羽绒服中的水分挤出压干，也可用洗衣机甩干。一般用温水漂洗两遍，用凉水漂洗一遍。

⑥漂洗最后一遍时，可在清水中放少许食醋，浸泡一会儿，这是因为如果衣服中的皂液没有漂洗干净，加入醋就可以中和碱，避免衣服在晾干后留下白色的斑痕。

⑦羽绒服不要用力拧，应先用衣架将其挂起来，再从上往下将水挤出来；或用洗衣机甩干；也可用网兜将漂洗过的羽绒服挂起来沥水，以防羽绒内因水分过多，重量太大，直接挂起来晾晒使其变形。

⑧羽绒服洗净后不宜暴晒。晾干后应轻轻拍打，这样羽绒服就会干干净净、松松软软，跟新的一样。

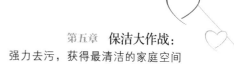

15.其他衣物的洗涤方法

我们平常洗涤衣物大多采用水洗的方法。由于衣物的衣料、颜色等不同，其水质、水温、洗涤剂和搓洗程度四要素的要求也不一样，正确合理地运用四要素，就是把握好洗涤的程度，以达到较好的洗涤效果。

一、化纤衣物的洗涤

化纤衣物均可使用各类肥皂和洗涤剂洗涤，既可手洗也可机洗。但化纤衣物的熔点较低，切忌使用热水，水温以不可超过40℃为宜。

二、内衣的洗涤

洗涤内衣宜选用中性洗涤剂或"内衣专用洗剂"。内衣洗涤剂不含磷、荧光增白剂、碱、铝，是一种环保配方的专用洗涤剂，含杀菌去渍成分，专门用于洗涤内衣。

洗涤内衣时将洗涤剂倒入30~40℃的温水溶解后，并将内衣放入水中浸泡一会儿，用手轻轻拍打，再用手轻揉胸罩周围；洗净后用清水彻底冲净洗涤剂，直到没有泡沫为止。洗好后最好不用手拧内衣，可用干毛巾将内衣包裹起来用力挤压，让毛巾将水吸干，然后将内衣铺平恢复原状。

三、牛仔裤的洗涤

洗涤牛仔裤应选用温和的洗涤剂。牛仔裤洗涤剂一般不含磷，含特殊的护色因子，洗出来的牛仔裤能保持原有的曲线和色彩，既能强力去污，又能呵护肌肤。切忌使用漂白剂和消毒液。

洗涤时，水温一般为40℃以下，将衣物内层外翻，在清水中放入少量白醋，搅匀后将衣服浸泡半小时，再用洗涤剂洗涤。这样可避免衣物褪色，也可使其不变形。

四、裘皮服装的洗涤

裘皮服装属高档服饰，一般应到专业的洗衣店进行专业清洗。

如果裘皮服装沾有少许污垢，可在家进行局部清洗。清洗前，先用小棒轻轻拍打，使浮尘抖落；然后将沾污处放在平板上，用软毛刷蘸些香蕉水或汽油等溶液，先顺毛刷洗两遍，再逆毛轻轻刷，污垢即可除去。洗净后，将裘皮服装置于通风处晾干。

五、西服、毛呢、皮革等高档材质服装的洗涤

此类衣物因材质特殊，家庭洗涤易损伤衣物，因此，最好拿到专业的洗衣店进行清洗。

16. 你的服装熨烫技术过关吗

衣服晾干以后，如果发现衣服起皱和变形，就需要对其进行"定型"。通过熨烫的方式，可使衣服重新挺括和平整。不过，熨烫也是一个技术活，要想使自己熨烫的衣服让雇主满意，你的熨烫技术必须过关，下面就为你讲解衣服熨烫的技术和要求。

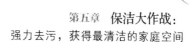

一、衣物的熨烫技术

（1）掌握适当的熨烫温度

通常情况下，同一种纤维的衣料，薄一些的，熨烫温度可适当调低点，厚一些的，温度可适当调高一点。不同纤维的衣料，所需的熨烫温度不一样，各类纤维织品所需的熨烫温度可参见下表：

纤维名称	直接熨烫（℃）	垫干布熨烫（℃）	垫湿布熨烫（℃）
氯纶	45~65	80~90	—
丙纶	85~105	140~150	160~190
腈纶	115~135	150~160	180~210
维纶	125~145	160~170	180~210
锦纶	125~145	160~170	190~220
涤纶	150~170	185~195	195~220
桑蚕丝	165~185	190~200	200~230
羊毛	160~180	185~200	200~250
棉	175~195	195~220	220~240
麻	185~205	205~220	220~250

（2）含水量需适宜

无论衣料的成分和厚薄怎样，熨烫时都需要加水。一般来讲，厚一点的衣服，因其质地比较厚实，熨烫时所需的水量就多一些，可以垫一块干净的湿布，用高温的熨斗熨烫湿布，就会产生很多水蒸气，这些水蒸气渗透到纤维内部，使其变得湿润，衣服会随着熨斗的平压而变得板正而挺括，而且衣服上不会出现"极光"（不正常的光亮）。薄一点的衣物，在熨烫前可以先喷点水或洒点水，30分钟后，再进行熨烫。

（3）掌握一定的压力

衣服"定型"不仅要靠水和温度，还需要有压力，才能使衣物按照我们的所愿来定型。需用多大的压力是由纤维织品和衣服的样式来定的，例如，熨烫上衣的袖线、贴边、拼缝前襟，裙子的褶皱，裤子的裤线时，压力应加大一些，以便迫使纤维改变形状，使折成的线固定下来；当湿布熨干后，压力需逐渐减小，以免衣物出现"极光"，影响衣物的美观。

二、正装、职业装的熨烫要求

（1）西服

①领头内外平直、挺括、服帖，阔狭相等、驳角无大小。

②左右肩胛圆括，呈胖圆形，肩里服帖、平直，拼缝分开。

③左右挂面衬布挺括、平直，前胸服帖、平直，呈凸形。

④口袋的袋盖挺括、平直，无袋盖印和纽扣印，夹里不露外。

⑤左右腰缝与背缝分开，下摆贴边服帖、平直。

（2）西裤

①腰头挺括、平直，夹里服帖、平直，袋袋密缝不露里。

②腰裥平直、服帖、整齐，左右长短相等。

③门襟平直、服帖、挺括，后腰分开压煞。

④内外四缝对齐，门裆齐、直、煞，前后四筋通，左右相等。

（3）领带

目前市场上的领带以真丝交织面料居多，因此最好是干洗，以免走形。

熨烫时正面垫上一块干净的湿布，湿布不宜被熨得太干，以免领带的正面被压出接缝印和极光；熨烫其背面时，可垫一块干净的干布，再用白纸叠成与领带相仿的纸型，并将其衬垫在领带中，然后用熨斗直接熨烫领带的下口，将下口熨成活型、无死褶痕，这样领带就能美观、整洁了。

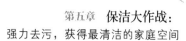

（4）衬衫

①领口挺括，领面呈胖形。

②前后身长、两袖光滑、无毛形。

③折叠规格，阔0.2米（6寸）、直0.27米（8寸）。

三、注意事项

由于熨烫的技术含量和要求很高，在家进行熨烫衣物，受熨烫设备、技术、工具等条件的限制，一般情况下，以熨烫衬衫、裤子为主，而上等的毛料服装、丝织面料衣物、西装或带有夹里的衣服，最好送到洗衣店熨烫为好。

17. 打开衣橱，给衣物一个"家"

一般情况下家庭衣物都在衣橱中收藏存放。科学合理地收藏衣物，能够让各类衣物在衣橱中各就各位，都有一个自己的"家"，同时也能有效防止衣物褶皱变形、发霉变质、破损和虫蛀，从而延长服装的穿用时间。

一、保持橱柜清洁干燥

存放衣物的橱柜应定期清理和消毒，使其既没有异物及灰尘，也没有细菌来打扰，以免衣物受污染。还应适时打开橱门通风，或放些干燥剂，避免橱内潮湿，以免衣物受潮发霉。

二、衣物要防止虫蛀

存放衣物应使用适量的防蛀防霉药，其用法用量可依照说明书正确使

用。一般防蛀防霉药不能与衣物直接接触，而应用干净透气的白布或白纸包好，放在或吊挂在箱柜的四角，或放在衣物的夹层和口袋，让药气在橱柜内弥漫，以防衣物被虫菌蛀蚀。

三、保护好衣物形状

收藏存放衣物时，如果存放不当，容易使其变形走样或者出现褶皱，因此保护好衣物外形非常重要。各类衣物的存放都有不同的要求，收藏的方法也不一样，主要的存放方法有悬挂存放、折叠存放和压缩存放等。

（1）悬挂存放

悬挂存放是把衣物用衣架挂起来存放在柜橱内。现在家庭大都有专门的挂衣橱，一般的橱柜也留有挂衣的空间，安装专门的挂衣杆，用来存放易有折痕，并且通过熨烫等手段难以消除折痕的衣物，这类衣物主要有各种精纺呢绒大衣、西服、皮衣、皮草及其他各种高档服装。

（2）折叠存放

折叠存放这是最传统的衣物存放方式，就是将各类晾干的衣物整齐地折叠好，分类放入橱柜中。现在主要用于存放对褶皱要求不高的衣物，主要有各种毛衣、休闲装、便装、内衣、被面、床单、被套和工作服等。一般的橱柜都有折叠存放衣物的方格，位于橱柜的中上部，各类折叠好的衣物可按种类、面料、颜色、季节等分类存放。内衣、内裤可放于橱柜内的抽屉内，与其他衣物隔开存放。

（3）压缩存放

压缩存放是将衣物放入抽气压缩袋里，抽尽衣物内的空气，压缩衣物体积，节约存放空间的一种存放方式。衣物抽气压缩后会产生许多褶皱，且消除压缩后很难完全消除，因此，此方法一般用来存放对褶皱没有要求的棉被等厚重物品，可放置于橱柜的最底部。如果此类衣物过多，也可用专门的橱柜存放。

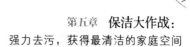

四、各类衣物存放需注意的事项

（1）丝绸衣物

丝绸衣物质地轻薄娇嫩、色泽鲜艳，易起皱、褪色和串色，保管和穿着时均需要加倍小心。洗后的丝绸衣物在存放前应熨烫定型，使其平整挺括；存放时要分色存放，防止串色；花色鲜艳的绸衣可用深色纸包起来，可使衣物保持色彩不褪色；白色的丝绸衣物在收藏时最好用蓝色纸包起来，可防止泛黄；丝绸衣服不要与裘皮、毛料服装放在一起收藏。

（2）纯棉衣物

起绒的纯棉服装在收藏时应放在上层，或用衣架挂起，以免受压而使绒毛倒伏，影响衣服的美观和穿着效果。

（3）羊毛衣物

羊毛服装有普通呢绒服装和羊绒服装两大类。精纺呢绒衣物属高档衣物，在收藏时不易折叠存放，更不可乱堆乱放，以免造成褶皱，影响衣型，特别是长毛绒的衣物更怕叠压，存放时应用衣架挂起，以免走样；羊绒衣物收藏时应放在橱柜的上层，防止受压，以免失去保暖和蓬松的性能；白色羊绒衫最好用布或纸包好存放，不要用塑料袋，以免招致绒线发霉或产生污迹。

（4）裘皮衣物

裘皮衣物属冬季高级防寒衣物，存放时应注意保护好毛峰，最好是通风晾干除尘后，用布包好，悬挂存放，并在夹层内放入樟脑丸等防霉防蛀药，且应与其他衣物隔离存放。

（5）皮革衣物

皮革衣物应当用大小合适的衣架挂起来单独存放，且橱柜内要保持干燥，潮湿多雨的季节需通风晾晒，以免发霉变质。

（6）合成纤维衣物

合成纤维衣物在收藏之前要清洗干净、熨烫平整。合成纤维织物的亲水性较差，不易被虫蛀，可折叠存放于橱柜的中下层。

18. 雇主的皮鞋擦亮了吧

有人认为，看一个人穿衣是否讲究，就要看他的鞋子是不是干净。可见鞋子在人的衣着中占有很重要的位置，如果一身名贵的新衣服，配上一双脏兮兮的皮鞋，那是多么不相宜的搭配。要想让你的雇主很光鲜地出入各种场合，那就把他的鞋子擦亮吧。下面就给你介绍擦亮皮鞋的小诀窍。

一、清洁皮鞋的方法与技巧

①一般情况下，鞋子不是太脏，可先用软毛刷子或一块干净的布把皮鞋表面的灰尘擦净，然后在皮鞋的表面，均匀地涂擦上与皮鞋颜色一致的鞋油，待其晾干后，再用软毛刷子或擦鞋布反复擦拭打理，直至皮鞋发光发亮。

②如果皮鞋上的泥污比较多，可先用湿抹布将泥污擦去，待鞋面晾干后，再擦上鞋油，步骤与上述一样。

③漆面皮鞋用湿布将灰尘擦去或使用白色或无色鞋油打理即可。

④翻毛皮鞋平时只需用软毛刷子将皮鞋表面的灰尘刷净即可；一旦有了污垢，可先用干净的湿布进行擦洗，擦洗后将皮鞋放在通风阴凉处晾晒，待鞋面似干非干时，再用硬毛鞋刷蘸些翻毛粉，轻轻刷擦鞋面，鞋面的翻毛就会蓬

松起来。最后用普通的白橡皮轻轻擦拭鞋面，再用干净的软刷刷去橡皮屑，不用费太大的力气，污渍就能除去。经过反复吹晾，翻毛就可恢复原状了。

⑤在擦鞋油时，可在鞋油中加入一两滴食用醋，这样擦出来的皮鞋色泽会更鲜亮。

⑥用女士穿的破旧丝织长袜擦皮鞋，可使皮鞋看起来更光亮。

二、皮鞋的保养

①要保持皮鞋光亮，需经常给皮鞋擦油，但每次鞋油使用量不宜太多，均匀地涂擦皮鞋表面即可。

②皮鞋的放置位置应远离火炉等热源。

③避免尖锐锋利的物品将皮鞋表面刮破。

④皮鞋怕湿、怕潮，因此需避免弄湿皮鞋。如果皮鞋内进了水，应尽快脱下来晾干，待鞋面晾干时，擦上鞋油，可避免皮鞋软化而走样变形。

第六章

美化家居环境：

用 " 美 " 去 创 造 艺 术

随着生活水平的进一步提高，家庭居室
的布置正逐渐从过去的实用性向舒适性、文化
性、艺术性等方面发展。而这些均离不开对居
室环境的美化。如果雇主在外工作忙，将美化
家居的事宜由你来打理，你能胜任吗？本章就
为你讲解家居环境美化的常用知识，让你学会
用美去创造艺术，制造浪漫和温馨，让居室成
为雇主温暖的港湾。

1.居室美化：你创造的美是一种享受

从古至今，家一直是人们休息和享受的地方，能够创造居室美可以说是我们每个人梦寐以求的事。居室美化的内容很多，且有一定的规律可循，例如室内陈设需有重点、有次序，东西不宜太多，否则显得凌乱；室内的家具比例要协调，家具的风格和色彩与纺织装饰品的风格和色彩要协调一致，才能给人带来和谐的美感。但这也不是一成不变，个人的喜好不同，对美化居室的需求也不同。作为一个称职的保姆，你可以利用自己的一技之长，根据雇主的需求，自己动手，为雇主美化居室环境。

如果雇主家的文化气氛很浓重，但室内缺乏灵性，你可以在客厅的窗台上养一盆茉莉花，使客厅平添一份绿意，又充满了茉莉的清香，这样客厅就勃发出许多生机。

如果雇主的梳妆台上仅仅摆放一些日用的化妆品，而女雇主生活得非常精致，喜好花草，而你又懂得插花的技术，就可以用养殖的花草和一个易拉罐，制作一个精致的插花作品，放在梳妆台上。这样梳妆台就会顿然生辉，待女雇主下班回家，给她带来一份小喜悦。

如果你的雇主家中养着一条泰迪狗，雇主喜欢却又无暇照顾，而你却有饲养和训练泰迪狗的经验，你可以在养好泰迪狗的同时，训练泰迪狗定点大小便、与人握手、做动作等，让泰迪狗成为雇主娱乐、解闷的伙伴。

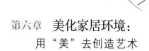

如果你的雇主喜好花草，你可以将阳台变成一个小花园，养上几盆好看又好养活的花草，再找些可利用的材料，做一个精致的、能够移动的花架，将花草整齐地放在花架上，既可以方便观赏，也可以随着太阳的移动而推动花架，让花草充分吸收阳光。由于受空间的限制，选择花的品种应以小株型为主，比如米兰、栀子、茉莉等；还可以养吊兰或者相思草，将它们悬挂在阳台上既可以供人观赏，也与花架上的花草产生互补效应，错落有致，交相辉映。这样，阳台就像一个小花园，使居室充满生机和活力。

其他地方，如客厅的角落、卧室、起居室、厨房和餐厅等处，你都可以别出心裁地进行美化，创造居室美可以给雇主带来温馨、舒适和愉悦，看到雇主一家人享受着你创造出来的美，你是不是觉得很自豪也很享受？

2.把美学知识带进雇主的家

初到雇主家，若看到雇主无暇打理居室而显得凌乱，或居室光线、设计等其他方面存在问题可能会让人感觉不太舒服。不要紧，下面就给你介绍一点美化居室的方法和技巧，让你把雇主的家变得美起来。

一、美化客厅

客厅除干净整洁、一尘不染外，还需要进行装点和美化。假如雇主家的居室门朝向客厅的很多，会使客厅显得不规整，影响美感，在没法进行改装的情况下，你可以随时注意关门，并在门上悬挂适合客厅格调的小饰品或者工艺品来掩盖；如果客厅的角落无法摆放一些用具而显得空旷，你可以建议

雇主设置一个大方、简洁的展示台，上面可摆放些插花、花卉或手工艺品，或者购买一个别致的金属架来装饰角落；或者设置一个装饰角柜，用玻璃板做隔层，上面摆放些工艺品；也可以悬挂一个花篮，里面放上适合客厅色彩的干花或绢花。这样客厅就变得整齐美观，花香飘溢，勃然充满生机。

二、让阳台成为花园

阳台尽管面积不大，如果不放置些物品会觉得缺少点什么似的。你可以利用阳光充足的有利条件，在阳台养几盆花草，选择你擅长养护的花卉，花的种类不必太多，否则也会显得凌乱。为了更加美观和让花卉更多地接受阳光照射，你可以找点需要的材料，做一个能够移动的精致花架，把花放在上面。如果你养了吊兰或相思草，你可以设置一个钩环将它们悬挂起来，既可以供观赏，也可增加立体感和美感。这样，在你的精心设计和护理下阳台就变成了一个花园，既可以美化居室，也可以净化空气，让居室充满绿意和花香，生机勃勃。

三、让卧室温馨清爽

卧室是主要的休息场所，在格调上应该以自由、放松、温馨为主，在你把卧室打扫得一尘不染的同时，如果再在窗台、书桌、梳妆台上放一盆高雅的花，如君子兰、兰花等，也可以选散发淡雅清香的茉莉、米兰或栀子花，同时在花盆里点缀些贝壳或鹅卵石，卧室是不是一下就变得雅致起来？那种来自大自然的清新和美好是不是会让人忘却凡世的嘈杂和浮华？

四、餐厅和厨房的美化

餐厅和厨房是一家人享受美食的地方，可以放一盆绿叶花草，把大自然的本色带入厨房和餐厅，让人精神放松，获得愉快，并充满灵性和活力。

五、浴室的美化

墙面和地面应保持洁净，浴巾、毛巾、搓澡巾应叠放整齐后放在架子上，洗漱用品及用具分类摆放在洗漱台上，可在洗漱台上放一瓶水养花，这样浴室是不是也温馨舒适起来了呢?

3.细数一下家庭养花的优点

家庭养花给人带来自然美的享受，是一种休闲的活动，它不仅绿化了居室，净化了空气，促进了身体健康，还给我们的生活平添了很多乐趣，陶冶了我们的情操，提高了我们的文化艺术修养，丰富了我们的文化生活，使我们能在静美的环境中学习和工作。家庭养花好处确实不少，细数一下，主要有以下几个优点：

一、改善空气质量，使居住环境绿色环保

（1）提高空气含氧量

绿色植物可以通过光合作用，释放氧气，吸收二氧化碳。研究表明，每平方米绿色植物每天可释放氧气60克，吸收二氧化碳90克。

（2）调节温度

城市绿化区的绿色植物，可吸收日光，平均使环境温度下降3.8℃，使每昼高温持续时间缩短3小时；墙体垂直绿化可使墙面降温5℃。

（3）鲜花的杀菌作用

茉莉、丁香等鲜花芬芳清香，其挥发油含有杀菌素，可快速杀死空气中的原生菌，预防伤寒、上呼吸道感染等疾病。

（4）吸收有害气体

很多花卉对空气中的有害气体有很强的吸收能力，有助于净化空气，提高空气质量，例如，吊兰、芦荟、常春藤、虎尾兰等对甲醛具有很强的吸收能力，菊花、铁树、常春藤等则可以吸收空气中的苯，米兰、月季、蒲葵、菊花、假槟榔等可以吸收空气中的氯气。

二、让生命多姿多彩，富有生机

（1）让居室四季充满绿意和花香

春天是适合栽花、移植花卉的好季节。在花盆里撒下种子，过不了几天小苗就会从泥土里钻出来，这样给你带来的惊喜别有一番滋味。你会有点小激动，也会有点小惊喜。你也可以把往年养的花卉进行分株移栽，看着花卉由一盆变两盆、三盆甚至更多，你是不是有一种成就感和满足感？春季也是繁花似锦的季节，如果你养的花儿在春季开放，比如迎春花、栀子花、月季花、牡丹花等，你是不是感觉到是花儿把春天带回了家？

夏季是生长的季节，花卉生长最快，家里会充满浓浓的绿意，如果你选养的花中有茉莉花、米兰、栀子花、并蒂莲、昙花等，当它们开放的时候，室内又会平添一份色彩和花香。对昙花的期盼和依恋，或许让人一夜不眠，看着它在夜晚静静地开放，静静地散发着清香。

金秋时节，是菊花盛开的时候，家里摆放上几盆不同品种的菊花，下班回家后是不是感觉很清爽？

冬季雪花飘飞的时节，如果你选养的梅花、杜鹃花、一品红等在室内开放，是不是感觉很温暖、很安慰呢？

总之，家居养花一年四季都能给你带来惊喜，使居室四季都充满绿意和花香。

（2）为生活增添情趣

正是由于家里养了各种花卉，也许会使你产生早晨早起、下班后就早早回家的欲望和冲动。闲暇时给花浇浇水、松松土、施点肥、修剪一下造型，你是不是觉得生活增添了很多情趣？与其在外面对嘈杂浮华，不如回家享受

清香、绿意和静美。

（3）以花会友，其乐融融

家中来客，花卉在给亲戚朋友带来耳目一新的感觉的同时，你们之间是不是也多了一个谈论的话题？谈你养花的辛勤、喜悦，谈花的品种、习性等，如果朋友看中了你养的哪盆花，你忍痛割爱，非常"大气"地把花送给朋友，在朋友面前是不是也显示出你的"爽快"和"阔绰"？

4.雇主的家就是一个"花园"

千姿百态的花卉，以绚丽的色彩、妩媚的姿态装点出美丽的世界，美化着我们的生活环境，是大自然对人类的一种恩赐。因此，养花一直以来被人们喜爱，尤其是在纷繁嘈杂的社会中摸爬滚打的人们，更倾向于过一种清新淡雅、返璞归真的生活，崇尚自然，追求居室自然美也成为一种时尚。

如果你能多少懂一点居室养花知识，在雇主家居的阳台、居室养一两盆花，让雇主的家变成一个雅致的"花园"，是不是也是在向雇主展现你热爱生活的态度？以下事项是保姆在打理"花园"时需要注意的：

一、居室养花的注意事项

（1）花摆放的数量不宜过多

原因之一是数量过多显得繁乱，原因之二是很多花卉夜间会释放二氧化碳，如果数量过多，会降低室内的氧气密度。

（2）浓烈香味和刺激味的花卉不宜多养

居室养花的主要目的是陶冶情操，装点美化居室环境，追求的是清新淡雅的感觉，过多地养香味浓烈的花卉会使居室弥漫着浓郁的香味，引起人的神经兴奋，时间久了会影响休息。因此只需养一盆足以让整个居室充满淡淡的清香，比如说茉莉花开放的时候，其花形、花色虽然低调静雅，但一踏进屋门，淡淡的清香就会扑鼻而来。其他的如米兰、兰花、百合花也有同样的效果。

（3）不宜养有毒性的花卉

比如滴水观音，其叶面宽大圆润，有很高的观赏价值，能给居室带来清新的感觉，但其汁液、根茎有一定的毒性，皮肤沾上后奇痒无比，因此只可远观不可亵玩，特别是有小孩的家庭，尽量不养滴水观音。

二、科学地选择居室花卉

（1）选择吸毒能力强的花卉

在这个空气混浊、雾霾多发的时代，空气中或多或少的毒气严重影响着人们的身体健康，因此在居室内养上一些吸毒力强的花卉是最好不过的事，比如吊兰、一叶兰、虎尾兰、常春藤、绿萝、文竹、龟背竹、石榴等。

（2）选养分泌杀菌素的花卉

很多花卉不仅具有很高的观赏价值，还能分泌出杀菌素，杀死空气中的一些细菌，能保持室内清洁，对结核、痢疾、白喉等病原体有抑制作用，预防伤寒、上呼吸道感染等疾病，如茉莉、丁香等。

（3）选养互补类花卉

许多花卉和仙人掌类的花卉一起养，可有效平衡室内氧气和二氧化碳的含量，因为仙人掌白天释放二氧化碳，夜间释放氧气。

三、居室花卉的选养摆放

家居花卉一般摆放在窗台上，讲究的家庭还设计各种造型的花架，放在

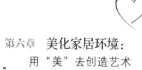

阳光能照射到的地方，并在上面摆放各种花卉，给居室带来别致清新的自然美。但居室不同，选样和摆放的花卉也不同。

（1）阳台

阳台受日光照射时间最长，但冬季保温性较差，因此，在阳台上应摆放一些喜阳、耐寒、耐旱的花木，如榔榆、锦松、五针松、罗汉松等，还可以选养一些时令的花草，但不宜过多，否则会显得凌乱。

（2）客厅

客厅是一家人活动最多和招待亲朋好友的地方，因此，摆放的花卉应以暖色为主，株形以端庄、舒展为宜，常见的观叶花卉有绿萝、橡皮树、龟背竹等；观花的有火鹤花、仙客来、百合花、瓜叶菊、蟹爪兰、大叶蕙兰等，这些花卉可营造出温馨的气氛和亲切的感觉。根据客厅的大小，可以适当多摆放些花卉。在茶几和花架上也可摆放别致的树木盆景及插花，也可点缀吊兰、绿萝、常春藤等洒脱多姿的悬垂植物。

（3）书房

书房中布置的植物应与浓郁的书香相得益彰，烘托清静幽雅的气氛，营造清爽淡雅的环境，可适时选养竹、兰、梅、菊之类的名贵花卉，例如，可在书桌上点缀几株清秀俊逸的文竹，也可放一盆婀娜娇俏的仙客来。

（4）卧室

卧室摆放的花卉应营造幽美宁静的氛围，应选择中小体量、清秀优雅的植物，如文竹、吊兰、绿萝、常春藤、百合花、宝石花、兰花、蝴蝶兰等。

（5）厨房

厨房摆放的花卉应以清洁、无异味、抗污染、无病虫害为主，如芦荟、水塔花等。也可以摆放以蔬菜、水果为材料的插花，与厨房的环境协调一致。

（6）卫生间

卫生间应选养那些耐阴湿，叶面柔软，无毛、无刺，喜阴而有香味的植物，如冷水花、豆瓣绿、竹类、珠兰等。

5.花卉的分类养殖：不同的植物，不同养护

在家庭养花的过程中，往往遇到这样的情况，我们从花卉市场上精心挑选的花草，刚到家时郁郁葱葱、娇艳欲滴，可过了一段时间之后，却渐渐叶黄花落，像是患了营养不良症，有的甚至是养着养着就死掉了。如果雇主家庭的花草也出现这样的情况，请不要惊慌，造成上述的原因主要是不同的植物，因其习性不同，对阳光、水、土壤等条件的要求也不一样，养护的方法也应该加以区别，因此在养花前应简要了解一下花卉的习性，以便有利于进行养护。

一、不同的花卉对光照的要求不同

（1）喜阳花卉的养护

适宜家庭养种的喜阳花卉主要有迎春花、栀子花、腊梅花、菊花、四季海棠、金橘、茉莉花、米兰、桂花、仙人掌、五针松、罗汉松等，此类花耐旱，可放在阳光充足的庭院、阳台，及居室阳面的窗台或者其他阳光充足的地方。在养护的过程中，尽管此类花卉极其耐旱，但由于庭院、阳台的风大，花盆里的水分极易蒸发干燥而造成干旱，如果供水不足，容易造成干枯，因此在保证水量充足的情况下，还应采取适当的遮阳措施。另外，在阳光较强的夏季，此类花更适宜在半阴半阳的环境下生长，如果有庭院，可将花卉摆放在树荫下。

（2）喜阴耐阴花卉的养护

适宜家庭养的喜阴花卉主要有杜鹃花、茶花、昙花、马蹄莲、水仙花、令箭荷花、橡皮树、万年青、吊兰、文竹等，此类花卉不耐阳光，如果长时间放在阳光下养，会使花色黯然，枝叶不再繁茂，有的因阳光过强而导致枯萎死掉，因此在摆放时应选在阳光较少的居室内，如客厅、卧室、厨房、书房等，不宜直接放在阳台和窗台上。而且供水不必太勤，待有干燥迹象的时候浇透即可，否则水量过多容易造成根部腐烂，导致死亡。

（3）半阴半阳花卉的养护

适合家庭养的常见的半阴半阳花卉有君子兰、兰花等，阳光过强过弱都不适宜它们生长，因此非常难养护。春天阳光不强，可让花卉多晒太阳；夏季早晨7点前可让花卉沐浴阳光，7点过后就要采取防护措施；秋天温度、光照适宜，可让花卉多晒晒太阳；冬天阳光强度较弱，可让花卉多晒太阳，以便储存养分，利于来年生长。根据此类花卉对光照的需求量，夏季可将其放在室内东面和西面的窗台上，春、秋、冬季可放在室内的阳面窗台上。

二、不同的花卉需要的水分不同

（1）水养花卉

常见的家庭水养花卉主要有富贵竹、转运竹等，一般是将它们的根或茎等插在好看的花瓶里，但需注意勤换水，否则会导致烂根和水有异味，此外，烂掉的根应及时修剪。绿萝也可以采取水养的方式养。

（2）湿生性花卉

常见的湿生性家养花卉主要有马蹄莲、广东万年青、风车草、虎耳草、龟背竹等。此类花喜水，平时可用喷水壶往叶面和花面上喷洒些水，使其保持湿润。

（3）湿润性花卉

大多数的花卉喜欢在湿润的土壤里生长，过湿、过干都会使其生长不

第六章 美化家居环境：
用"美"去创造艺术

良，常见的湿润性家养花卉主要有茉莉、米兰、鹤望兰、君子兰、观赏竹等，在浇水时应注意等盆土颜色变浅时再浇水，且一定要浇透，这样才有益于花卉茁壮地生长。

（4）半耐旱性花卉

常见的半耐旱性家养花卉有杜鹃、山茶、蜡梅、天竺葵、天门冬等。此类花卉的叶片多呈蜡质或草质状，有的枝叶为针状。浇水时应该在盆土表层全干后一次性浇透。

（5）耐旱性花卉

常见的耐旱性花卉主要有仙人掌、芦荟、虎尾兰、景天、百莲花等。此类花卉叶片常发生变态，退化成针形，可减少水分的蒸发，花茎具有储存水分的功能，因此比较耐干旱，盆土以保持偏干燥为宜，浇水量一定要少，否则会导致根或茎等腐烂，甚至导致死亡。

三、不同的花卉对土壤的酸碱度喜好不同

（1）花卉对土壤酸碱度的要求

花卉种类	对酸碱度（pH值）的要求	常见花卉
耐酸性花卉	pH 值 4~5	杜鹃花、栀子花、八仙花、四季海棠、彩叶草、兰科花卉等。
弱酸性花卉	pH 值 5~6	秋海棠、仙客来、山茶、茉莉、米兰、白兰等。
中性偏微酸性花卉	pH 值 6~7	倒挂金钟、一品红、君子兰、菊花、水仙、文竹、桂花等。
中性偏微碱性花卉	pH 值 7~8	月季、玫瑰、石竹、仙人掌等。

（2）土壤酸碱度的调节

在家庭养花的过程中，花卉不同，对土壤的酸碱度要求也不同，因此应

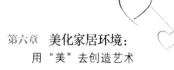

根据不同的花卉对土壤进行酸碱度的调节。如果土壤偏碱，可以用生石灰、硫酸、硫酸亚铁等来调节pH值，也可以用树叶、锯末和青草进行充分发酵后，放入盆土里，来增加土壤的酸性。

6. 你必须知道的家居插花艺术

花卉是大自然中美的精华，是大自然的瑰宝，多姿多彩，绚丽无比，装点着我们的生活，给人带来美的享受，有时即便是一片绿叶、一个花蕾、一片花瓣也能让我们眼目为之舒畅，心灵为之动容。花给我们的生活带来了色彩和情趣，人人都喜欢用五颜六色的鲜花来装饰和美化生活环境。特别是近年来，随着生活水平的提高，人们在追求物质享受的同时，越来越注重家居环境的美化，越来越多的家庭对插花产生浓厚的兴趣，喜欢用插花来装点居室、美化生活。如果你的雇主也喜欢插花，那你不妨也了解一下家居的插花艺术吧！

一、插花艺术与生活中的美

插花是一种集多种花卉为一体的花卉装饰品，它是把花卉中具有观赏价值的花、枝、叶等材料切取下来，经过构思制造出各种美丽的造型，人们把它插入适当的容器中进行水养，用来装饰环境和供人欣赏。

插花是生活中极有情趣的一种休闲活动，它的魅力和真谛在于它可以将人的情思寄托于花草之中，让人从中体味生活的自然美，陶冶高雅的情操。在素净温馨的房间摆上一盆精致的插花，也就等于陈设了一份飘逸清雅，会使整个居室顿然充满生机。目前，国内插花业正勃然兴盛，插花也正逐渐成为家庭不可或缺的生活艺术品。

插花可分为艺术插花和生活插花。艺术插花在取材、择器、造型、制作等方面比较倾向于追求精神情感的内涵，特别讲究和突出花型的艺术气息。而生活插花在各方面却比较随意和自由，其主要目的是增添生活情趣，尤其是家庭插花，只要根据自己的喜好把从店里买来的花，或是从田野里采摘来的花，随意地插在家中的易拉罐、茶杯、牛奶瓶等容器中，略加造型，即可完成。这种自然、简洁、明快的插花往往会给人带来一种难以言喻的快乐。

二、生活插花必备的材料

生活插花虽不及艺术插花那样讲究，但其制作也需要一些必备的材料，如花材、容器和工具等，都是制作插花的最基本材料。

（1）花材

花材就是鲜花、果实、枝、叶等植物材料，按观赏性质可将其分为以下七类：

①鲜切花：指切下来的含苞待放的鲜花和草本花卉。

②切枝花：指剪切下来的带叶的木本花枝。

③观叶切花：指用作插花的配叶，如阔叶麦冬、棕榈、竹、松、柏等。

④观果切花：指插花中作为观赏对象的鲜艳美丽的果实。

⑤藤蔓花材：指通常用于悬吊式或下垂型插花的藤蔓。

⑥山花野草及其他花材。

⑦辅助装点材料：指枯干朽木、绢花、金属丝等辅助装点材料。

（2）容器

容器一般是指盛放插花材料的器具，主要有花瓶类、杯盘类、水盆类、竹木藤器类（如木桶、木盘、竹篮、藤篮、竹筒）等，只要能盛放水和花材，供人欣赏即可。需要注意的是，所选的花材和容器应与环境之间协调统一。

（3）摆件

插花制作完成后可适当配上一些附属物，称为摆件或配件。摆件可为插花增添画面气氛，烘托造型，突出意境。

（4）工具材料

插花时一般使用的工具材料有花插、海绵、剪刀、瓶口支架、利刀、老虎钳、喷雾器、吸水海绵、铁丝、手锯等。

①花插：又称剑山，一般是用铅做的基座，上面有很多细小钢针或铜针，主要用于固定花枝。

②吸水海绵：又称花泥，吸水性强，绿色如砖，是一种化学制品，使用方便。

③剪刀：是剪截花梗、花枝和铁丝的主要工具。

④瓶口支架：用大口形花瓶插花时，为防止插花倾斜和倒伏，可用瓶口支架固定花枝。

7. 家居插花的几种基本形式

插花根据容器和摆放位置的不同，主要有以下几种。保姆可以根据家里的条件或是雇主的喜好来加以选择。

（1）艺术花束

艺术花束不需要容器，一般按照一定的造型，用彩带、包装纸等加以绑扎和装饰而成，是一种束状的插花形式。此类插花制作简便快速，携带方便，广泛用于探亲访友、庆典活动、文艺演出、迎接宾客、婚丧嫁娶等各类社交活动，是最受欢迎的一种艺术插花之一。此类插花制作彩带和包装纸应非常考究，最好用印花透明包装纸，与花束交相辉映，使艺术花束更为精致和上档次。

（2）盆式插花

盆式插花是用扁平浅口盆或家庭的炒菜盆制作的插花作品。西方式水盆插花，花卉材料可放置于中央，雍容华贵，绚丽多彩；东方式插花则将花卉材料置于盆的一侧，采用一侧插花，另一侧留出水面，清新淡雅，富有灵性。

（3）瓶式插花

瓶式插花也称竖立型插花，所用器皿主要为花瓶，也可以用饮料瓶、奶瓶、易拉罐等制作插花作品。瓶式插花多数为东方式插花，构图重心在瓶口，以不对称均衡构造成图，所用花材少而精，构图简洁明快；再用花朵或枝叶来烘托陪衬，使造型更加充实完美。瓶式插花主次分明，线条流畅，在前后高低、疏密聚散上既调和统一，又不是一成不变，给人带来很高的艺术享受。

（4）花篮插花

花篮插花多数为西方式插花，一般以花枝为主，花枝按一定的造型插在花泥上，由鲜花构成各种美丽的图案。花篮式插花主要特点是色彩美和造型美。花篮插花的主题规格根据需求不同而有所差别，例如，庆典、婚礼等喜庆的事，花篮插花以色彩鲜艳美丽的花卉为主；丧事，则以素色的花卉为主。这样通过花篮插花的外形，便能充分表现出主题的内容。

（5）悬挂式插花

悬挂式插花通常悬挂在墙面或空间，所以又称悬崖式插花，其插花取料为金钱豹、常春藤等，枝叶弯曲，悬垂至花器的下方。竹筷筒等家庭各类生活用品均可作为制作悬挂式插花的器皿。

（6）异形器皿插花

异形器皿插花是用某种奇异的装饰物品为器皿，或者干脆不用容器，就地取材，用枝干、树根、鲜花、干花混合，进行抽象插花。这类插花装饰性强，给人带来奇特、新颖而又自然的美感，所以又称为花艺插花。

（7）人造花和干花插花

此类插花以人造仿真绢花与干花混合作为材料，可以达到以假乱真的效果。制作此类插花时应注意人造仿真花与环境、容器的造型之间色彩的和谐协调。

8.千姿百态的插花造型

家居插花是以装点家居环境为主，因此造型需要富有变化，不能千篇一律，这就和我们每天都要穿的衣服一样，不能连续好几天都穿同一件衣服。插花的基本形式有很多，插花的造型就更多了，下面就来一一了解学习一下吧。

一、图案式插花

图案式插花是西方插花的一种风格，它以几何图形构图，讲究造型上的对称，又称整形式、规则式。在插花手法上用花数量多，色彩艳丽，通常组成色块，具有显著的装饰效果，主要适用于气氛热烈的婚礼、生日宴会及庆典活动等场合。图案式插花主要有以下四种形式：

（1）三角造型

三角造型是图案式插花中最普通的基本形式，又可分为等边三角形和不等边三角形两种形式。不等边三角形的应用比较广泛，其构图上先用三个花枝构成三角形的三个顶点，再选择各类不同的鲜艳花朵，加插在中央或显著的地方，然后再加点配枝，构图就完成了。

（2）球面造型

球面造型主要用于装点餐桌，放在餐桌的中央，能四面观赏，其高度不高，以不遮挡客人的视线为宜。此种装饰花型要求在插花时花枝的分配比较均匀，球面要比较圆整，不得出现凹凸不平的现象。

（3）放射造型

一般花篮制作多用扇面形插花，用花卉插成对称或不对称的放射图形。如果制作对称的扇面形，首先要确定主扇面的大小，然后用等长的五到七个或更多的花枝，如丝兰、棕榈、唐菖蒲或穗状的花序，先插出扇面形状，再依次降低高度，对称地插出前面的花或叶。

（4）"S"造型

"S"造型插花多用于装饰高身花瓶。这种曲线构图，左上方的花枝斜伸，上半部向右自然弯曲；右下方的花枝斜垂，下半部则向左自然弯曲，构成形如英文字母的"S"形状。在中心位置再插放几朵醒目的鲜花或绿叶，来充实加强"S"形曲线。

图案式插花构图虽然用花量较多，但规律性很强，比较容易掌握。要想让构图协调均衡，还需不断加强练习，才能熟练自如地制作出美丽的图案。

二、自然式插花

自然式插花是东方插花的特色，此种插花用花量不多，以再现自然美为原则，在插花手法上比较讲究和重视花、枝、叶的自然线条，所以又称线条式插花。此类插花形式比较适合美化家庭日常生活。根据所用容器的不同，

可分为盆花和瓶花。此类插花构图时力求自然，切忌"平淡无奇""四平八稳"的对称。

在自然式插花中，不论使用何种容器，其构图均以三个主枝花枝为中心，以不等边三角形的方式在空间构成优美的造型。在构图上常模仿花枝自然生长的状态，彰显出大自然朴实无华的生命力。生长在大自然中的花木，其自然姿态大致有立姿、倾斜欲倒之姿和悬长于崖边三种。由这三种自然姿态演变出自然式插花的三种基本形式：直立型、倾斜型和悬垂型。

（1）直立型

直立型是最基本的花型，制作时将第一主枝直立，垂直地插在左后方，用其直立的线条表现出亭亭玉立或刚劲挺拔的姿态，第二主枝向左前倾，第三主枝向右前倾，三个主枝构成不等边三角形。

（2）倾斜型

主枝均向外倾斜，利用枝条的自然弯曲和倾斜，表现出富有动态、生动活泼的美感。

（3）悬垂型

此类插花形式的花材多选用藤蔓性或柔韧性强的枝条。插花时，第一主枝弯曲下垂到花器之下，表现虬曲蜿蜒、飘逸流畅的线条美。第二、三主枝可随意插入，但仍需保持整体造型的平稳、均衡，并与第一主枝相互关联和协调。

在这三种基本花型的基础上，再变化三个主枝的位置和插入的角度，增减花枝的数量，就可以制作出各种不同的构图，如直上型、平展型、对称型、放射型等。

9.插花也要保鲜，不要让美感转瞬即逝

刚制作出来的插花，由于花枝刚离开母体不久，从母体带来的水分和养分尚未吸收殆尽，加上水养液能供应一定的水分和养分，因此还能保持鲜艳挺括一段时间。但花枝离开母体后，水分和养分的供应毕竟不会像在母体时那样正常，所以极易枯萎、衰败，插花带来的美感也将随之减弱并逐渐消失。

为了延长插花的花期，尽可能地保持较长的观赏时间，应对插花采取适当的保鲜措施，不要让美感转瞬即逝。如果你的雇主酷爱插花，并喜好用插花装点居室，那么你如果能懂得如何插花和对插花进行保鲜，雇主肯定很高兴。下面就给你介绍几种常用的养护花枝技巧，期望对你有所帮助。

一、水中剪切法

在切离母体前，将花枝弯曲放于水中，在水中进行剪切，这样就可防止切口与空气接触，使水分吸收保持畅通。

二、扩大切口法

为了扩大花枝的吸水面积，在进行剪切时常用斜切法，也就是将花枝的末端切成斜口，斜度越大吸水面积就越大，保鲜效果也会越好；有时为了扩大吸水面积，也可用小锤轻轻击裂花枝基部。

三、浸烫及灼烧法

花枝的切口如果不做处理或处理不当，会使流经的组织液外溢，造成切

口堵塞，放在水里会使水质腐败。为了解决这一问题，可将花茎基部在沸水中浸泡数十秒钟，这样组织液就不会再外溢了；或者用火焰将花茎基部灼烧至枯焦，火烧茎基部也可促进花枝的吸水。此类方法一般用于多浆的花卉，如果是草本插花，宜用水烫，如果是茎木质插花，则用火烧。

四、叶和花去除法

如果花和叶过多，会使水分蒸发过快，即使有水养液养护，其水分和养分也往往会供应不足，因此可除去多余的花和叶，以减少水分的蒸发，缓解水分、养分供应不足的矛盾。

五、每天切取法

每天或隔2~3天，将插花枝基部浸入水中，将易腐烂的部分剪去1厘米，然后换上清水，可延长花枝凋谢枯萎的时间。

六、药剂处理法

为了灭菌防腐、促进吸水，使用体积分数不高于2%的醋酸、硼酸、酒精或高锰酸钾等药剂，涂抹或浸渍花枝的切口处，时间不宜长，几秒钟即可。这种方法可杀菌防腐，促进花枝的吸水功能，达到延长插花花期的效果。

七、深水浸泡急救法

如果发现花朵下垂、花枝软弱等情况，应及时将花枝的末端剪去一小段，然后用一个干净的水盆盛满凉水，把花枝放入水盆中，只把花朵露出水面，浸泡1~2小时后，捞出，平放在室内的阴凉处，花枝很快就会恢复原样。

10. 如何"对付"黏人的宠物猫

俗话说"鸡猫是一口"，意思是说家中养着一只鸡或一只猫，其吃喝拉撒样样都需要来打理，好像是在家多伺候一口人一样。话说回来，猫确实是一种可爱的动物，它们都异常聪明，容易与主人建立深厚的感情。而且猫极爱干净，不随便大小便，还经常用舌面舔湿爪子洗脸。如此可爱、机灵、聪明的猫儿养在家里，人见人爱，谁能舍得亏待它？

如果你的雇主家里养着一只宠物猫，你该怎样"对付"它，让它对你也百依百顺，讨你欢心呢？那就请你先了解一点饲养宠物猫的知识。

一、饲养宠物猫必备的用具

宠物猫每天需要吃、喝、拉、撒和睡觉，有时根据主人的需要，还要随主人一起走亲戚、出远门，因此家有宠物猫，就必须配有专用的喂食用具、饮水用具、猫窝、铺垫物、梳子、刷子、旅行箱、精致的绳索、颈带、消毒液、便盆等用具。

二、宠物猫的饮食

猫是很好养的家庭宠物，既可食用面食，也可食用肉食，但肉类食物更适合它的口味，尤其是偏于喜食新鲜的肉类和鱼类。现在的宠物店一般也出售猫粮，含有宠物猫所需要的蛋白质、维生素、矿物质、脂肪、糖类等营养物质，可以买一些回家让它换换口味。

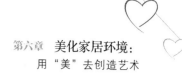

需要注意的是，宠物猫非常讲究卫生，喜欢在干净的地方进食，不吃残羹剩饭，因此喂食时应注意其饮食用具的卫生，喂食的食物和水都不宜过多，以免浪费。饮水应为冷凉的白开水，不宜将生水直接给宠物猫饮用，以免拉肚子生病。

三、宠物猫的训练

宠物猫天资聪明，稍加调教它就会学会很多动作并养成良好的生活习惯。

（1）大小便的训练

猫天生爱清洁，不随地大小便，因此可把专用的便盆放到一个固定的地方，调教它在便盆内大小便，只需调教两三次，它就会自己到便盆去便溺。

（2）到猫窝睡觉的训练

猫喜欢依偎人，尤其睡觉的时候，它会趁主人睡着的时候跳上床睡觉，有时还钻进被窝。遇到这种情况，应立即把它抱到猫窝去，反复两三次，聪明的猫儿就会知道主人不喜欢它上床，睡觉的时候就会自觉地到猫窝。这样就减少了人畜交叉感染疾病的机会，对人体的健康非常有好处。

（3）各种动作的训练

猫非常聪敏，动作敏捷，爬树、跳墙、打滚等动作好像是其与生俱来的，如果你打开音乐对它训练娱乐动作，它也会很快学会；雇主下班回家，你可以训练它迎接等，让它成为雇主的开心果。

四、宠物猫的四季养护

由于一年四季气温不同，宠物猫的生理状态也不同，因此养护也需随季节变化而不同。

（1）春季养护

①春季宠物猫易发情，如果雇主家的猫是母猫，最好把它关在室内不要外出，以免发生不必要的麻烦，繁衍后代可选择优良的品种进行交配。如果

是公猫，需谨防它外出寻找配偶与其他猫发生争斗，如果争斗负伤，应及时治疗。

②宠物猫一般在春季开始换毛，此时应经常给猫梳理皮毛，还要勤洗澡，护理耳朵和眼睛，防止皮肤病和寄生虫。此外，猫爪也要修一修，剪一剪。

（2）夏季养护

夏季天气炎热，气温较高，空气潮湿，应该注意不要让宠物猫中暑和食物中毒。

（3）秋季养护

秋季秋高气爽，空气干燥，宠物猫的食欲变好，应适当给它增加喂食量，并预防感冒和呼吸道疾病。另外，秋季也是宠物猫的发情季节，其养护方法与春季发情时一样。

（4）冬季养护

冬季寒气逼人，气温较低，应让宠物猫多晒晒太阳，并保持室内适宜的温度。同时，猫窝内应添加些暖和的铺垫物，可将猫窝放在暖和的房间里，以免宠物猫感冒。

11.细心呵护雇主的爱犬

狗是一种非常通人性的动物，提起狗，人们往往会不由自主地想起"忠诚"，它强烈的责任心和服从精神是其他动物所无法比拟的，而且狗是人们忠实的伙伴和挚友，主人高兴它也欢悦，主人悲伤它也难过，主人病痛它会

默默陪伴，甚至它可以为主人舍生忘死、舍身救助。因此人们常用狗来看家护院。狗的智商很高，它能领会人的语言、动作、表情等，经过训练调教，它能做各种各样的动作和表演，还能完成主人交给的很多艰巨的任务。人们常称狗为其爱犬，就是因为狗的灵性和忠诚，油然而生出爱的情感。

如果你的雇主也是"爱犬族"，细心呵护和照料雇主的爱犬也是你的主要工作之一，下面就给你介绍一下喂养狗的基本常识。

一、养狗必备的用具

都市家庭的院落很少，爱犬大多数是在居室内生活，因此必须有一套必备的用具，主要有狗舍、铺垫、饮食用具、饮水用具、脖套、狗绳、洗澡用的专用洗涤液、梳子、刷子、玩具等，小型宠物狗还需要准备两套冬季的衣服，有时主人还会在宠物店给它购置一些铃铛之类的装饰品。

二、狗狗的饮食

（1）食物种类

供狗食用的食物种类很多，肉、禽、蛋、奶、脂肪、鱼、谷类、蔬菜、水果、罐头等食品均可，尤其是大型犬，适应性比较强，食量特别大，各类食物均可进行喂养。喂食时，应注意各种食品的营养搭配，喂食单一食品会使狗营养不良而易患病。小型犬喂食狗粮是最省心的事，因为狗粮中一般含有狗狗所需的各种营养成分，如果是泰迪狗，因其毛色不稳定，最好喂食专用的狗粮和鸡蛋，喂食肉类和咸味的食物会导致毛失去本色。

（2）喂食应注意的事项

①喂食应定时、定量、固定容器。一般每日喂食2~3次，把食物放在专用的容器里，食量根据狗狗的形体大小来定，不宜过多。举个例子来说，狗狗的重量为1.5千克，每日食量为：肉类、蔬菜类各100克，谷类800克，维生素和畜用生长素适量，盐不超过5克。如果是狗崽儿或者哺乳狗，可再添加适量的钙、磷及鱼肝油。

②喂食以熟食为宜。狗狗喜食温食，因此喂食时应以熟食为宜，食物不宜过冷，也不宜过热。喂食生食尤其是生肉容易造成狗狗消化不良，引起肠胃病。还需注意的是，喂食鱼类食物时，应将鱼刺剔掉，以免扎破狗狗肠胃，导致不必要的麻烦。小型犬喂食的肉类食物，里面的骨头渣也容易导致消化不良。

③饮水一定要供应充足，最好是凉开水而不宜喂食生水，并经常换水，确保水质洁净。如果狗狗生病了，一定要供应充足的温开水，食物以流质或半流质的米糊和蔬菜碎为宜，尽量不喂肉食类食物。

④饮食用具应经常刷洗，定期消毒，确保饮食卫生。

三、狗狗的训练

狗狗天资聪明，忠实可靠，是人类值得信赖的"朋友"，看家护院应该算是其与生俱来的能力，如果再通过训练和调教，它会成为一只可爱的精灵。

（1）训练定点大小便

从幼狗开始，如果见它随地大小便就轻轻拍它的屁股，然后把它带到指定的地点，跟它说以后到这里大小便，几天工夫它就会自觉到指定的地点大小便。如果家中确实找不到合适的地方，你可以估摸它大小便的时间，带它出去遛弯，狗狗一出门就会不停地小便，走一段后如果需要大便，它也会顺便把问题给解决了。大小便一结束，你就可以带它回家了。

如此一个星期，它就会领悟到大小便不能在家进行，需要到外边解决，即使你没时间带它出去，它也会自觉遵守纪律，直到你带它出去。养成大小便良好习惯的狗狗，即使主人一天不回家，它也会等着你带它出去后再进行大小便。

（2）训练各种动作

狗狗通人性，人的语言、表情、动作等所表达的意思它能很快领悟，因此，可以给狗狗不同的刺激，让它产生一定的条件反射，那么训练它做各

种动作和进行表演就不是很困难的事。例如可以训练它"衔取物品""站立""坐下""随音乐跳舞""罚站墙根"等。

训练时，可直呼其名，强迫和诱导其做指定的动作，狗狗做得不正确时，可予以诱导，反复几次仍做不对，可进行惩罚，如可吼它一顿、拍它的屁股等；如果做得正确，应立即给予表扬和奖励，夸它几句，再奖给它喜欢吃的食物。

训练时，应对狗狗友善，即使狗狗屡次做不到位也不要暴跳如雷，耐心诱导即是，这样狗狗才会对人产生依恋之情，也会乐意接受训练。

12. 观赏的鱼儿游啊游

随着生活水平的提高，观赏鱼也越来越多地走进家庭，成为家居环境的一个动态景点。如果说插花艺术给我们带来高雅静美的享受的话，那么，五彩斑斓的观赏鱼，则给我们呈现出了一个家庭的生机盎然和温馨美满，同时也使居室变得喜庆欢悦、充满灵性。

如果你的雇主也是水族爱好者，那么你不妨也投其所好，学点观赏鱼的喂养知识，为他打理好鱼的事。

一、家养观赏鱼的品种

家养观赏鱼色彩鲜艳、形状各异，具有很高的观赏价值。观赏鱼的品种很多，有金鱼、热带鱼、海水鱼、淡水鱼等，最常见的是金鱼和热带鱼。

（1）金鱼

金鱼有龙睛鱼系、蛋形鱼系、丹凤鱼系三大脉系，龙睛鱼系的金鱼眼睛外凸，有背鳍，鳍条较长，有各种颜色，常见的有绣球鱼、龙睛鱼、龙背球、朝天鱼等；蛋形鱼系的金鱼眼睛较小，无背鳍，尾鳍有短有长，常见的主要有鹤顶、蛙头、水泡眼、狮子头等；丹凤鱼系的金鱼眼睛很小，有背鳍，多数尾鳍比较长，常见的有珍珠鱼、鹅头鱼等。

（2）热带鱼

①锯盖鱼科。这一科鱼因鱼体水灵鲜亮，虽然没有绚丽的色彩，但其观赏价值也很高。如玻璃拉拉鱼，鱼体完全透明，放在阳光下，能看清楚内脏的轮廓。此类鱼具有很强的适应能力，可与其他热带鱼一起混养。

②花鳉科。此科鱼可食用很多食物，对环境具有很强的适应能力，是最易饲养和繁殖的一种鱼，常见的主要有月光鱼、孔雀鱼、黑玛丽、珍珠玛丽、剑鱼等。

③鳉科。鳉科最常见的是五彩琴尾鱼，体形修长苗条，喜吃活食，不宜与其他鱼类混养。

二、水的供给和换水

（1）水的供给

家庭观赏鱼主要是用自来水饲养，由于自来水中含有少量游离氯，对观赏鱼有害，因此应先将氯除去。简单的方式是直接在水中放"海波"，一桶水放一两滴搅匀即可；还有一种方法是把准备换的水在太阳下晾晒3~5天，或者在室内放一个星期左右。

（2）适宜的水温

热带鱼对水温的要求比较高，饲养时应注意温度的变化，特别是气温变化大，季节交替时，温差不得超过2℃，可以在市场上购置一套加温器来解决这一问题，或将居室调整到适宜的温度。

（3）水质的调整

如果自来水硬度太大，酸度较高，可以加入适量的纯净水来降低自来水的硬度，并在水中加入小苏打来降低自来水的酸度。

（4）维护水中的小生态环境

水族箱是由水草和鱼儿组成的小生态环境，因污染源太多，其自净能力很差，因此需定期排污和换水，以便保持良好的水质，维持小环境平衡。

（5）换水

先用吸管吸尽水底的污物，然后排掉1/3左右的下层水，再用干净水进行适宜的补充，直到水恢复原位。

（6）鱼缸的清洁与保养

鱼缸应定时做好清洁、保养，包括换水、清除垃圾，适时给水进行补氧，以防出现"浮头"（鱼头露出水面吸氧）和"闷缸"现象。

三、日常养护

（1）饵料的种类

饲养观赏鱼的饵料有活饵和干饵两种。活饵为各种微小植物虫，其纯天然、营养丰富，可到河沟坑自行捕捉，也可到市场上购买。活饵料可在水中暂养，随喂随捞取。干饵料可在花鸟鱼市场购买，主要有鱼虫干、人工配合颗粒饵料。

（2）投放饵料量

饲养观赏鱼，每天需投放鱼饵，投放次数和每次投放量，应根据不同的鱼种来定。每次投放量不宜太多，能喂至鱼儿八成饱即可，具体量要平时多观察，做到心中有数。

（3）饵料投放时间

一般情况下，每日投放饵料2次，以上午8~9时、下午3~4时投放为宜，清早和晚上不宜投放。

（4）防治病虫害

饲养不当，水温失调，操作失慎，均可导致鱼生病。另外，在新添鱼种时，应注意不要把外部病原体带给家鱼。

13. 让宠物鸟的叫声更清脆

宠物鸟不同于普通鸟，其智商一般比较高，可与人进行互动交流。它们的鸣叫声婉转动听，有些宠物鸟可模仿其他动物和鸟的叫声，有些宠物鸟经过主人的调教还能说出一些简单的短语，或者表演杂耍。因此宠物鸟也备受人们的追捧，尤其是老年人，早晨和傍晚，手提鸟笼或用担子挑着两只鸟笼，聚集在公园的某个角落，让鸟儿放开歌喉鸣唱，他们是在听自己的鸟儿清脆的鸣叫，也是在与其他人的鸟儿比赛，看谁的鸟儿鸣叫得更清脆悦耳。这种惬意是无与伦比的。

若是你能让雇主的宠物鸟鸣叫得更加清脆，会使雇主在众位"爱鸟族"面前很有面子和充满自豪感。当然宠物鸟好听的鸣叫声来自于好的喂养和调教，下面就给你介绍一些宠物鸟的喂养知识。

一、宠物鸟的品种

（1）鸣禽类

鸣禽一般形体较小，叫声悦耳，羽毛美丽，爱清洁。常见的主要有百灵、八哥、画眉、黄雀、金丝雀、相思鸟、金翅雀等。百灵鸟能歌善舞，易驯化。雄性百灵哨叫鸣啼、善鸣仿，而雌性却没有这套本领，所以宠物鸟不养雌性。

（2）鸠鸽类

鸠鸽类的腿相对短而多肉，喙比较软，主食野果，在树上搭巢，繁殖能力不高，包括鸠属和鸽属的300多个品种。

（3）鹦鹉类

我国的鹦鹉鸟种大部分从国外引进，其寿命长，性子烈，学舌模仿能力强，主要有虎皮鹦鹉、绯胸鹦鹉等9个品种。

二、宠物鸟的喂养

（1）饲养宠物鸟的用具

饲养宠物鸟离不开鸟笼，鸟笼中有一两根栖木，可供鸟儿站立或休息。有盛水、盛料的瓷器皿各一个。每逢繁殖期，在笼中还应为鸟儿准备一个鸟巢及巢台。

（2）鸣禽类鸟的喂养

①食物种类。鸣禽类鸟的食物有米粒、麦粒、黄粉虫、新鲜蔬菜及季节性水果。成鸟的食物中可多增加些黄粉虫，可促使鸟繁育小鸟。

②雏鸟的喂养。出壳后的幼鸟从第一天起，就必须喂食肉类饲料。具体步骤为：用刀片将肉切成薄片，用温水泡一下。每隔15~20分钟，喂食一次，并喂食含维生素的水。

③鸣禽类鸟的训练。在训练鸟学叫时，需用一个布套将鸟笼罩起来，让一只好的成鸟代口，让"学生"静静地听，经过三五个月，徒弟肯定出师。聪明的鸣禽类鸟不仅能学会各种动物的叫声，如猫叫、蝈蝈叫、麻雀噪林、母鸡报蛋等，还能模仿多种声音，如推小车声、吹哨列队等。

（3）鸠鸽类鸟的喂养

①食物结构。鸠鸽类鸟的食物成分为：玉米30%，高粱25%，豇豆20%，麦子15%，大麻籽、豌豆各5%。另外，还应加些鱼骨粉、青菜、维生

素和矿物质。每天水的供给应足量。

②雏鸟的喂养。鸠鸽类鸟有一个比较大的嗉囊，嗉囊可以分泌鸽乳，用于喂养出生3~10天的雏鸟。

③鸟舍的要求。鸠鸽类鸟的鸟舍必须保持干爽，应确保冬暖夏凉。鸟舍内应准备鸟巢。

（4）鹦鹉的喂养

①食物种类。鹦鹉食用的食物范围较广，主要有豆类、植物、种子、昆虫、幼虫、水果、浆果等。

②雏鸟的喂养。雏鸟出壳第一天就必须喂食纯青饲料，每小时1滴，直到幼鸟第一次排出粪便。然后，每2小时喂1次，食物既不能太冷，也不能太热，喂食应掌握食量，不要喂得太饱。从第8天开始，间隔时间改为每3~4小时喂食1次，30天以后，改为每6小时喂1次，直到幼鸟能够自食。

③幼鸟的喂养。人工饲养鹦鹉类幼鸟的配方为：燕麦、生麦芽、玉米各150克（新鲜玉米）、脱脂奶粉75克、食盐10克、蜂蜜60毫升，白壳蛋3个，熟香蕉2根。把上述材料搅拌至十分滑利，喂时温热一下，并加入适量的水。

④鹦鹉的训练。鹦鹉经过专门训练，可学会模仿人语。在训练前人应该经常接近鸟，与鸟熟悉，直到鸟能接受人手抚摸头或背，并且打开脚链也不会飞走。训练用的言语应清晰简短，例如"你好""早上好""请坐""再见"等，从易到难，学会一句，再教下一句。

14.在面对特殊动物时不要惊讶

随着物质文化生活的提高，家庭宠物的品种已不局限在狗、猫、鱼等，一些名贵的、特殊的、稀奇的、先前未曾见过的宠物也越来越多地进入家庭，比如宠物蛇、宠物蜥蜴。面对这些看起来有些吓人或让人觉得头皮发麻的动物，如果保姆束手无策的话，那又如何让爱好饲养宠物的雇主放心呢？因此，保姆还应该与时俱进，了解各类特殊动物的饲养方法和注意事项是非常有必要的。

一、宠物蛇的习性和养护

（1）宠物蛇的生活习性

宠物蛇主要有黄金蟒、蟒蛇、玉米蛇、乌梢蛇等，一般无毒，性情温顺，对人的攻击性不大，饥饿时比平时好动，舌头会频繁地往外吐。宠物蛇每隔两三个月脱皮一次，脱皮时情绪会比较焦躁。宠物蛇还会冬眠，冬眠前应给予充足的食物，以便能健康度过冬眠。另外，蛇不需要过多地打理，是比较干净的宠物。把玩宠物蛇不要过度，尤其是在脱皮时，过度把玩会造成蛇对人的攻击。

（2）宠物蛇的养护

宠物蛇的蛇舍应选择在通风、凉爽、干净的地方，在蛇舍的顶部应安装一盏长明灯来代替阳光的照射，也可以把它放在阳光下晒晒太阳，因为蛇是

223

冷血动物，进食后需在太阳的照射下进行消化。

宠物蛇喜食老鼠、兔肉等，一般一周喂一次即可，宠物蛇在蜕皮、冬眠时都会拒食。蛇喜水，可在蛇箱外经常放碗水供蛇饮用。这样算下来一年也打理不了几次，因此，相对于其他宠物，宠物蛇喂养起来比较省心。

二、宠物蜥蜴的习性和养护

（1）宠物蜥蜴的习性

宠物蜥蜴虽然相貌有点丑陋，但颜色艳丽，一般性情比较温顺，而且少动好静。蜥蜴属变温动物，因此饲养时应注意温差不要太大，适宜其生活的最佳温度为10~30℃，过高过低均极易导致蜥蜴死亡或生病。蜥蜴的尾巴比较易断，因此不要用力拽它的尾巴。蜥蜴为卵生动物，也有少数为卵胎生。

（2）宠物蜥蜴的养护

大多数的宠物蜥蜴的食物以昆虫为主，也有少数的种类昆虫和植物兼食。

①长尾鬣蜥的养护。长尾鬣蜥就是我们所说的变色龙，又名水龙、马鬃蛇，可用玻璃缸饲养，也可以放养。缸养所用的缸长度需超过蜥蜴的长度，且越大越好。饲养时，在缸底铺上沙、石或者沙土，再放上一块石头或沉木供蜥蜴栖息，还要放一个水盆，盆里放上清水，水最好在户外晾晒一下，以便蜥蜴洗澡和饮用。放养可在室内，也可在阳台放上一盆清水，或者每隔两天给它洗一次温水澡就可以了。

长尾鬣蜥的食物以面包虫为主，还可以给它捉点蟋蟀和青蛙来改善生活。不必一日三餐地喂食，一般一两天喂一次即可，一次可喂食6条虫子。有时也可以喂它吃些苹果和生菜，以增强其体质。

对长尾鬣蜥的训练包括让它在肩膀上趴着不动，出门散散步等。

②丽纹龙蜥和北草蜥的养护。丽纹龙蜥和北草蜥是性格比较活跃的宠

物，其适应性比较强，适宜用缸养。缸内布置和喂养与长尾鬣蜥一样。需要注意的是，此类蜥蜴不用洗澡，缸内要保持适宜的湿度，切忌暴晒和闷热。

丽纹龙蜥和北草蜥可以用手把玩，但丽纹龙蜥动作比较迅速敏捷，被激怒时会张口咬人，因此切忌不要用力抓它和拽它的尾巴。

三、宠物仓鼠的习性及养护

①饲养仓鼠必备的工具有笼子、食盆、饮水盆、跑轮、磨牙物品、木屑，有条件和爱干净的主人还可为仓鼠准备浴室、厕所和小屋。

②仓鼠的食物范围很广，各类蔬菜、水果、粮食、肉、禽、蛋、奶等均可进行喂养。仓鼠喜欢自己盖仓屯粮，因此得名仓鼠，喂食时一定要多喂。

③仓鼠不喜光亮，因此喜欢打很深的洞穴，也不能晒太阳，即便是在严寒的冬天，你可以多给它加些棉花，但不要放在阳光下晒太阳。

④仓鼠对温度非常敏感，如果温差过大，容易导致仓鼠感冒；最适合仓鼠生活的温度为20~28℃。

⑤大多数仓鼠喜欢白天睡觉，夜间出来活动，睡觉时不要打扰它。

⑥仓鼠喜欢运动，因此需给它买个跑轮，还可以给它买点玩具，以便它不停地运动。

⑦仓鼠的听觉比较灵敏，可以听到很多人们听不到的声音，因此应远离电脑、电视和音响，避免嘈杂和辐射。

⑧仓鼠一般情况下不发出叫声，如果发出叫声，就表明它生病、遇到困难或者是没有安全感了。

第七章

家电使用法：

谁 说 保 姆 不 是 " 电 子 达 人 "

现代科技的发展给人们的生活带来了极大的方便，各种家用电器进入到家庭，这就给保姆提出了更高的职业要求：不但要了解各种家电的使用和维护的方法，还得学会处理简单的故障。如果不注意家电的安全使用规则，很可能会给雇主造成财产的损失，甚至危害人身安全。因此，我们的目标是做一名"电子达人"。

1. NO，NO，NO！冰箱 ≠ 保险箱

电冰箱的出现改善和丰富了我们的物质生活，现在它是我们每个家庭必备的家电之一。我们大家都知道它的主要作用是冷藏和保鲜食物，但是并不是每个人都能正确认识和使用冰箱。有人说："冰箱就是我们的保险箱！吃不完的剩饭剩菜放进冷藏那一层，吃下一顿饭时拿出来热热就行。从超市买回来的猪肉、水饺等放到冷冻那一层，吃的时候拿出来解冻就行了，不就是一个一放一拿的过程，有什么难度？"如果你也有这种想法，那就要特别注意了，为什么呢？我们先看看黄阿姨的经历吧！

保姆黄阿姨做的饭很好吃，可以说手艺一流，她最擅长做川菜了，比如辣子鸡、回锅肉等，都是她的拿手好菜，听着就让人嘴馋。由于她的特长，雇主高薪聘请了她，不过过了两天，黄阿姨又出现在家政公司寻找新的工作，发生什么事了呢？原来黄阿姨做的菜虽然雇主都很喜欢，但是她的某些做法却让雇主相当不喜欢。黄阿姨委屈地说："我不就是把吃剩下的饭菜直接放到冰箱里吗？哪有那么多的讲究啊，放进去就好了啊，结果他们家的人都说这样不卫生，放在冰箱里怎么就不卫生了呢？"

"放进去就好了"，黄阿姨错就错在太大意了，没有想过什么东西能放进去、什么东西不能放进去、东西应该如何包装后再放进去、东西在冰箱保鲜的时间……她把冰箱的用途想得太过简单了。换句话说，黄阿姨不应该把

冰箱当成一个保险箱，因为冰箱不是一个万能的保险箱，每一种家用电器都有它自己的使用规则，以及使用注意事项和禁忌。

冰箱虽然能对蔬菜、水果等食品进行保鲜，但是要知道冰箱是一个密闭的空间，在温度和湿度合适的条件下，细菌会在里面大量的繁殖，存放的食物很容易受到细菌的污染。

卫生组织相关部门曾经对冰箱内的食物进行过一项细菌检测，结果发现冰箱内的细菌数量竟然是家里最多的地方。每平方厘米细菌的数量高达4万多个，细菌含量比马桶上的细菌还要多得多，这是一个多么让人吃惊和惊恐的数字啊！有关卫生机构的检测表明，冰箱的不良保养和错误使用，会导致它的内部滋生大量的金黄色葡萄球菌和大肠杆菌，这些都是对人们健康有害的细菌。

所以说，冰箱绝不是"保险箱"，不能错误地认为东西只要放进冰箱就没事了。要知道冰箱只是通过较低的温度来抑制细菌的生长速度，但不能彻底杀死细菌，因为有些细菌其本身就是比较耐寒冷的。那么我们在使用冰箱时要注意这些：冷藏食物前要进行分类包装，以免细菌"转移"；为了防止交叉污染，一定要做到生熟分开；要将放入冰箱储存的熟食加热10分钟以上，以杀灭李斯特菌等典型的冰箱细菌。

2. 红灯警告：这些食物千万不能放进冰箱

你的冰箱里面是不是存放了很多东西呢？食物放进冰箱就能留住营养了吗？其实呢，现实跟我们想象得很不一样，要知道冰箱的保鲜时间是有局限的，我们不能一次性把所有购买回来或吃剩的食物都放到冰箱里。比如，绿叶菜和苹果一起存放在冰箱中，叶子很快会变黄、腐烂；果汁开封后，再放回冰箱里，维生素会损失一半。所以，有些食物是千万不能放进冰箱里的，下面分类介绍一些不能放进冰箱里的食物。

一、水果类：香蕉、鲜荔枝、草莓和西瓜

香蕉属于热带水果，一旦环境温度低于12℃，香蕉会很快发黑，导致腐烂变质。

鲜荔枝是产于我国南方的亚热带水果，果实成熟时，它的果肉部分会变成半透明状，果味鲜美。绝大多数人都非常喜欢吃荔枝，最为著名的荔枝粉丝当属四大美人之一的杨贵妃了，有诗为证："一骑红尘妃子笑，无人知是荔枝来。"荔枝虽然好吃，但是它很娇贵，存放的时间比较短，采摘时和2天后的味道相差很大，在0℃的环境中放置一天，果皮就会变黑，果肉也会变味。

草莓口感娇嫩，水分充足，可是只要存放在冰箱里，果肉就会变软，口感也大打折扣，且容易霉变。

西瓜是夏季最为常见的解暑水果，一个完整的西瓜可以放置15天左右，但是夏季西瓜放进冰箱冷藏时间最好不要太长，如果超过2小时，将会有许多营养流失。需要特别注意的是，切开后的西瓜冷藏时间更不能超过3小时，否则会滋生病菌。

二、蔬菜类：黄瓜、青椒、西红柿

黄瓜和青椒是家庭常用蔬菜，由于冰箱的存储温度在4~6℃之间，黄瓜和青椒在这样的温度里长时间放置会变软、变黑，甚至变味，导致不能食用。

西红柿放在冰箱里，肉质会呈现水泡状，变得软烂，表面出现黑斑，或煮不熟，或无鲜味，甚至腐烂。

三、鱼类

鱼类含有丰富的营养，特别是蛋白质。鱼类不宜存放在冰箱太久，冰箱的冷冻温度一般在－15℃，最低也只能达到－20℃。在环境温度未达到30℃以下时，鱼体的组织就会产生脱水或其他变化，出现鱼体酸败，导致不可食用。

四、加工过的食品：巧克力、面包、饼干等

巧克力主要是以可可脂和可可浆为原材料的一种甜食。在中国，老人和孩子喜欢拿它当零食，运动后的青年拿它来补充能量。然而，就是这样的一种美食却不能放在冰箱里保存。这是因为巧克力在低温条件下，表面容易结出一层白霜，诱发变质，失去原有的美味。

面包、饼干等烘焙食品，由于在烘烤的过程中，其中的主要成分淀粉发生了化学变化，才使得口感有弹性并且柔软。如果放入冰箱进行存放，面包和饼干会变得坚硬，失去口感和美味。

五、药材

有人想必会感到奇怪，药材为什么不适合放在冰箱里呢？很多人都会发现，冰箱里的湿度比较大，有时能看到水滴，这就容易使药材受潮，细菌也容易污染，药性便会受到损害。所以针对贵重的药材，比如人参、天麻、鹿

茸、党参等，如果需要长时间存放，应该将其放入一个干净的玻璃瓶内，并放入用文火炒黄的糯米中，将瓶盖封严，放置在阴凉通风的地方。

如果我们每个保姆都知道这些知识，就能让食物保持最好的新鲜度，达到最好的食用效果，获得雇主的好评。

3. 冰箱里有异味？看我的除臭法宝

家庭用的冰箱经常装着不同种类的蔬菜瓜果等，不同食物的味道汇集起来，再加上有时忘记及时清理和擦洗，使冰箱不可避免地会产生异味，相信很多保姆都遇到过这样的事情。记住，电冰箱是一个密闭的空间，如此放置食物，就算是世界名厨做的菜也会"变味"、色香味都会大打折扣。

为了避免冰箱发出异味，我们首先要了解造成冰箱有异味的原因有哪些，然后再有针对性地解决，掌握一些除臭法宝，可以说是家政服务人员必须具备的职业技能。

一、造成冰箱有异味的主要原因和防范方法

①分类不合理。刚放入冰箱的食物不要和存放时间长的食物放在一起，我们来看一下保姆小王是怎么存放食物的。打开冰箱可以看见，冷藏室的第一格里一共三个盘子，分别是：一盘炒韭菜、一盘炒大虾和一盘炒青菜。第二格里有一盘回锅肉、一碗饭，一个看着放置得时间有些长的生茄子，茄子上已经有点霉变的苗头了。这样放置就很容易使饭菜产生异味。

所以，一定不要把剩菜直接放在盘子里并置于冰箱中，而应该将剩菜放入有盖子的保鲜盒中分类存放。这样既可以防止"串味"，又能通过保鲜盒将食物和空气隔绝，防止其氧化变质，达到冷藏的目的，同时还能方便存取。

②剩饭菜不能冷藏时间过长。比如中午的饭菜到了晚上要及时处理掉，不能放到第二天。因为剩饭剩菜最容易被细菌污染，产生异味，进而影响到其他食物。

③及时清理长时间存放和忘记食用的东西，以免发生腐烂变质，产生异味。

④气味比较大的食物肉类容易产生异味，可以事先用塑料袋或保鲜膜包装好。

二、冰箱的清洗

清洗冰箱时首先切断电源，清空冰箱内的食物；然后用干净的软布沾上稀释过的洗涤用品（低碱性肥皂或餐具洗洁精）轻轻擦拭冰箱内壁，去除异味、污垢，记得千万不能直接用水冲洗或是使用钢丝球擦洗；最后等冰箱内部干燥后，再插上电源，将食物分类放回。

三、冰箱的除臭法宝

①坚持日常的清洁，正确使用除臭剂除味。

②很多人平时早餐喜欢吃馒头，在蒸制馒头时可以揪下一小块面放在碗中，然后把碗放入冰箱冷藏室，一般能使冰箱连续两个月没有异味。

③用纱布将50克茶叶包裹后放入冰箱，吸收冰箱的气味，一个月之后取出，通过太阳暴晒杀菌，再放入冰箱，可以反复使用。

④拿一条干净的纯棉毛巾，折叠后放在冰箱上层，利用毛巾上的微细孔吸附冰箱里的气味，一个月后将毛巾取出用温水清洗，放在太阳下暴晒杀菌，晒干后可继续使用。

⑤将新鲜的橘子皮清洗干净，放入到冰箱内，其清香的气味也可以去除异味。

⑥用刀把柠檬分成两半，放在冰箱冷藏柜的第一层，柠檬散发出的香味可以在短时间内把冰箱里的怪味除尽。

⑦最有除异味效果的方法是找几块竹炭放入冰箱。竹炭周身特有多孔结构，可以迅速吸收冰箱里异味。使用两个星期后，将竹炭拿在阳光下晒干，还可以继续使用。

4. 冰箱里的食物可不要放错了位置

冰箱不只是一个储存食物的"柜子"。不同品牌和类型的电冰箱内部设计虽然不大一样，但是共同点还是很多的，比如不同食物有不同的存放区域，且有不同的温度设置。保姆必须要注意这点，如果把东西放错了位置，那么可能会导致雇主白白损失了食物和电费，严重的后果可能是你被扣掉一些工资或者被解雇。

首先，我们应该正确地区分电冰箱的冷藏室和冷冻室，这会在很大程度上帮助我们存放食物。冷藏室用来给食物保鲜。适合冷藏的食物有：熟食（经过热加工后食品的统称，包括剩余饭菜）、蔬菜、水果、啤酒、饮料等。冷冻室用来冻结储藏食物、冷饮和冰块等。适合冷冻的食物有：肉类（包括鱼、家禽、牛肉、羊肉、猪肉等）、冷饮、速冻食品（水饺、汤圆等）。

人们在日常生活中使用冰箱往往区分的不是那么明显，因为食物的种类是很复杂的，下面介绍一些存放食物的具体注意事项，供大家参考。

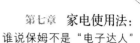

①如果把啤酒和饮料放到冷冻室里冷冻，有可能使啤酒（饮料）的瓶壁在温度过低的条件下发生破裂，导致无法食用。

②最好不要把生肉放在冷藏室里。由于冷藏室的温度高于冷冻室，有可能使生肉发生变质，滋生细菌。而且生肉类的食品需要事先加以清洗分割，然后使用保鲜袋密封包装后，再存放于冰箱中，这样可以保证解冻后的肉质依然鲜嫩，如果是直接放入冷冻层，肉色就会被冻得发白、肉质的口感也会变差。

③最好不要把熟食放在冷冻室。因为熟食经过低温冷冻后，食用时需要较长的解冻时间，同时经过冷冻的熟食口感会明显下降。

④熟食和生肉不能够一起存放。生肉没有经过加热处理，普遍带有寄生虫和细菌。如果熟食和生肉放在一起，容易对熟食造成污染，滋生细菌，损害身体健康。特别要注意的是，雪糕类食品也应该与生肉类分开存放。

⑤冰箱门的内侧温度比较高，可以存放果酱、饮料、果汁、酒和调味品。由于这些食品多为瓶装或者罐装，放在门边的话，取用方便。很多人将鸡蛋放在冰箱门的位置是错误的。由于冰箱门内侧的温度在开拉冰箱的过程中会产生较大的波动，对于存放在门内侧的鸡蛋来说，开拉门的过程容易使鸡蛋和鸡蛋之间产生碰撞，可能会损坏鸡蛋。

⑥不要将冷藏室挤得满满的。这里的冷空气需要流动，如果食物之间堆放得很拥挤，中间没有空隙，容易引发食物腐烂变质。

通过上面的介绍，我们不会再为如何把食物放置在冰箱里发愁了吧！

5. 不要中了空调使用误区的毒

空调已经成为现代家庭常用的一种电器，有了空调我们就不再害怕冬季的寒冷和夏季的炎热了。然而人们在使用过程出现了各种各样的问题，近年来"空调病"发生率逐渐提高，这实际上是使用空调不科学造成的。另外，正确地使用空调能让空调延年益寿，错误地使用会对空调造成损害。

保姆刘大姐在李老师家里已经做了3个月的保姆，相处和睦。李老师家里有一位73岁的父亲，这位老人不但有糖尿病、高血压还有风湿性关节炎，所以腿脚不是很方便。平时刘大姐下午都会用轮椅推着老人出去散步，老人也很开心。看着老人在刘大姐照料下，身体和精神的状态都非常好，李老师夸奖了刘大姐。

最近随着气温的升高，老人不愿意出门了，刘大姐怕老人热着，就在家开了空调。李老师回家一看，立刻黑了脸，就说："空调开了多长时间了，温度怎么这么低？马上关掉！"

"我就是怕老人太热。"刘大姐十分委屈。

李老师解释说："不是每个人都能经常使用空调的，'空调病'就是我们一味追求凉爽所付出的代价。我父亲年事已高并且患有老年病，这样的人群不适宜使用空调。"

我们从事保姆职业的人员都要知道空调使用中的误区，不要让我们的身

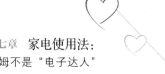

体中了"毒"，幸好李老师及时纠正了刘大姐的做法，老人没有感到身体不适。那么，空调使用过程中有哪些误区需要我们注意呢？在这里，下面介绍一些常见的空调使用事项，希望引起大家的重视。

一、空调不能直接对着人吹风

有些人喜欢一身汗回到家后，马上打开空调对着吹，或者是睡觉的时候让空调风口直接对着床，这都是错误的做法，如果发现雇主的家人这样做要及时告知。出汗后对着空调吹冷风，人的体温下降得太快，容易诱发感冒，晚上睡觉对着空调吹也容易引起头痛、感冒等疾病。

二、老人和小孩不适合长时间吹空调

随着年龄的增加，老人的身体机能随之降低。空调的冷风会对老人的鼻黏膜、关节和眼睛造成一定的损伤。如果室内空调温度过低，造成室内外温差过大，会使血压升高、血管收缩。特别是患有糖尿病、高血压、动脉硬化的老人，更容易导致脑部血液循环困难，诱发脑卒中。小孩的抵抗能力弱，自我调节能力差，空调房内由于空气的不流通，容易滋生病菌，导致儿童免疫力下降，引起感冒、发热、鼻炎、哮喘等症状。

三、怀孕的妇女，慎重吹空调

孕妇体质比较特殊，对环境温度相当敏感。空调的冷风会侵害孕妇的身体，引发呼吸道感染，进而危害孕妇和胎儿的健康。空调在工作的过程中，内部会堆积大量的灰尘，通过送风口吹出，孕妇吸入后，自身和胎儿会受到伤害。轻者浑身无力，头痛、头晕，引发变态反应；重者心慌，胸闷，发生畸形儿、死婴现象，还可能引起孕妇死亡。

四、体质较弱的女性，不应吹较冷的空调

空调温度设置低会使人容易感觉到冷。这种冷会导致交感神经兴奋，腹腔内的血管收缩，胃肠运动减弱，使胃肠道不适，胃疼，没有食欲。除此之外，空调的冷气还会引起女性内分泌失调、月经紊乱及其他疾病。

炎炎夏日，人们如果长时间处于高温环境中肯定是不行的，如果老人、小孩、孕妇和体质较弱的女性要进入空调房间，应做一些适当的防护，可以加一个外衣或者用披肩遮盖胃部、关节以提高自身体温，避免"空调病"的发生。

另外，根据使用的情况，建议每年清洗空调2~3次，主要是对滤网的清洗，使空调里面的污染物可以得到很好的排放，预防细菌、病毒感染呼吸道，以及其他疾病的发生。如果开空调时间超过3小时的话，必须开窗换气，保证室内空气不被污染，减少疾病的发生。

6. 调好空调的温度，让舒适无处不在

人们喜欢夏季空调室里的凉爽，喜欢冬季空调屋内的暖和，总而言之，我们使用空调的目的，是因为它可以给人们提供一个舒适的生活环境。这种舒适的环境主要体现在人体对于温度感受，这个感受会受到人体健康状况、年龄、穿着以及个人生活习惯等影响，那么，空调的温度应该怎样设置呢？作为一名让雇主满意的保姆，当然要知道空调的正确使用方法。

科学研究发现，对于人类来说，夏、秋两季最舒适的气温是26℃左右，低于这个温度3~4℃，人就会觉得有些凉；而如果是冬季，人体感觉温暖的温度大约是28℃。夏季长时间处于空调室内的低温中，导致身体内部的调节能力下降，很容易出现各种不舒服的症状，医学上称之为"空调病"。

目前，大家公认的空调设置温度是这样的：合适的制冷温度大约是

26℃，制热最佳温度是27~28℃。这不但让人感到舒适，同时还能节省电费，一举两得。但是，在设置空调温度的过程中，我们还得注意一些细节和特殊情况。

一、夏季最适合人体的温度

对于身体相对较弱的人群、久坐或者是正在进行轻度劳动的人，空调温度不适宜太低，可以适当地调高一些。也就是说，这时候温度设置在28~29℃之间，是最为合适的。

对于一般健康的人群来说，空调的温度就要根据室外的温度来定。夏天虽然可能出现38℃以上的高温天气，但是在一天中绝大多数时间的温度是在35℃以下，所以这时候空调温度设定为25~26℃，人体会感到最舒适。有的人喜欢将空调温度设置在20℃以下，这样的低温是不利于健康的，此时体内的血管会急剧收缩，血流不畅，关节会受冷，具体表现为关节疼痛，特别是女性经过寒冷的刺激容易导致月经失调。对于年轻人来说，由于体质上的差异，相对于前两种情况，空调的温度可以适当地调低一些，一般在22~24℃之间。

二、冬季最适合人体的温度

冬季室内空调的温度设置在16~26℃，这个温度范围是人体可以接受的，不过最佳温度为20℃，室内外温差尽量小于6℃。这样不但有利于身心健康，也不会增加空调负荷。老人如果要使用空调的话，夏季空调温度最好在28~29℃之间，冬季最好设为26℃左右。这样老人既会感觉温度适宜，也不会对身体产生损害。

7. 电饭锅是保姆的"好帮手"

电饭锅对于我们来说再熟悉不过了，它是家家户户必备的"烹饪工具"。绝大多数的家庭用电饭锅煲粥或者煮饭，其实呢，它不仅仅是一个做饭的锅，还可以做蛋糕，你会觉得好奇吧！

张姐和小李在同一个小区做保姆，经常一起到超市购物。一天，她们又一起来到超市，小李的手里拿着一张纸条，低声念着："奶油、黄油、低筋面粉、鸡蛋、打泡粉、牛奶。"

张姐好奇买这些做什么，小李笑着告诉张姐："这是早上我家龚姐出门时交待我的，让我买这些材料，晚上好用电饭锅做蛋糕呢！"

张姐听后，不信地摇着头："还能做蛋糕？骗我的吧！"张姐自己不知道电饭锅还能做蛋糕，更没有做过。

相信很多人都会像张姐一样有疑问，这是正常的，因为他们不了解电饭锅的其他用途。如果我们用好了电饭锅，那么它就会成为我们的"好帮手"，可以在必要的时候发挥其他炊具的作用，比如正在炒菜时，煤气突然用光了；雇主哪天突然想吃蛋糕，家里却没有烤箱。这时我们就要想到使用电饭锅，下面来看看它还有哪些功能呢？

一、用电饭锅炒菜

电饭锅能炒菜？当然可以！虽然电饭锅的火力很有限，但是电饭锅能

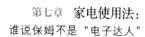

够炒一些简单的小炒，比如肉末粉丝、肉末茄子，还可以做一些适合焖熟的菜式，比如焖香菇、滑肉片。用电饭锅炒菜还有一个优点，就是菜绝对不会煳，只是需要延长烹饪时间。

下面我们来学习一下用电饭锅做肉末茄子。首先将准备好的姜粒、蒜粒放入电饭锅里炒香；然后将肉末放入一起煸炒，炒至肉末变色用小碗盛出备用；接着在电饭煲中加少许食用油加热，放入茄子煸炒2分钟后，加入小半碗水焖至茄子熟透；最后将小碗内炒好的肉馅放入电饭煲，混合后装盘。喜欢吃辣的话可以在煸炒时加上一些辣椒酱。

二、用电饭锅煲汤

电饭锅能煲汤？可以！做法和我们平时用汤锅煲汤一样，只是由于电饭锅的火力不是太大，适当地延长煲汤时间就行了，其他没有什么区别。

三、用电饭锅烙饼

电饭锅能煎饼、烙饼吗？答案是："可以！"用电饭锅做煎饼、烙饼有一些优点，比如你不需要担心食物会煳，因为只要你松开加热按钮，电饭锅就会自动断电；如果你需要继续加温，只要将锅底保持有足量的油，持续按住加热按钮并及时将饼翻过来，这样就能做出好的煎饼和烙饼。特别是内胆选用不粘锅材质的电饭锅，那绝对是烙饼的好帮手。由于它具有不粘锅的特性，饼就不容易煎焦，也能轻松翻面，使饼煎得又薄又脆。

四、用电饭锅做蛋糕

用电饭锅是可以做蛋糕的，但可能会麻烦一点。方法是先将面粉、鸡蛋、黄油、打泡粉等原材料按一定比例混合并充分打泡，制作成蛋糕糊；在电饭煲锅底里涂一层油或者铺上一层油纸（或铝箔纸）；为了使做出的蛋糕更加美味，可以在锅底放些瓜子仁、核桃粒等干果；将蛋糕糊倒入电饭煲中，调到煮饭的位置，大约5分钟后温控就跳到保温档，过2~3分钟后，再加热一次，再过2~3分钟又跳至保温，这样连续反复3~4次。最后，蛋糕的香

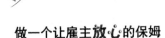

味就飘了出来，打开锅盖，表上是浅黄色的，中间鼓鼓的，说明蛋糕就做好了。我们可以拿它作为早餐或者晚饭后的甜点，老人和孩子都会很喜欢。

8. 微波炉的用途多：别说你只会热剩饭

微波炉是一种利用微波来加热食品的现代化烹调灶具。它作为厨房普遍使用的一种电器产品，具有功能各异、使用方便的特点，给我们的生活带来了极大的方便。现实生活中，很多人都认为微波炉主要是用来加热剩饭、牛奶等。其实，大家都小看了它，微波炉的用途还有很多，我们先来听听李阿姨的真实经历。

保姆李阿姨40多岁了，去年她受雇到一个四世同堂的家庭，负责一家人的生活起居。家中的奶奶觉得李阿姨干净利落、手脚麻利，透着淳朴的品质。一天，奶奶问李阿姨："你会用微波炉吗？"

李阿姨当时就愣住了，心想微波炉用起来很简单啊，马上回答老奶奶："您放心吧，我每天都用微波炉给小朋友热牛奶的。"

没想到奶奶一扭头："那不一定，微波炉不光能热牛奶、剩饭菜，还有好多你想不到的妙处呢！以前在我们家工作的刘姐还用微波炉榨水果汁呢！"

李阿姨顿时说不出话来了，心里想着：微波炉真的能榨水果汁？我咋不知道呢？看来要好好学一下微波炉的其他用途了。

人们常说：生活就是一本大百科全书。那么，我们现在就来学习使用微波炉的其他功能吧！

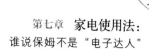

一、水果榨汁、水果去皮

在带皮的柑橘类水果的表皮上，用尖头刀均匀地戳上一些小孔，然后放入微波炉加热10秒，取出来等温度降下来，用手揉搓，再拿刀将水果切成两半，轻轻一捏果汁就流出来了。

将桃子和番茄类水果放入微波炉进行加热30秒，果皮会很容易地被剥掉。

二、干货食材快速发泡

我们知道干木耳、干香菇等菌类在食用之前需要发泡，由于用温水自然发泡的时间比较长，我们可以将温水没过需要发泡的干货，然后放入微波炉中加热1分钟，很快就可以将食材发泡好了，使用微波炉可以节省很多时间。

三、还原结晶的蜂蜜

蜂蜜长时间放置在冰箱保存后，我们会发现蜂蜜"结冰了"，这就是物理学上说的结晶现象，结晶会影响我们的正常食用。这时你可以把结晶的蜂蜜放到微波炉里，加热2分钟后，结晶就会消失了，问题也就解决了。

四、去除板栗皮

我们常用板栗做菜，比如板栗排骨、板栗烧鸡和板栗焖牛腩等。可是当我们把板栗外壳剥掉以后，发现还有一层深色的外皮紧紧包裹着果实，用手很难撕开。这时我们只要将板栗放入微波炉加热一会儿，拿出来等不烫手了，用手轻轻一挤，板栗的外皮就掉下来了。

微波炉的用途可不只有这些，还可以用来煮鸡蛋、烤花生米、快速解冻等，你还能说微波炉只能热剩饭吗？

9. 清洗微波炉的"小妙招"

　　微波炉由于内部结构和工作特点跟别的厨房电器不一样，所以它的清洁方法也有自己的特殊性。我们作为保姆不仅要会正确使用，还要知道一些清洗微波炉的"小妙招"，从而提高工作效率和工作质量，让雇主放心、满意。

　　保姆王大姐的主要工作是照顾小孩子，平时做做饭、接接孩子。由于主人家小两口都是白领，中午基本不回家吃饭，所以饭菜的分量有时不好把握，很多时候晚上都要热饭菜，这时微波炉成了王大姐不可缺少的厨房电器。可是最近几天打开微波炉后，总感觉有一种怪怪的味道，王大姐赶紧检查原因，拉开微波炉一看，发现四周不但布满油污，还有食物的残渣散落在转盘上。王大姐开始纳闷了：我使用微波炉没有什么问题呀！每次使用后都进行了清理了呀？

　　既然每次都清理了，为什么还这么脏呢？其实，从王大姐的清理方法上看，她只是用软布做了简单的清洗，然而食物在高温的作用下爆溅出的残渣和油滴很容易粘在微波炉的内壁上，这些油腻腻、脏兮兮的东西是要花点小心思才能去除的。那么，我们在工作中可以利用什么样的"妙招"来清洗微波炉呢？我来介绍一些吧！

一、微波炉外部清洗

　　由于微波炉的外部是由不锈钢等金属制成的，因此要谨记清洗前关掉电

源。微波炉的外部主要是灰尘，用抹布蘸水擦拭就可以了。如果沾到少量油污，可以用少量洗洁剂清除。

二、微波炉内壁清洗

①拿一个微波炉使用碗，按照2：1的比例分别倒入水和白醋。

②放入微波炉加热5分钟，让白醋和水在微波炉里充分蒸发，感觉微波炉里充满了水蒸气时，将微波炉里的转盘和支架取出。

③用加热后的白醋溶液擦拭，去除转盘和支架的污垢，然后用软毛巾仔细擦拭微波炉内壁的油渍。

④用清水将微波炉的内壁彻底清洗干净，避免污水残留。

这种方法是利用加热产生水蒸气，使污渍和油渍在白醋的作用下软化分解，从而使清洗变得容易。如果把白醋换成洗洁精，同时在里面加点橘子皮或者柠檬水，不但可以起到清理污渍和油渍的作用，还能使微波炉里保持清香。

10.微波炉使用禁忌

我们知道微波炉是利用微波对食物进行加热的，使用方便，加热速度快，不会产生油烟，使厨房环境保持干净和清爽。特别是在炎热的夏季，如果我们使用燃气热菜的话，会产生热量，会使厨房温度升高，即便是开着抽油烟机，加热后产生的油烟也会弄到我们身上，让人很不舒服。所以微波炉是我们夏季首选的加热食物的工具，可是微波炉在使用中也有禁忌，只有充分了解这些使用禁忌，正确地掌握了使用方法，才能避免危险事件的发生，微波炉的使用寿命也能得到延长。

一、微波炉的放置位置

微波炉应该放置在干燥通风的地方，同时和周围的物体保持15厘米以上的距离。不能放置在燃气炉灶上面，避免水蒸气和热气进入微波炉内。

二、微波炉不能空转

也就是说，微波炉里没有放置被加热的食物时，是不能运转的，因为这样会损坏磁控管，导致微波炉不能再次使用。

三、注意用微波炉加热食物可能导致的微波炉起火

如果微波炉加热食物时发生起火现象，不要惊慌，要立刻切断电源，将定时器调至零位，耐心等待内部火势熄灭。这时一定谨记：不要打开微波炉的门，门一旦被打开，四周的空气一起涌入微波炉里，氧气会加剧火势的蔓延，就很难控制了，严重的话可能造成火灾。

四、食物加热时间不能过长

各种食物加热时间不同，但是有一点是一致的，就是加热时间不能超时，否则食物会变硬，失去色香味，甚至产生毒素。不要吃加热超过两个小时的食物，防止中毒。

五、经过微波炉快速解冻的肉类不要再次进行冷冻

肉类通过微波炉的快速解冻，它的表面已经被加热过了，细菌会在这个温度下进行繁殖，再冷冻的话也不能把细菌全部杀死，食用这样的肉类会对人体造成伤害。所以，微波炉加热解冻的肉类一定要加热至全熟，才可以再放入冰箱冷冻。

六、千万不要使用普通塑料容器和金属器皿加热食物

普通塑料在高温下会放出有毒物质，污染食物，危害我们的健康；铁、铝和不锈钢等金属容器在加热时，会与微波炉产生火花并反射微波，这样既

损坏了微波炉，又不能加热食物。

七、不要长时间在微波炉前工作

微波炉开始工作后，人应该距离微波炉至少1米远。

11. 有了吸尘器，还需要扫帚吗

张姐和李姐分别是同一栋楼里两个家庭的保姆，临近春节，她们都想对雇主家进行一次卫生大扫除，好早点回家过年。两天后，张姐看见李姐走路时一只手扶着腰，关心地问："李姐，您怎么了？是不是生病了？"

"我打扫窗户的灰尘时，一不小心把腰闪了。"李姐苦笑着说。

"不会吧？窗户缝里的灰尘只要用吸尘器，很轻松就打扫干净了，怎么会闪了腰？"张姐半信半疑地说。

"可以用吸尘器？我就知道用扫帚。"李姐眨眨眼问道。

扫帚，对于我们来说一点都不陌生，打扫卫生时第一时间想到的工具就是它。随着我国国民经济的持续发展，人民生活水平不断提高，居住条件不断得到改善，消费观念也因此发生着变化。吸尘器的需求量越来越大，有取代扫帚的可能性。

一、吸尘器的原理和优点

（1）吸尘器的原理

吸尘器主要有起尘、吸尘、滤尘三个部分组成，当我们插上电源后，抽风机开始运转，同时产生强大的压力和吸力，灰尘和垃圾随着空气被吸入到吸尘器内部，垃圾和空气在吸尘器的内部被过滤，空气被排出，垃圾留下来。

（2）吸尘器的优点

吸尘器不仅可以用来吸除地面的灰尘、纸屑、头发等，还有好多扫帚没有的功能呢！

吸尘器和扫帚相比较，有很多优点：吸尘器通过电力作用从而节省人力；吸尘器可以清洁如沙发座位、汽车座椅以及其他犄角旮旯等扫帚不能清理的地方；吸尘器在进行打扫时不会引起扬尘，能保持周围环境的干净，扫帚就避免不了扬尘，使人容易吸入细微的灰尘。

了解了吸尘器的工作原理和优点，我们就可以理解张姐用吸尘器打扫窗户是很有道理的。窗户是我们隔离外部环境和室内的一道屏障，大气中的灰尘很容易藏到窗户缝里。我们用扫帚只能扫去大部分灰尘，还需要用抹布进行清洗，可是有些部位小得连手指都伸不进去，那该怎么办呢？这时吸尘器就可以大显身手了，任何细小的垃圾和灰尘都可以被它清除掉，极大地减轻了工作强度和时间，也可以避免扭伤了。

二、吸尘器在生活中的一些妙用之处

（1）吸尘器能抽空空气，形成真空环境

当我们用真空收纳袋收纳换季的衣物以及棉被时，吸尘器可以发挥独特的作用。小件的衣物可以用手动抽气泵抽出空气，但对于较大的棉被和大衣类这种办法就显得很吃力。此时，我们可以拿来吸尘器，打开电源，用抽风管管口对准收纳袋的抽风口，按下开始键，短短几分钟，收纳衣物和棉被的袋子就会被抽得平整而紧实。

（2）吸尘器能帮我们找到丢失的小东西

比如戒指、耳钉等小饰品，虽然我们知道它被丢失在家里的某个角落里，但想要找到可不容易。我们只要在吸尘器抽风管管口上套一层丝袜，拿

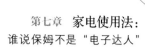

着抽风管对着可能的地方进行排查，相信很快就会有惊喜。

使用吸尘器不但能节省时间和体力，让工作愉快、效率高，还能利用它的妙处帮助雇主解决生活中的小麻烦，让雇主更满意，说不定你会获得奖励哦！

12. 电视机罢工了怎么办

电视机是每个家庭必备的家用电器，它让我们了解了世界，丰富了我们的生活，开阔了我们的视野。现在的电视机品种可多了，有液晶电视、等离子电视、数码光显背投电视等。

周奶奶平时可喜欢看电视了。可是今天不知怎么的，打开电源，按下遥控器，电视机就是不听她使唤，没有图像和声音。"小李快来看看，我的戏曲节目怎么没有了？"周奶奶可急坏了。小李是她家新请来的保姆，拿着遥控器来回捣鼓，电视还是没有图像。

小李焦急地拨打了电视售后服务的电话。维修工人来到她家，围着电视机转了一圈，便发现了原因所在：电视机屏幕亮着，没有故障发生，那可能是输入问题，果然是网线的插头松掉了。

现在我们已经进入到科技高速发展的时代，家家使用的多是智能电视。周奶奶家的电视机是以网线为传输渠道，网线松脱了，电视机当然就没有图像了。如果我们对它没有充分的了解，不会使用，它可能就会"罢工"。电视机在我们使用的过程中会出现一些故障，常见的故障有哪些呢？这些故障又如何及时修理呢？这都是我们需要去弄清楚的事情。

一、电视机整机没有电

这主要是由电视机的机内电源和机外电源两种情况造成的。一些机内的小元件比较容易损坏，比如保险管、电源开关，以及驱动板的故障等。

解决办法：如果是电源部分的原因，更换了零部件就能够解决问题；如果是驱动板的故障，就要稍微复杂一点，要检查电源的相关电压是否正常，若驱动板故障会导致两组电源没有输出电压。这时如果自己不能修理，最好找专业的维修人员来帮忙。

二、电视机磁化

电视机如果受过剧烈振动，内部的消磁电阻被损坏，以及受旁边带磁物体的磁化影响就很容易出现磁化现象。

解决办法：不能确定是元件的损伤还是人为因素时，要请专业的维修人员进行修理。如果除了有屏幕的光晕现象其他一切正常，那么用专业的消磁器就能解决。注意不要将带磁的物体放在电视机的旁边，这样会对电视有很大的影响。

三、有声音没有图像

若电视只有声音没有图像，首先怀疑是不是高频头有问题，还可能是因为没有调整好色彩制式，没有调节到亮度出来，可通过遥控器调整色彩制式检查。

解决办法：检查后发现是高频头的问题，要进行更换，然后调整电视机的色彩制式。

四、发出异常响声和气味

电视机在开机后或使用时，假如我们听到"啪啪"的响声，甚至闻到臭味，这时我们就应该予以重视了。

解决方法：要立即关闭电视机，随后请专业的维修人员来检查出现故障的原因。

13. 电视机也会"上火"

电视机在我们的日常生活中扮演了重要的角色，它给我们的生活增添了很多乐趣。电视机有时也会"上火"，那么，我们就需要了解它为什么会上火。只要明白了电视"上火"的原因，掌握了应对措施，一旦雇主家里发生此类事件，不但可以帮助雇主减少不必要的财产损失，还能预防人员受伤。那么，如果电视机"上火"了，我们应该做些什么来帮助灭火呢？

记得前不久，某电视台的新闻节目报道：江苏某小区一栋3楼发生火灾，浓烟滚滚，家里的家电、家具大部分被引燃，损失严重。经过消防人员的及时扑救后，火势终于被扑灭，分析着火的原因竟然是电视机引起的。这样的案例经常有发生，我们也常看到新闻媒体的相关报道。发生这种火灾的根本原因是大家缺乏电视机的安全使用知识，防火意识不够强。

一、电视机引发火灾的原因

（1）高压放电引发着火

电视机内部有一种电子元件——显像管，它工作时需要极高的电压，有的可以达到4万伏以上。我们知道人体能承受的安全电压是36伏，而4万伏，它们之间的倍数关系让人毛孔直立。由于高电压容易引发放电现象，并且放电时产生的电弧和电火花破坏性很大，能引燃电视机的塑料部件以及外部的可燃物品。

（2）电视机电子元件质量问题引发火灾

长时间使用电视机，其内部的电子元件绝缘性降低，易引发放电或短路，造成电击伤人。电子元件发生故障会损坏机器内零部件，致使电阻烧红，晶体管和电容被击穿，这些问题都会引发着火。

（3）电视机机内温度过高，工作时间过长容易引发火灾

电子管、晶体管、显像管、变压器等好多部件在工作中都能释放出大量的热，这些热能都积聚在机体内会引起温度升高；特别是在夏季，高温天气会加剧这种风险，引起火灾事故。

（4）电源变压器起火，引发火灾

电视机在室内温度很高的情况下播放时间过长，电视机产生的热量不容易排放出去；在使用完电视机后没有拔下电源插头，可能会导致变压器发热，时间越长温度越高，容易引发火灾。

（5）雷击天线导致火灾

有的家庭为了提高电视机的收视效果会采取在室外安装天线的措施，可是天线都设置在高处，一般都没有安装避雷设施等保护零件。在夏季的雷雨季节收看电视节目，可能会由于屋顶的天线遭受雷击，引发电视机起火爆炸。可能遇到的危险是非常可怕的：电视爆炸会引起巨大的声响和浓烟，飞溅的火花会引燃机体周围的易燃物质，使家里的老人和孩子受到惊吓是不可避免的事情。

二、如何应对"上火"的电视机

电视机的构造和工作原理不同于别的家用电器，所以一旦着火，它的扑救方法和其他电器也是不相同的。假如家里的电视机着火了，不要过于惊慌，要赶紧采取合适的方法抢救。

首先要切断电源连接，移除电视机周围容易燃烧的物品。如果电视机出现明火，迅速使用湿棉被或湿棉毯等将电视机紧紧包裹，这样做可以使燃烧

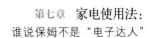

物和空气隔绝，防止显像管爆裂伤人。

一定要牢记，整个灭火过程中不能直接用水灭火，或者使用灭火器进行灭火，因为燃烧中的电视机内部的元件温度很高，使用极速降温的办法会使显像管发生爆裂，加重火势。此外，电视机内部还有剩余电压，泼水有可能引发触电事件。

14. 电视机最怕灰尘

对电视机进行保洁主要是清理灰尘。电视机使用一段时间后，机内会积一层灰尘，如果灰尘过多不及时清理，就会影响元件热量的散发，使元件与电路绝缘性变差，严重者会发生高压放电打火现象，导致电视机损坏。

一、电视机的清洁

清洁前请务必将电视关闭，拔下电源插头。

（1）清理电视机内的积尘

电视机内的积尘可用吸尘器，也可用打气筒吹气的方法去除。具体的步骤是：拆下电视机的盖板，拔下打气筒金属气嘴，将出气管对着电视机内有灰尘的部分，用力反复打气，直至将灰尘吹尽为止。注意在清理灰尘时别碰着电子元件。不易清理的地方可用毛刷轻轻地刷，切忌用湿布擦洗。

（2）清理电视机的外壳

准备柔软的棉布或眼镜布，可以蘸少许清水（酒精、洗涤剂等腐蚀性液体请不要使用，市面上的液晶屏专用清洁液请谨慎使用）擦拭，蘸水量不宜过多，避免水顺流下来。擦拭过程中不要在一个地方来回用力擦，这样容易造成屏幕压痕或损坏；可以采用从左到右、从上到下的方式擦拭，先用湿布擦，然后再用干布擦拭一遍即可。

二、电视机的保养

①不要在强光照射的地方摆放电视机。电视机要远离窗户，强光长时间直射屏幕，会导致荧光粉发生变化，缩短电视机的使用寿命。

②为了避免部件短路和受潮，家中有空调的用户，不要把电视机放在空调正下方或直吹的地方。不要将水、油等液体接近电视机，以免这些液体流进电视机内。梅雨季节要经常使用电视机，利用机器工作时产生的热量来驱散潮气。

③液晶电视对使用环境温度有要求，超过40℃范围不适合使用，容易缩短液晶电视的使用寿命，并且增加故障发生概率。天气炎热的时候，不要阻挡电视的散热孔。

④不要频繁开关电视机，也不要让电视机连续长时间工作，最长观看时间不要超过8小时。

⑤液晶电视和等离子电视不要静止在一个画面下或处于4：3模式下超过2小时，一旦时间过长或次数过多，就会造成图像残影和屏幕灼伤。

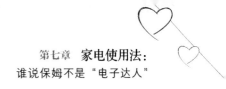

15.电熨斗VS挂烫机

电熨斗是一种利用电热熨烫衣物的家用电器，主要用来平整衣服和布料。它已经发展成了现代家庭不可缺少的电器，种类多样。

挂烫机，是在电熨斗之后进入我们生活的，可以说是电熨斗不断发展的时代产物，发明之时主要用于高档裁缝店，以及贵族家庭，现在已经是普通家用电器了，主要用于居家中的衣物、布艺沙发、窗帘和床上用品的挂烫。

那么，电熨斗和挂烫机比较起来，哪个更好用呢？不同的人会有不同的看法，我们要分情况对待。

保姆张姐说："电熨斗好用，我都用了十多年了。"然而李姐却说："挂烫机好用，我几乎每天都用。"她们两位都是有丰富经验的保姆界"老人"了，下面我们就来听听她们对电熨斗和挂烫机的介绍和使用窍门。

一、电熨斗的特点和使用方法

电熨斗体积很小，存取很方便，价格也较便宜，主要有老式电熨斗和蒸汽电熨斗之分。

使用老式电熨斗时，需要在衣物的表面垫一块湿棉布。这样是为了使棉布里的水分在电熨斗的高温下得到蒸发，穿透衣物的纤维，使纤维膨胀。我们在湿棉布上来回拖动电熨斗，利用熨斗本身的温度以及重量让衣物上的褶皱消失，使衣物变得平整。

　　蒸汽熨斗就不需要使用湿棉布了。它根据衣物的面料材质不同，设置了不同的温度调节档，加设了专门的储水器。水在熨斗内部经过高温被加热成蒸汽，在熨烫衣物时可以自动喷出，使得熨烫更加方便。

　　在熨烫衣物时，由于温度过高、使用时间过长或是操作不当，通常会导致光洁的底板沾上污垢，影响熨烫衣物的效果。这时我们可以在污垢处涂上少量牙膏，然后用干净的棉布擦除；或者将电熨斗通电加热至100℃左右，断开电源，拿一块浸有食用醋的棉布反复擦拭污垢处，再用清水清洁即可；对有严重污垢的底板，可以直接用布蘸抛光膏抛光，进行清洁抛光。

　　二、挂烫机的特点和使用方法

　　挂烫机也叫挂式熨斗、立式熨斗，就是能挂着熨衣服和布料的机器，它可以分为：手持式挂烫机、压力型挂烫机和普通蒸汽挂烫机。挂烫机操作起来比较简单，就是价格比电熨斗要贵一些。

　　用挂烫机熨烫衣物时，只需要将电源开关打开，根据衣物材料的不同调好温度，再用手拿着蒸汽刷来回在衣物前做上下运动，就能完成衣物的熨烫了。挂烫机使用后需要对水箱和外部进行清洗，不使用时用防尘罩将其保护好，以便下次使用。

　　三、电熨斗和挂烫机的比较

　　①挂烫机的蒸汽刷不必直接接触被熨烫的衣物，衣物在自然悬挂的情况下就可以完成熨烫，所以不会发生烫伤衣物的事件；而电熨斗的烫板底部不但直接和衣物接触，还得借助熨斗的重量才能完成熨烫，容易使被熨烫的衣物发硬，如果稍不留神，还有烫伤衣物的可能。

　　②挂烫机比电熨斗加热快。挂烫机插上电源加热，蒸汽在1分钟左右产生，我们就可以开始熨烫了；而电熨斗使用时时间较长。使用电熨斗时，加热到一定温度后需停止加热，开始熨烫，熨烫过程中温度会降低，影响效果，这时我们需要再次对电熨斗加热，才能继续熨烫衣物。

③挂烫机的温控调节档比电熨斗多，可以针对不同材质面料的衣物进行选择，同时高温蒸汽还能达到除尘、消毒、杀菌的功效。

④挂烫机的优点对技巧要求不高，水箱容量大。但缺点是市场上普通的挂烫机大都有支架不稳固的问题。对于衬衫这类对平整度要求高的衣服，使用挂烫机难以熨烫有型，尤其是一些不好操作的部位，如领角，即使配合附带的工具，也难以做好。

16. 舒适沐浴的优选——燃气热水器

燃气热水器又称燃气热水炉，现在它已经涌向了千家万户，成为家庭生活必需品之一，承担着家庭生活热水的供应工作。燃气热水器是一种将燃气作为燃料，通过燃烧加热冷水，以满足人们使用的一种燃气用具。

一、燃气热水器的种类

（1）按照燃气的类型可分为：煤气、天然气、液化气

因为各种燃气的成分、压力、性能都不一样，每一台热水器都有其使用的规定，所以燃气热水器只能配置一种燃气。家庭使用最为普遍的就是天然气。天然气通过管道输送到我们每个家庭的，具有清洁安全的特性。

（2）按照烟道的类型可分为：烟道式、强制排气式、冷凝式

烟道式热水器只能安装在通风条件好的厨房，通过外接烟道向室外排放废气，其安装方便，但是抗风能力较差，不适合安装在过高的建筑上。强制排气式热水器抗风能力强，排烟彻底，安全性较高，适合安装于各种建筑。

二、燃气热水器的优缺点

燃气热水器的优点就是随时开随时用，占地面积较小，能节省很多空间。

燃气热水器的缺点也是很明显的。相比较电热水器和太阳能热水器来说，其安全系数不够高，尤其是在密闭的空间里发生燃气泄漏的话，后果将非常严重。另外，燃气热水器不适合装在厨房和离浴室较远的地方，因为热水管道太长，中间就会白白消耗大量的热能资源。

三、燃气热水器的安全机制

我们使用热水器的同时，需要对它的安全系统进行了解。

燃气热水器在使用过程中可能会出现缺电、缺水、缺燃气等意外故障，此时脉冲点火器会得到信号，自动断电，切断燃气通路，使燃气热水器处在关闭状态，从而起到自身保护作用。一台合格的燃气热水器，从点火到正常工作状态的全过程都是全自动控制，不需人为调整，只需要打开冷水开关，接上电源，热水器就会在短时间内产出热水，其工作性能安全可靠。

四、安全使用燃气热水器的注意事项

①使用燃气热水器前我们要仔细阅读说明书，特别注意燃气管道应采用金属管，不能使用橡胶管，避免橡胶老化后发生燃气外泄。

②安装燃气热水器时，要和四周要保持一定的安全距离，不能安装在密闭的空间里；周围不能有易燃物品，进气口和排气口要保持通畅，没有异物堵塞。当燃气热水器出现异响等故障时，应该立刻停止使用。严禁私自拆卸热水器，有问题要找专业维修人员。

③使用燃气热水器时要有良好的通风条件，一般不要连续长时间使用燃气热水器，如果家里有多人需要洗浴，那么中间应有一定的间隔时间。

④每隔半年或一年应该对热交换器和主燃烧器检查清洗一次，预防发生

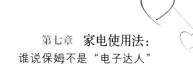

堵塞，否则会引起燃气燃烧不完全，产生有害气体，引发中毒事件。

五、燃气热水器的清洁保养

燃气热水器的使用安全问题是最值得大家关注的，燃气热水器的清洗保养也是我们需要注意的。那么，对燃气热水器进行清洗保养时，应该注意哪些方面呢？

①燃气热水器的清洗保养必须按照说明书的指示进行。

②当燃气热水器出现漏气、漏水以及停水后火焰不灭的情况时，应该停止使用，及时通知燃气管理部门或生产厂家修理。

③定期请专业人员或生产厂家对燃气热水器进行清洗保养，并及时检修，保证燃气热水器能够正常工作。

④牢记不要使用过期的热水器清洗保养剂。

17.其他常用家电的清洁保养方法

家用电器的使用寿命长短除了取决于本身的质量，还跟我们平时的保养和维护有很大关系。家里常用的饮水机、空调、电视机，厨房的冰箱、抽油烟机等，都需要我们平时注意维护和保养。我在这里给大家介绍一下电视机、饮水机和抽油烟机的清洁、保养方法，只有用正确的方法对这些家电进行清洁保养，才能使它们更长久地为我们提供服务。

一、饮水机的清洁

一般家庭用饮水机使用三到六个月后，就应该进行一次清洗消毒。公共场所的饮水机由于使用频率高，消毒周期应该更短一些。饮水机如果长时间不进行清洗消毒的话，即使换上的是新的桶装水，水质也会被污染，不能饮用。桶装水（特别是矿泉水）中含有对人体有益的矿物成分，但是经过长时间的加热升温后，容易形成水垢，附着在饮水机内胆里，形成一层层的黄色物质。我们大家通常喝完一桶水之后，认为更换新的桶装水就可以了，却忽视了在换水过程中，饮水机内胆还遗留了近1000毫升的水。一桶水喝的时间越长，细菌繁殖的量就越大，这会造成桶装水的"二次污染"。

清洗饮水机的时候，首先要把电源线拔下来，然后取下水桶，将饮水机里剩余的水排放出来。饮水机的背面有一个排水口，你只需要将排水口打开，水就会自己排放干净。然后，用酒精擦拭饮水机的盖子以及内胆，进行初步消毒，并按照比例将专用清洗液进行稀释，倒入饮水机浸泡20分钟。待浸泡结束后，将饮水机的两个水龙头和后面的排水口打开排放清洗液。清洗液排放完毕后，注入大量的清水进行多次清洗，达到消毒清洁的作用。

二、抽油烟机的清洁和保养

平日里炒完菜后，等抽油烟机运转30秒至1分钟后，趁油烟机上留有余热，拿湿抹布对表面进行擦拭，便可以很轻松地去除沾在抽油烟机上的油渍。如果油渍比较严重的情况下，可以使用清洁剂擦洗，这种日常的清洁可以让年底的大扫除工作变得轻松。

按照厨房使用的频率来决定油烟机清洗的期限。现在超市有很多专用的清洁喷剂，只需要将喷剂喷洒在油烟机有油渍的区域，待喷剂产生很多白色的泡沫，我们再用干的抹布进行擦拭，油污便会随着泡沫一起被擦掉。这种专用的清洁喷剂，使用比较方便，清洁比较彻底，但是它毕竟是一种化工用品，对人体的皮肤和呼吸道有一定的刺激。所以我们在使用时要做好一定的预防工作，以免对身体造成伤害。

三、洗衣机的清洁和保养

洗衣机的保洁方法很简单，每次使用完毕，用干净的抹布将其表面擦拭干净，特别是潮湿的部位应当擦净。同时，还应将过滤器小心地拔下，清除积塞的杂物，并确保排水顺畅。

如果洗衣机放在厨房或卫生间，应经常敞开门窗，保持空气畅通，使洗衣机内部保持干燥，以免电动机受潮损毁。

四、空调的清洁

对空调的保洁主要是清理过滤器上的灰尘。空调使用一段时间后，过滤器上就会沾满灰尘，使气流减弱，降低制冷、制热效果，因此应经常清理。清理时，先将空调底部的盖板取下，取出过滤器，用水冲洗，冲洗不掉的地方可用软毛刷子轻轻刷一刷，再用清水冲净，晾干后再安装上；也可以用真空吸尘器将取下的过滤器上的灰尘吸去。

五、吸尘器的清洁

①吸尘器使用过程中集尘袋装满灰尘会影响吸尘器吸力及电机散热，应及时关机清理。

②吸尘器的吸入口被堵塞会使吸力下降，清理掉堵塞物问题即可解决。

③使用后清除刷上的毛发等杂物。

④用清水将清灰后的集尘袋（网）洗净，晾干以备再用。

⑤用抹布将吸尘器及其附件擦干净，晾干。

第八章

孕产妇护理：

从 怀 孕 到 分 娩 的 全 程 呵 护

　　有一种专业的保姆，叫月嫂，是照顾孕产妇的行家里手，很多孕产妇搞不定的事情，富有经验的月嫂一个人就可以完成，把孕产妇照顾得妥妥当当的。而且，月嫂也是保姆行业中收入较高的，但想要有高收入，你必须有真本事才行。这一章将介绍一下肩负月嫂重任的保姆应该掌握和注意的事项。

1. 神奇的"孕之旅"从此开始

每个生命都是一个伟大的奇迹，妈妈十月怀胎是一个神奇的历程。从怀孕开始，孕妈妈日常生活的方方面面都会影响到腹中的宝宝，所以，孕妈妈应该注意生活中的点点滴滴，以自己最佳的状态迎接新生命的到来。在整个怀孕期内，孕妈妈的身心会发生很大变化，有生理方面的，也有心理方面的。不管愿不愿意，孕妈妈们都要正视这些变化，该做的事要做，不该做的事一定不要做。怀孕的过程是一个动态的过程，需要母体和胎儿两方面协调，无论是哪方面出现异常，都可能影响妊娠的正常进行。

怀孕初期极为重要，孕妈妈需要注意的事项很多，作为家庭保姆，我们有义务知道一些怀孕初期的注意事项，这是我们工作的一部分。千万不要因为自己粗心和大意，造成日后严重的后果，到那时就是再后悔也没有用。

一、协助孕妇正确验孕

验孕笔是经常被使用的一种验孕方法，但是它的准确率并不能达到百分之百，一些偶然的因素有可能会造成结果不准确。使用验孕笔时，需要根据使用说明进行，避免出现已经怀孕但验孕笔却显示没有怀孕的情况。如果怀疑验孕笔失效，保姆可以陪着雇主到医院妇产科做正规的检查，比如抽血或B超检查，防止雇主因为自己不知道怀孕，而服用一些抗生素药物或做放射性检查，这样可能会对胎儿的发育造成影响，给自己留下遗憾。

二、提醒孕妇慎用药物

怀孕期间，孕妈妈一定要谨慎使用药物，保姆也要对此多加提醒。怀孕初期，正是胎儿脑部、神经管、器官发育的时期，药物对胎儿的影响很大。如果不小心生病了，需要服用药物，必须在咨询过医生的前提下，才能服用。一般妇产科的用药是可以信任的，如果陪同孕妇去其他科室检查，保姆需要告知医生雇主已经怀孕的事实。

三、保护孕妇远离射线

孕妈妈怀孕时应该避免做放射性检查，例如X射线对胎儿发育有不良的影响，容易造成胚胎不完整、胎儿畸形、脑部发育不良等。因此，保姆要尽一切可能来保护孕妇远离这些不必要的射线照射。

虽然X射线比较容易对怀孕初期的胎儿造成重大的伤害，但是越接近预产期，影响越小。如果因为不知道已经怀孕而接触了X射线，也不是一定要做流产手术，需要待日后的产检来观察。

四、告诉孕妇：要多休息，改掉坏习惯

作为孕妇，还有许多生活上需要注意的事情，衣食住行都需要重点保护。保姆应该监督好孕妇的日常作息，对于其不好的习惯要协助改正。比如，告诉孕妈妈适当运动的同时更要注意多休息，保持心情愉快；避免滑倒，避免做不适当的动作如提拉过重物体给腹部增加压力；不可以长时间保持同一个姿势，比如久站和久坐，以免血流不顺畅；避免长时间外出的劳累；远离烟酒，注意二手烟的危害，等等。

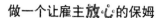

2. 各个孕周阶段的护理重点

学会"计算孕周"对孕妈妈和保姆来说很有必要，准妈妈们可以通过孕周判断腹中胎儿的生长是否正常、观察身体变化、衡量自己的孕期状态。同时，保姆也能为孕妈妈合理安排食谱。另外，准妈妈们只有了解"计算孕周"的方法，才能安排准确的产前检查时间，更好地保证胎儿发育健康。

作为一个优秀的保姆，应该教会孕妈妈如何"计算孕周"，那么怎样计算孕周呢？实际上，从卵子和精子结合开始到宝宝出生，一般是280天左右。但受精是发生在什么时候，大多数准妈妈都说不清楚。所以，"计算孕周"按一般的惯例，从末次月经的第1天算起，整个孕程按40周（280天）来计算，以每4周计为1个月，即10个月。比如，某位孕妈妈的最后一次月经开始是2015年的1月28日，那么56天后的3月25日，就是她的第8个孕周最后一天了。

医学上，一般把孕周分为3个阶段，即孕早期、孕中期和孕晚期。这3个时期有各自的时间段和注意事项，这也需要"金牌保姆"掌握一定的知识：

一、孕早期的护理重点

孕早期为从受孕到孕12周，即怀孕最初的3个月。

（1）慎重用药

在孕早期，孕妈妈对外界影响最为敏感，而且受精卵胚胎层在这个时期分化发育形成各个器官，所以，一定要提醒孕妈妈注意保健，不然有发生流产或新生儿畸形的危险。对胎儿生长发育影响最为明显就是药物，即使确实是病情需要，也千万不要滥用，一定要在医生的指导下合理使用。

（2）避免劳累和性生活

孕早期要避免性生活和繁重工作，因为此时胎盘尚未形成而容易流产。

（3）开始产检

孕早期之时，保姆应该提醒孕妈妈到产科登记，并进行全身检查以及妇科检查，医生还会询问孕妇的病史，以决定怀胎是否可以继续，如果发现疾病的话，也可以进行早期防治。

二、孕中期

孕中期为孕12周到孕28周，也就是说怀孕的第4个月到第7个月。

（1）提供足够的营养

这时候胎盘已经形成，胎儿进入了相对安全的阶段。孕妈妈的早孕反应也会随之消失，心情也比较愉快。很多孕妈妈在孕中期食量会明显加大，此时，作为保姆要给孕妈妈一些提醒，注意在加大食量的同时，要按照均衡膳食合理地补充营养。

（2）避免劳累、适当运动、合理性生活

孕中期还须避免劳累，以免孕妇体能消耗过度，胎儿缺乏营养、发育受阻；同时，适当运动有利于心肺功能的锻炼，对胎儿的发育也是很有帮助的；孕中期时，孕妇能够适当地进行性生活，但要做好保护措施，以免感染病菌，影响胎儿健康。

三、孕晚期

孕晚期为孕28周到孕40周（分娩）。

（1）胎动和胎心监护

妇产科专家表示：胎儿的个头在孕晚期已经长大了，子宫可以提供给胎儿活动的空间非常小，肢体只能弯曲。这个时期，孕妈妈应该注意的不是胎动的强弱，而是胎动的次数，胎动减弱是正常现象。孕妈妈应该放松心情，在安静的环境下感觉胎动，早、午、晚3次胎动平均数应该不少于5次，正常在5~10次之间。特别要注意的是，怀孕36周是孕晚期胎儿最容易出现问题的时候，如果条件允许，可以每周定期做一次胎心监护。

（2）分娩前的情绪护理

很多孕妈妈由于缺乏一定的医学知识，在进入孕晚期后，发现胎动强度会逐渐减弱，生怕孩子出现问题，这种想法无形中使孕妈妈产生焦虑心情。到了这个时候，保姆一定要帮助孕妈妈调整好情绪，因为焦虑的情绪不利于胎儿的正常发育。

3. 产前检查很重要：给孕妈妈最好的警示

有些孕妈妈不重视产前检查，觉得没必要那么麻烦，没有意识到产前检查的好处和重要性。有的孕妈妈甚至挨到足月时，才去医院检查。这样的做法是非常危险的，产前检查是保障母子健康、平安的最好办法。虽然怀孕不是病，但是整个孕期有10个月之久，很难保证孕妇和胎儿不会发生一些异常变化，如果不进行及时的检测，很有可能影响母子的身体健康和生命安全。

张女士的经历给产前检查意识淡薄的孕妈妈们一个警示。张女士怀孕期间认为自己很健康，胎儿也不会有什么问题，没有按时到医院检查。医生在一次检查时无奈地看着她："你怎么才过来？1个月前就该来做彩超检查。"医生反复叮嘱她："彩超检查非常重要，是为了筛查胎儿的四肢、内脏部位是否畸形。为了自己和胎儿的健康，下次一定要准时来做产检。"

如果遇见像张女士这样"糊涂"的孕妈妈，作为保姆的我们一定要给出警示，帮助她认识到产前检查的重要性。

一、定期产前检查的原因

①全面的健康检查非常重要，孕妈妈的身体有可能存在某些先天性缺陷，比如患有不宜继续妊娠的疾病，或者胎儿有明显遗传性疾病。如果有这种情况，应该尽早终止妊娠。

②定期进行产前检查，能及时发现胎儿发育和母体的异常变化，从而尽早治疗。

③定期进行产前检查，有助于医生针对性地对孕妈妈做出指导，包括生理卫生、生活及营养等方面，保护胎儿健康，帮助孕妈妈顺利度过孕期。

④定期进行产前检查，有助于医生制定分娩时的处理措施，说明产前、产后应该注意的事项，教会孕妈妈如何在分娩时与医务人员配合，保证分娩顺利。

二、产前检查的时间

孕妈妈应该保证整个妊娠期，都能按时进行详细而系统的产前检查。孕28周前每月一次，孕28~36周每2周一次，孕36周开始每周一次，如果出现阴道出血、腰酸、肚子痛等异常情况，就有必要增加检查次数。

三、产前检查的项目

（1）测身高、体重

首次产前检查会测量身高，并在每次产前检查测量体重。医生通过身高和体重的比例，来估算你的体重是否达标，以及盆骨大小。体重还可以间接检测胎儿的成长情况。

（2）量血压

血压是每次产前检查的必测项目之一。血压升高是妊娠高血压疾病的症状之一，一般20周以后会发生，所以定期查血压对孕妈妈和宝宝的健康非常重要。

（3）测宫高与腹围

产前检查每次都要测量宫高和腹围，我们可以根据宫高妊娠图曲线，来了解胎儿在体内的发育情况，也可以估计胎儿的体重，从而判断胎儿是否发育迟缓或过快。

（4）水肿检查

准妈妈怀孕五六个月以后，由于宫体对下肢血管的压迫，使下肢血液回流不畅造成脉压增高，下肢容易出现水肿，但休息后一般会消退。医生通常会通过按压准妈妈的足部和腿部来完成水肿检查，判断是妊娠期的水肿，还是妊娠高血压疾病所引起的水肿。

（5）尿液检查

尿液检查是每次产科检查必测项目之一，对孕妈妈和医生来说都是很重要的，其中包括很多指标，尤其是蛋白的检测，可以提示有没有妊娠高血压等疾病的出现。注意采尿时，以中段尿液为最好。

（6）B超检查

B超检查并不是多多益善，一般做3次。第一次在孕16~20周，重点是排除畸形儿。第二次是在孕23周左右，将做9项结构畸形筛选，包括胎儿小脑、上唇、心脏四腔、胃泡、双肾、膀胱、骨骼（胫、腓、尺、桡骨）、脊柱、腹壁。第三次在孕36周后，检查是否出现脐带绕颈等异常情况，并确定胎位。

4.开始补充叶酸吧

叶酸是人体必需的一种水溶性B族维生素，它可以保证人体细胞的正常生长和繁殖。如果孕妈妈体内缺乏叶酸，会影响胎儿的发育，严重时很容易引发白细胞减少症，以及缺乏红细胞性贫血等疾病。对于孕早期的孕妈妈来说，为了预防胎儿神经管畸形，也应该补充叶酸。

小王在怀孕的时候，经常腹泻、胃口差、嗓子疼、头疼、心跳加快，开始的时候她认为是正常的妊娠反应，可是后来越来越严重，出现了体重减轻、身体虚弱，而且极易发怒等症状。于是，她到医院做了检查，医生告诉她是因为她体内缺乏叶酸造成的。

孕妈妈在整个怀孕期是需要被用心呵护的，我们保姆应该采用科学的方法，来帮助孕妈妈补充叶酸。在计划怀孕前3个月开始，每天就应该保证服用0.4毫克的叶酸。怀孕后，每天需要补充叶酸0.6~0.8毫克。

一、服用"叶酸增补剂"可以有效补充叶酸

"斯利安"是常用的小剂量叶酸增补剂，每片含有0.4毫克叶酸。孕前和怀孕的孕妈妈可适量服用"斯利安"，来补充体内的叶酸。值得注意的是，不能用治疗贫血的"叶酸片"来代替"叶酸增补剂"，孕妈妈服用"叶酸片"会造成胎儿发育迟缓，干扰体内的锌代谢。因为"叶酸片"的叶酸含量过高，每片高达5毫克。

二、食补是最自然、最科学的补充叶酸方法

孕妈妈补充叶酸，最好是通过食补的方式。富含叶酸的食物有很多，我们可以科学地为准妈妈安排食谱。那么，富含叶酸的食物有哪些呢？

蔬菜类：小白菜、扁豆、蘑菇、菠菜、西红柿、胡萝卜、青菜、龙须菜、油菜等。

水果类：杨梅、酸枣、山楂、石榴、香蕉、柠檬、桃子、李子、杏、葡萄、猕猴桃、梨、橘子、草莓、樱桃等。

肉食类：动物肝脏、肾脏等。

谷物类：大麦、小麦胚芽、糙米等。

豆类及坚果类：黄豆、核桃、腰果、栗子、杏仁、松子等。

值得注意的是，食物遇光、遇热都会造成叶酸流失，贮藏2~3天的新鲜蔬菜，其中的叶酸会流失掉50%~70%；不正确的烹饪方法，会使食物中的叶酸流失50%~95%，如煲汤等。为了保证孕妈妈能更好地吸收食物中的叶酸，我们保姆一定要根据食物的特点，用正确的烹饪方法准备三餐。

另外，如果孕妈妈在怀孕前长期服用避孕药、抗惊厥药等，最好在准备怀孕的前六个月就停止服用，否则会影响叶酸等维生素在体内的吸收和代谢。

5.避免流产，要加倍小心

流产是怀孕不足28周，胎儿体重不足1000克而终止妊娠，分为自然流产和人工流产。据统计，自然流产的发病率高达15%左右，而且绝大多数都是发生于怀孕12周前，属于早期流产。

自然流产绝大部分属于"无法防止的流产"，这种情况不论用什么方法都不能避免，原因在于胚胎不健全，这类流产属于自然选择的作用，不适应者会被淘汰掉。如果不正常的胎儿足月产下，一般是畸形，所以从某种角度说，自然流产也是一件好事。

但是，有些流产则是由于孕妈妈们自我保护意识不够造成的，这种情况往往让人痛心。王琪是一家外资跨国企业的高级白领，她年轻漂亮、做事干练，深得领导赏识，平时将全部身心都投入到自己的事业中。前不久，她怀孕了，老公和她都非常高兴，期盼着小生命的降临。只是她没有因为怀了宝宝而减轻工作，还是像以前那样拼命工作，经常加班到深夜。直到有一天，她流产了，此时她才明白什么是最重要的。

孕早期即孕期的前3个月，有些孕妈妈会出现阴道出血现象，不管是少量出血还是大量出血，是持续性出血还是不规律出血，都应该立即去医院就医。如果阴道出血还伴随着疼痛，那就有可能是流产的征兆，需要特别注意了。

那么，如何帮助孕妈妈预防流产呢？

一、造成流产的原因

我们要了解一些造成流产的原因，然后在平常的生活中注意提醒和避免。

①孕妈妈营养不良，是常见的流产原因。孕早期严重的妊娠恶心、呕吐，对胚胎发育影响很大，可能会导致极度缺乏营养，容易引起流产。

②脐带供氧不足、羊水疾病、胎盘病毒感染以及某些妇科炎症等，也有可能引起流产。

③女性怀孕后，要保持心情愉悦，因为愤怒、忧伤和暴躁等不稳定情绪会扰乱大脑皮层的正常活动，引起子宫收缩，使胚胎在子宫内死亡或被迫挤出胚胎。

④急性传染病，如流感、风疹等，以及细菌病毒释放的毒素会引起流产。

⑤黄体、脑垂体、甲状腺的功能失调等内分泌失调症状会阻碍胚胎在子宫中的发育，可能引起流产。

⑥不适当的性生活，容易引起流产。

二、预防流产的对应之策

①提醒孕妈妈不要过度劳累，保证充分的休息，尤其是不要做增加腹压的负重劳动，如提水、搬重物等。

②防止外伤。穿平底鞋是孕妈妈最好的选择，避免做登高等危险性比较高的动作；最好不要经常外出旅游；避免在振动的环境中工作。

③为孕妈妈安排营养均衡的食谱。尽量少食多餐，清淡饮食，远离辛辣的食品。多摄入富含维生素E的食物，如松子、核桃、花生、豆制品等，因为维生素E具有保胎的作用。同时注意避免肠胃不适，保持大便通畅。

④帮助孕妈妈保持心情愉快，情绪稳定很重要。高纤维的蔬菜、水果，如橘子、芹菜等，可以去火并补充维生素，有助于让孕妈妈保持心情愉快。鲜牛奶可以稳定情绪、促进睡眠，还可以帮助准妈妈预防骨质疏松。

⑤生殖道炎症是诱发流产的重要原因之一，孕妈妈要特别注意保持阴部清洁。每晚都应该坚持清洗外阴，因为怀孕期间阴道分泌物增多，必要时一天清洗两次。如果发现有阴道炎症，必须立即去医院就诊。

⑥性生活要恰当，整个怀孕期间都要保持谨慎的态度，尤其是孕早期性生活不当更容易引起流产。孕中期，也不可粗暴性交，而且要避免压迫孕妇腹部的性交体位，以免引起流产。

⑦严禁在未经医生许可的情况下乱服药物，远离烟酒。

6.缓解孕吐：让孕妈妈不再难受

科学的调查表明，半数以上的孕妈妈会出现早孕反应，孕6周开始出现，包括恶心、呕吐、头晕、疲倦等，这些症状使得孕妈妈们痛苦不堪。实际上，孕吐并不是一件坏事，这是生物界保护腹中胎儿的本能。女性怀孕以后，胎盘会分泌大量激素，增强孕妈妈孕期嗅觉和呕吐中枢的敏感性，将食物中的毒素拒之门外，最大限度地避免影响胎儿正常生长发育的外界因素。

作为一位合格的保姆，要知道通过正确的方法可以有效地缓解孕吐。雯雯怀孕的时候，反应特别大，根本吃不下东西，经常吐得昏天暗地，使她心理压力越来越大。后来在医生的指导下，用正确的方法调节，孕吐症状很快得到了缓解。

下面介绍一些帮助孕妈妈们缓解孕吐的方法，最好记得这些办法，说不定工作中会用到。

一、饮食疗法

孕早期的胎儿并不需要太多营养，孕妈妈要减少每次进食的量，养成少食多餐的习惯。平时多吃清淡、容易消化的食物，尽量选取自己想吃的东西，但要注意糖类和维生素的补充，比如酸奶、豆浆、胡萝卜汁、鲜果汁及西瓜等，都是不错的选择。起床前可以吃一些较干的食物，如饼干、烤馒头片、面包片等。孕吐较轻的准妈妈，可适当吃些少油清淡且富含蛋白质的食品，如鸡蛋、鱼、虾及豆类制品等。

二、运动疗法

孕妈妈适当做一些轻缓的运动，可以改善心情、强健身体、减轻早孕反应。如果孕妈妈每天的活动量太少，会加重早孕反应，导致恶心、食欲不佳、倦怠等症状越来越严重。千万不能因为吃不下饭、心情烦躁、体力不好而整日卧床，这样会形成恶性循环。我们保姆要经常督促孕妈妈多到室外活动，多参与散步、孕妇保健操等活动。

三、心理疗法

要经常和孕妈妈交流，使她对孕吐有科学的认识，排解她的心理压力，告诉她孕吐只要在正常范围内，就不要过于担心害怕，这些正常现象不会给胎儿造成不良的影响。孕妈妈的心理状态非常重要，心理压力过大会使妊娠反应更加严重。

7.洗澡也要开始重视细节

洗澡，是孕妈妈的一门必修课。由于孕妈妈内分泌功能的改变，机体自然防御机能会降低，所以，洗澡也要开始重视细节，不然有可能影响母体和胎儿的健康。保姆要教会孕妈妈科学的洗澡方法，我们需要注意以下几个细节：

一、洗澡水的温度要在38℃左右

孕妈妈洗澡时，水温保持在38℃左右，以热但不烫手为准，太热或太凉都有可能对孕妈妈造成损害。孕妈妈们的免疫力低，如果洗澡水太凉，很容易感冒。而洗澡水太热，更加危险，有可能损伤胎儿。临床研究发现，如果孕妈妈体温比正常上升1.5℃，可能导致胎儿脑细胞的数量增加或者发育停滞；如果上升3℃，就有可能对胎儿的脑细胞造成不可逆的、永久性的损害，甚至造成胎儿畸形或智力障碍。

二、准妈妈洗澡要采用淋浴方式，千万不要盆浴

淋浴是孕妈妈洗澡要选择的正确方式。因为怀孕改变了内分泌功能，阴道内具有灭菌作用的酸性分泌物减少，水中的细菌、病毒极易随之进入阴道、子宫。如果采用盆浴，会导致阴道炎、输卵管炎、尿路感染等，也容易引发畸胎或早产。即使在孕晚期，孕妈妈站立不方便时，也要坚持淋浴，可以在浴室放一个凳子，坐在凳子上洗。

三、谨慎选择沐浴产品，对保护胎儿很重要

孕妈妈们的免疫力低下、皮肤容易过敏，要谨慎选择沐浴产品，防止伤害腹内胎儿的健康。选择沐浴产品时，要选择温和、无刺激的纯植物产品。碱性强、气味太大的沐浴或护肤产品，都要避而远之。

四、洗澡有益健康，但时间不要过长

孕妈妈洗澡时间不应该过长，控制在20分钟左右。这是因为浴室内通风不良、空气混浊、湿度大，加上温度的升高，氧气含量会逐渐降低，可能会导致孕妈妈出现脑部供血不足，出现头晕、胸闷、四肢乏力等情况，严重的话甚至昏倒。如果洗澡时间过长，还会造成胎儿缺氧，严重者有可能影响胎儿神经系统的生长发育。

五、孕妈妈洗澡时，安全防护工作马虎不得

孕妈妈洗澡时，一定要提前做好安全防护工作。浴室里铺上防滑垫，安装扶手，防止摔跤，避免洗澡时用力不当对胎儿造成伤害。孕中后期，因为身体笨重、行动不便，洗澡时最好有家人的帮助。

8. 对易过敏的食物说 "Bye bye"

国内外医学界研究表明，孕妈妈在怀孕期如果食用易过敏的食物，会妨碍胎儿的生长发育，诱发胎儿多种疾病，或直接损害某些器官，甚至会造成流产、早产，导致胎儿畸形等情况出现。然而长期以来，这个问题都未能引起人们的重视。

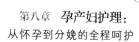

　　萍萍是一个标准的吃货，如果听说哪里有好吃的，一定会第一时间拉着老公去品尝。由于平时没有发现自己对什么食物过敏，怀孕后也没有在意，还是想吃什么就吃什么。可是，前段时间她身上平白无故起了好多疹子，到医院检查后，医生怀疑是吃了易过敏的食物所致。所以，一定要提醒孕妈妈注意避免食用易过敏的食物。

　　对人体有致敏作用的食物，在人们常食用食物中的比例高达50％，只是它们中有的是隐性、有的是显性而已。鱼、肉、蛋、奶、菜、果、面、油、酒、醋、酱等，都有可能引起过敏。而最常见的引起过敏的物质，其实主要是蛋白质。所以，牛奶、花生、豆类、坚果，以及虾、螃蟹等海产品都是容易引起过敏的危险食物。

　　那么，作为家庭保姆，平时安排孕妈妈的饮食时，要特别注意易引起过敏的食物，并要知道如何避免食用易过敏的食物。

　　①怀孕前食用就发生过过敏现象的食物，怀孕期间坚决不能食用。

　　②以前从未吃过，或了解不多的食物，怀孕期间禁止食用。

　　③在怀孕期间，如果食用了某些食物后，出现过敏症状，如全身瘙痒、荨麻疹、心悸、气喘，或腹痛、腹泻等，应该立即停止食用，并立即到医院就诊。

　　④在怀孕期间，不要食用海产鱼、虾、蟹、贝类等海鲜类食物，远离辛辣、刺激性食物，养成科学的饮食习惯。

　　⑤在怀孕期间，如果食用动物肉、肝、肾，以及蛋类、奶类、鱼类等异性蛋白类食物，应该烧熟煮透，否则容易过敏。

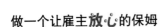

9. 胎教时光：咱可不能输在起跑线上

现代医学证实，孕26周左右的胎儿，条件反射已经基本形成，胎儿通过中枢神经系统与感觉器官，确实有接受母体教育的可能。通过科学的、合理的人为刺激和干预，可以促使胎儿的各个方面朝着更加完善的方向发育，激发胎儿内在的潜能，这样有利于宝宝出生后的早期教育。所以，一定要把握好这个最佳时期，在孕中期就开始对宝宝进行胎教，不能让他输在起跑线上。

美国有一对普通的夫妇，丈夫是机械工人，妻子只是平凡的家庭主妇，可是他们的四个女儿，智商全部大于160，这意味着遗传并不是决定人类智商的唯一因素。他们的胎教方法也成为热门话题，几乎震惊了整个美国。

那么，现在广泛采用的胎教有哪些呢？下面我们就来了解一下，看看哪些比较适合我们照顾的孕妈妈。

一、音乐胎教法

从孕16周起，孕妈妈们可以开始用音乐来刺激胎儿的听觉器官。

①选取的音乐节奏应该平缓、流畅，情调温柔、甜美，并且是不带歌词的胎教音乐。

②每天听1~2次，每次15~20分钟。一般在晚上临睡前听音乐比较合适，最好选择在胎儿觉醒，也就是胎动时进行。

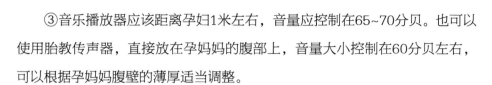

③音乐播放器应该距离孕妇1米左右，音量应控制在65~70分贝。也可以使用胎教传声器，直接放在孕妈妈的腹部上，音量大小控制在60分贝左右，可以根据孕妈妈腹壁的薄厚适当调整。

④在胎儿收听音乐的同时，孕妈妈也要调整心态，做到心旷神怡，才能获得更好的胎教效果。

二、对话胎教法

孕20周，说话声已经可以传递给胎儿，此时胎儿的听觉功能已经完全建立。

①父母要经常和胎儿说说话、聊聊天或是给他唱歌，内容要简单易懂，而且要多次重复，这样才会使胎儿的大脑皮层产生深刻记忆。

②需要注意的是，父母说话时声音不要太大，语气要温和，尽量用一些简单易懂的词，以免刺激到胎儿，产生不好的刺激。

③父母在这个时候可以给孩子起个乳名，从现在开始就经常呼唤。孩子出生后，如果听到有人呼唤他的乳名，会有非常熟悉的感觉，孩子会有一种安全感，也会减少烦躁、哭闹的现象。

④另外，父母都要参与胎教，相互间的合作有利于增加夫妻间的感情，而且可以把父母的爱不断传递给胎儿，这对胎儿的情感发育是非常重要的。

三、抚摸胎教法

抚摸胎教法要在孕20周后开始，此时胎儿触觉神经已经可以感受体外的刺激。有意识、有规律、有计划地抚摸，可以很好地刺激胎儿的触觉，促进运动神经的发育，有利于胎儿大脑细胞的发育。

①每天晚上睡觉前是抚摸胎教的最好时间，孕20周后的孕妈妈需要排空膀胱，平躺在床上，在腹部完全放松的情况下，用双手由上至下、从右向左轻轻地抚摩胎儿，每次持续5~10分钟。切记动作不要粗暴，手的活动要轻柔。

②孕24周以后，可以在医生的指导下，增加推动散步练习。孕妈妈平

躺在床上，保持放松的心态，轻轻地按压、拍打腹部，使胎儿在"子宫内散步"，做"宫内体操"，每天2~3次，每次5~10分钟。动作要轻柔自然，用力均匀适当，切忌粗暴。如果胎儿用力来回扭动身体，应该立即停止刺激，用手轻轻抚摸腹部，使胎儿慢慢平静下来。

四、光照胎教法

孕27周以后，胎儿的大脑能够感知外界的视觉刺激。用手电筒（弱光）作为光源，贴紧肚皮照射，反复关闭、开启手电筒数次，这种一灭一闪可以促使胎儿眼球转动，每次5分钟左右，时间不能过长，这样有利于促进视觉神经的发育。需要注意的是，不能用强光照射，手电筒的亮度也不能太亮。

10. "酸儿辣女"的说法可靠吗

"酸儿辣女"的说法在我国流传了很长时间。人们认为孕妈妈怀孕后的饮食习惯，可以反映宝宝的性别。普遍认为爱吃酸的孕妈妈，生男孩的可能性很大；而那些爱吃辣的孕妈妈，很可能生女孩。我国封建社会"重男轻女"的传统观念，更加促使人们特别关注宝宝的性别，于是，孕妈妈喜欢吃什么便成了很重要的事。

小黄怀孕四个月了，自从她怀孕后，婆婆就从老家过来专门照顾她，开始她觉得自己很幸福，婆婆把各个方面都照顾得无微不至。可是最近有一件事让她很心烦，她现在做梦都想吃辣的东西，看见卖麻辣烫的就特别想吃，可是婆婆不让她吃，说："你不懂，酸儿辣女。"婆婆每天给她做的都是糖

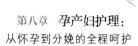

醋排骨、锅包肉之类的菜，而且醋放得特别多，一闻都呛鼻子，还在旁边看着她，不吃完不行。

其实，人们都误解了"酸儿辣女"的意思。酸儿辣女是使用了互文的修辞手法，意思是女性怀孕后喜欢吃酸辣等口味的食物。孕妈妈出现食欲下降、对气味敏感、嗜酸或嗜辣，甚至想吃些平时并不喜吃的食物，均属于正常的妊娠生理反应。这是什么原因呢？原来是女性怀孕后，内分泌活动受到了影响，比如说，胎盘分泌的绒毛促性腺激素会抑制胃酸的分泌，胃酸分泌量减少的话，就会使孕妈妈没有饥饿感，不想吃东西，影响食欲与消化功能。所以说，"酸儿辣女"的说法不准确，不管喜欢吃酸，还是喜欢吃辣，与胎儿的性别没有太大关系。

此外，孕妇口味还与不同地域、不同家庭的饮食习惯有关，例如南甜北咸、西酸川辣。调查发现，全国各地新生儿的性别比例并没有显著的差异。胎儿的性别是由性染色体决定的，这种以孕妈妈的口味来判断胎儿性别的说法，显然是毫无科学根据的。

作为"金牌保姆"要帮助孕妈妈调整好心态，使其明白"酸儿辣女"是不科学的，而且现在的社会生男生女都是一样的，要顺其自然，不可强求。

11. 着装可以时尚，但不能失去舒适

爱美是女人的天性，孕妈妈可以选择时尚的着装，但是一定要以宽松舒适、美观大方为原则，不能因为爱美而牺牲舒适性。网友苏珊怀孕四个

多月，还是一直喜欢穿牛仔裤和紧身衣，觉得自己隆起的肚子并不大，没觉得有什么不妥。可是最近几天感觉外阴部位总是有点痛和痒，于是来医院咨询医生。医生告诉她虽然怀孕四个月前，孕妈妈的肚子不太明显，但是最好不要穿牛仔裤等紧身的衣服，这容易增加外阴部和裤子的摩擦，从而引发炎症。

一、孕妈妈的衣服质地应以纯棉为主

孕妈妈由于怀宝宝了，体温会高于正常人，容易出汗，所以在选择衣服应该以纯棉面料为主，其次是亚麻面料的。纯棉面料坚硬、透气、吸汗、耐洗，穿着舒适。在炎热的夏天，泡泡纱面料的衣服是爱美的孕妈妈不错的选择，这种面料能遮盖孕期臃肿的身材，透气性也很好。最好不要购买化纤布料做的孕妇装，化纤布料透气性和吸湿性都很差，容易引起肌肉发炎，而且还容易起静电，对于胎儿非常不利。

二、孕妈妈穿衣服一定要宽松

孕妈妈一定要穿宽松的衣服，最好选择上下一样宽的H型或上窄下宽的"A"字形衣服或裙子。宽松的胸腹部、袖口，不会压迫、挤压肚子和胸部，不仅孕妈妈穿着舒适，还有利于胎儿的发育。孕妈妈最好选择上衣和裤子分开的衣服，并且是前襟或者肩部开扣的，这样便于穿脱。背带式的孕妇装能减轻腹部所承受的压力，穿着也很方便，是很多孕妈妈的最佳选择。

内衣、内裤也是要遵守宽松的原则。孕妈妈的乳房日渐增大，要及时弃用过小的乳罩，更换适合的尺寸。在孕后期，为穿脱方便，孕妈妈最好选择前开扣式的乳罩。内裤更是要肥大宽松，最好选择能把肚子及臀部完全遮住的款式。

三、孕妈妈着装色彩要柔和

柔和的色彩能让人觉得温馨舒适，有助于孕妈妈保持愉快的心情，有利于胎儿的发育。米白色、浅灰色、粉红、苹果绿都是不错的选择，可以起到

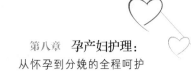

调节孕妇心情的作用。

四、鞋袜的选择也有学问

孕妈妈们不适宜穿高跟鞋和长筒靴，最好穿软底、后跟高约2厘米的鞋，否则会加重腰酸、腹坠感，还容易增加摔倒的风险。另外，孕妈妈这时弯腰比较困难，最好不要穿系鞋带的鞋子。袜子也要穿宽松的，不能太紧，这样有利于下肢的血液循环。

12. 拒绝重口味：来点清淡的饮食

很多女性在怀孕后，总是觉得嘴里没味道，想吃一些有味的食物，于是口味变得越来越重。我们要知道，怀孕期间的准妈妈，不管是什么食物都不能食用过量，特别是重口味的佐料，过量食用会给孕妈妈的身体造成很大危害。

小莉已经怀孕5个多月了，脚踝处和小腿一按就会出现凹陷的小坑，皮肤紧绷得发亮，尤其是长时间站立或走路多了，就会更严重。医生在了解她的饮食习惯后，告诉小莉由于她喜欢吃过咸的食物，引起组织内钠盐过多，从而引起水肿。

孕妈妈口味重会对自身和胎儿造成危害，那么，酸甜苦辣咸过量会有什么坏处呢？我们来看一下。

一、酸：有损肠胃

吃酸味食物能健脾开胃，可以促进食欲，调味品醋以及橙子、柠檬等水果是酸味的主要来源。但食用酸性食物过量会造成消化功能紊乱，引起肠胃不适。

二、甜：容易发胖

甜味食物对于补充能量，解除身体疲劳有好处，也可以调和脾胃。但过量食用容易造成血糖升高，甚至导致孕妇身体过胖。

三、苦：容易损脾

适量食用苦味食物可以清心安眠、泻火通便、清热解毒。但是也不能过量，不然会引起呕吐、腹泻等症状，也会使脾胃受到伤害。

四、辣：容易上火

对于肌肉紧张引起的头痛、肌肉关节痛等症状，辣椒等食物会有一些缓解作用。但是过多食用刺激性强的辛辣味，容易上火，口舌生疮，特别有可能对宝宝造成巨大的伤害。

五、咸：容易损肾

每天摄入适量的盐，可以保持正常代谢，调节人体细胞和血液渗透压平衡。但是过量食用咸味食物，会对肾脏造成损害，很多孕妇出现孕期水肿、高血压等症状，都是这个原因引起的。

因此，为孕妈妈准备清淡的饮食，才是对身体健康最有益的。另外，注意为孕妈妈准备的食物不可以太热，更不要太冷，过热过冷的食物同样会损伤脾胃，而且要提醒孕妈妈不能吃得过饱。孕妇进食花椒，容易伤胎，因为花椒属性太热。生冷食物更是万万碰不得的，容易造成经脉不通，严重的话可能导致难产。

13.带"宅妈"出去运动运动

怀孕期间的准妈妈们一定要经常参加适量的运动，不但能增强自身的体质，也能增加胎儿的氧气供给，有益于胎儿的发育，给孩子带来安全感。

25岁的小丽，身高155厘米，怀孕前体重只有45千克，怀孕后心态保持得很好，没有孕吐反应，胃口特别好，但是她特别不爱运动。结果到怀孕八个月的时候，体重达到了79千克，产检时发现胎儿发育偏大，顺产的可能性很小。所以，带上"宅妈"出去多做运动吧！

一、适合孕妈妈的运动

千万要记得，孕妈妈的运动不能剧烈，运动时间也不要过长，以下几种运动比较适合孕妈妈们：

（1）经常散步

散步是孕妈妈增强心血管功能的最佳运动方式，应该每天坚持，早晚各一次，每次20~30分钟。散步时要放松心情，选择在安静的环境中走动，时间不宜过长，可以边散步边抚摸胎儿，并且和胎儿说说话。

（2）孕妈妈体操

孕妈妈体操是从怀孕3个月后开始的，坚持做体操能使腰部骨盆的肌肉得到松弛，使准妈妈将来面对分娩阵痛时，能够镇定自若地应对，使胎儿平安降生。做操时可以放一些优美的音乐，动作要温柔，运动量以不感到疲劳为宜，并且坚持每天练习。

（3）孕妈妈瑜伽

孕妈妈练习瑜伽可以加速血液循环，提高肌肉组织的柔韧度和灵活度，增强体力和肌肉张力，增强身体的平衡感，使怀孕和分娩更为安全顺利，有助于孕妈妈在产前保持平和的心态。练习瑜伽的时候，可以针对腹部进行练习，这样有助于孕妈妈产后快速恢复身材。

（4）游泳

游泳可以锻炼大肌肉群，增强心肺功能，减轻关节的负荷，消除水肿，缓解静脉曲张，是医疗保健人员和健身专家公认有用，也是孕期最好、最安全的锻炼方式。在国外，游泳是孕妈妈中非常流行的一项运动，可持续到孕晚期。

二、孕妈妈运动时的几大禁忌

①孕妈妈体温过高或过低，都会对胎儿发育造成伤害，所以应避免在太热或太冷的环境下活动。

②避免跌倒，也不可以做过分跳跃和做大幅度动作的运动。

③怀孕超过四个月后，胎儿的重量会影响血液循环，避免做仰卧等姿势的训练。

④运动前要热身，运动后要有调整休息的时段，整个运动过程要循序渐进。

⑤怀孕期的生理改变会导致孕妈妈的韧带松弛，所以在运动时，做伸展运动时一定要小心，避免过分拉扯肌肉及关节。

14.分娩前要做的待产准备

时间过得真快，宝宝快要出生了，孕妈妈接近临盆了。这段时间也不轻松，我们需要帮助孕妈妈做一些准备工作。可以说，待产工作如果做好了，对孕妈妈在分娩时和分娩后都有一定的帮助。所以，为了避免临产时慌乱，让我们和孕妈妈一起提前为分娩做好准备！

如果孕妈妈此时比较紧张，可以陪同她到准备分娩的医院，提前熟悉一下环境，去医院前记得带齐住院需要的证件，比如住院押金、孕期检查记录本、身份证等。

一、为新生儿要做的准备

①4~6件棉质内衣或连衣裤，最好是前开口的或者领口宽大些的衣服；2~4件棉质上衣，要买前面开口的、没有领子的衣服比较好，便于穿脱；4双袜子。给宝宝准备的衣服应该是容易穿着和洗涤的，贴身衣服最好买纯棉的。需要注意的是，不必购买与新生儿合身的衣服，因为大多数婴儿长得比较快，所以一开始最好只买前3个月要穿的衣服。

②尿布：最好用棉质的长方形尿布，40片左右即可。

③洗澡盆、洗澡用的浴品、大小毛巾：大毛巾用于包裹洗完澡的婴儿，小毛巾用于婴儿洗澡。

④被褥1~2套、爽身粉以及婴儿奶具等。

二、孕妈妈要准备的物品

①准备多套纯棉睡衣：新妈妈生完宝宝后，腹部还是隆起的，所以睡衣一定要选择宽松的。布料要纯棉的，纯棉的布料吸汗并且柔软。

②专用内裤和卫生巾：提前准备大尺寸的经期专用内裤和透气抑菌的卫生巾，新妈妈生完宝宝后，都会有经血排出，一般前3天量很大，比平时来月经时多。

③哺乳文胸和防溢乳垫：提前到商店试戴购买，选择纯棉的、透气性好的文胸。防溢乳垫是放在哺乳文胸和乳头之间的软垫，此时新妈妈乳汁分泌旺盛，放上防溢乳垫可以很好地吸收多余的乳汁。

④腹带：新妈妈刚生完宝宝，子宫还比较大，肚子上的赘肉也难以在短期内消耗掉，腹带不仅能帮助新妈妈排出子宫内的积血，还可以帮助恢复体形。

⑤棉袜：每个孕妈妈都会觉得自己比较耐寒怕热，但是宝宝出生后，身体会比较虚，排汗又多，所以更怕见风受凉。如果在空调环境中，最好穿上棉袜，避免因脚受凉而引起腹痛或者感冒。

⑥吸奶器：每次哺乳之后，最好把多余的奶挤出来，以免影响下一次的泌乳量，而且多余的乳汁留存在乳房里很容易引起乳腺炎，此时备个吸奶器是很有必要的。

15. 科学坐月子，让身体迅速复原

人们常说，坐月子是女人的第二次发育，科学地坐月子，和女性一生的身心健康有很大的关系。如果这个时期能科学地进行调理，新妈妈的身体会比孕前更健康，否则，会留下一系列严重的后遗症。一般产后应该静养、休息1个月，或42天为佳，这可以让产后妈妈的整个身心得到综合调养和恢复。

坐月子要注意的事项特别多，其中最重要的一点就是不能受寒。那么除了这一点外，产妇坐月子还要注意什么呢？以下内容是保姆必须知道的：

一、休息是头等大事

坐月子的头等大事就是"休息"，产后的新妈妈一定要在家里静养，注意保证充足的睡眠。但绝不是说整个月都躺在床上，应该做些适当的活动。在宝宝出生后的第二天，就应该下地走动。注意少做蹲位及手提重物等使腹压增高的劳动，以防子宫后倾或脱垂。

二、保持心情舒畅更利于恢复

新妈妈生完宝宝后，生理状况也会发生变化，此时的精神比较脆弱，莫名其妙地变得越来越沉默、忧郁，有的甚至脾气变得很坏，可能会发展为产后抑郁症。预防产后抑郁症，首先要以积极的心态面对怀孕、生产这件事，调整好情绪，保持良好的心理状态，尤其是丈夫应该多体谅妻子，在精神和生活上都要多多给予支持和包容。在这方面，保姆要起到一定的积极作用，多与新妈妈聊聊天，对她那些不愉快的想法加以开导，帮助她顺利度过这一段心理敏感期。

三、保证饮食营养均衡

新妈妈在分娩后，身体非常虚弱，还要哺乳，对营养的需求量比较大。能否及时补充足够的热能和各种营养素，不仅对自身身体的恢复至关重要，而且会为今后给宝宝哺乳奠定良好的基础。保姆在日常饮食的安排中必须保证新妈妈摄取到足够的蛋白质、矿物质及维生素。

四、注意外阴清洁、杜绝性生活

新妈妈在产后4周内是不能盆浴的，应当每天用温开水清洗外阴。正常分娩的新妈妈，至少56天后，才能开始性生活，最好等月经恢复后再开始性生活；如果是剖宫产，至少3个月以后才能开始性生活。保姆应该对这些事情加以告知，以免新妈妈一不小心让自己生了病，到时候治起来就麻烦了。

五、注意子宫恢复情况

新妈妈生产后，保姆还要注意她的恶露变化，正常情况是其颜色由红变白，流量由多变少，由充满血腥味到无味，一般1个月后排净。如果恶露颜色浑浊或有臭味，都提示有感染情况，要及时看医生。还要记得，在产后6~8周后陪同新妈妈去医院做产后检查，看看她的身体恢复情况如何。

16.奶水充足的奥秘

　　母乳喂养是最好的喂养方式，在这个积极提倡母乳喂养的时代，新妈妈们基本上都会坚持母乳喂养宝宝。但大多数妈妈最初的母乳喂养都是一部血泪史，奶水不足是一个普遍的问题，孩子出生时母乳就喝不完只是极少数个例。实际上，母乳是越吸才会越多，也就是说宝宝吃奶越频繁，母乳分泌量就越多。

　　相传有一个母亲难产，将宝宝独自丢在世上，奶奶看着可怜的宝宝到处找奶吃，非常难过，就用自己干干瘪瘪的乳房安慰宝宝，神奇的事情发生了，奶奶居然分泌出了乳白色的乳汁！

　　这是一件听起来难以让人相信的故事，但似乎能给我们一点启示，我们做些什么才能使母乳越吃越多？让奶水充足的奥秘又是什么呢？以下内容是应该由保姆告诉经验不足的哺乳妈妈的：

一、宝宝早吃奶、勤吸乳头非常重要

　　新生儿出生两小时就应该第一次吃奶，及时刺激乳房，让乳腺分泌乳汁。即使刚开始奶水不多，也一定要坚持让新生儿频繁吃奶，宝宝吮吸是最好的按摩，有助于母亲尽早拥有充足的奶水。

二、哺乳姿势要正确

　　正确的哺乳姿势会让宝宝感到舒适。哺乳时要让宝宝的整个身体面对着母亲，让宝宝的脸贴着宝妈的乳房，且一定要横着抱。如果宝宝不是用嘴去挤压乳房，只能吸到少量的奶，导致乳房分泌的母乳量越来越少。

三、两侧乳房都要喂

给宝宝喂奶时，注意要让两侧的乳房都能被吮吸到，每吸5分钟为宝宝换一下，这样乳房才能分泌出更多乳汁。有些宝宝的食量比较小，吃一只乳房的奶就够了，这时可以先用吸奶器吸掉比较稀薄的奶水，让宝宝吃到比较浓稠、更富营养的奶水。

四、乳房按摩可有效疏通乳腺

正确的乳房按摩手法，有利于促进产后乳汁的分泌。专业的月嫂或开奶师更清楚乳腺的位置，手法更到位，生完宝宝后最好马上请这些经过专业训练的人进行乳房按摩，疏通所有的乳腺，这样奶水量就会丰盈起来。

五、哺乳后需吸空乳房

每次哺乳后，最好用吸奶器将宝宝没吃完的奶水吸干净，这样可以增大对乳房的刺激，有利于再产生新的乳汁。

17. 鸡蛋是好，可不要贪食

鸡蛋是我们日常生活中最好的营养来源之一，作为经济方便并且营养丰富的动物性蛋白，它含有大量的维生素和矿物质及高生物价值的蛋白质。产妇坐月子时鸡蛋是必不可少的食物，鸡蛋一直是农村老一辈人强力推荐给产妇的食物。鸡蛋可以在很大程度上帮助新妈妈们恢复身体，在增加营养的同时，还能促进乳汁分泌。但鸡蛋并不是吃得越多越好，也要讲究科学的吃法。

一、产后吃鸡蛋的四大误区

（1）坐月子吃鸡蛋越多越好

在老一辈人的心目中，鸡蛋是女人月子里最有营养的食物，新妈妈生完宝宝后，多吃鸡蛋，对自己和孩子都好。因为在社会条件不好的时候，鸡蛋算是最好的营养品了，所以至今一直有这种说法。

其实不是这样的，新妈妈们在坐月子期间，并不是鸡蛋吃得越多越好。刚生产完的新妈妈，消化吸收功能、肝脏解毒功能都会减弱，食入过多的蛋白质，会导致肝、肾的负担加重，肠道产生大量的氨、羟、酚等化学物质，出现腹部胀闷、头晕目眩、四肢乏力、昏迷等症状，导致"蛋白质中毒综合征"。

（2）生鸡蛋更有营养

有一部分人认为，生鸡蛋有润肺及滋润嗓音的功效。事实上，生吃鸡蛋非常不卫生，容易引起细菌感染，常见的是沙门氏菌，导致发热、腹泻、腹痛等，严重者甚至死亡。鸡蛋里常含有的沙门氏菌要在70℃的温度下才可以杀死。另外，人体对生鸡蛋的消化率不超过70%，而熟鸡蛋的消化率是90%。所以，吃生鸡蛋不但没有营养，而且还会带来健康隐患。

（3）常吃鸡蛋导致胆固醇偏高

由于鸡蛋里含有较高的胆固醇，所以人们认为常吃鸡蛋会导致胆固醇偏高，近年来流行着老年人忌食鸡蛋的说法。科学研究已经证明，常吃鸡蛋不会使得胆固醇偏高。因为蛋黄中含有一种强有力的乳化剂，叫作卵磷脂。卵磷脂能使胆固醇和脂肪变成极细的颗粒并顺利通过血管壁而被细胞充分利用。

（4）鸡蛋与白糖同煮才有营养

吃糖水荷包蛋是很多地方的饮食习惯。其实，鸡蛋和白糖同煮会使鸡蛋蛋白质中的氨基酸形成果糖基赖氨酸的结合物，不易被人体吸收，对健康产生不良作用。

二、产后吃鸡蛋需要注意

（1）产妇不要分娩后立即吃鸡蛋

刚刚分娩的产妇，体力消耗较大，吸收功能下降，立即吃鸡蛋会给胃肠增加负担，无法消化吸收，应以流食或半流食为主。

（2）每天不要吃太多鸡蛋

坐月子的产妇每天最好吃1~3个鸡蛋，最多不要超过6个，多吃也吸收不了，还会引起消化不良。

（3）食用多种烹调的方法鸡蛋

其实，煮鸡蛋的蛋白质并不易消化和吸收，鸡蛋羹、蒸水蛋、炖蛋、蛋花汤，都是不错的食用方法，既丰富多样又营养美味。但最好不要吃油炸鸡蛋，因为高温会使蛋白质变质，变成低分子的氨基酸，这种氨基酸又在高温下形成有毒的化学物质，吃后对身体有害。

18. 月子里的"水果盛宴"

有的新妈妈受传统习惯的影响，坐月子不敢吃生冷的东西，所以也不敢吃水果。有些保姆也持有同样的观点，在照料产妇饮食的时候，特别从食谱中剔除了各种水果，生怕一个不小心，把产妇照顾得不好、得罪了雇主。

这是不科学的想法和做法。产妇的饮食不能单调，全面丰富的膳食对产妇的身体恢复和宝宝的生长发育都是有利的。水果中含有人体必需的多种

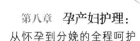

维生素和丰富的膳食纤维，可以帮助产妇增加食欲、促进消化、缓解产后便秘。新妈妈在坐月子时，除了多吃些肉、蛋、鱼等高蛋白的食物外，还要多吃蔬菜、水果。

下面介绍几种适合在月子里吃的水果：

一、香蕉

香蕉中含有大量的纤维素和铁元素，有清热、润肠通便、补血的功效，食用香蕉能防治产后便秘和产后贫血。产妇需要长时间卧床休息，常常由于胃肠蠕动较差而造成便秘。另外，产妇分娩时失血较多，需要补血，而铁质是造血的主要原料之一，所以，香蕉是产妇很好的选择。但是香蕉性寒，每日不可吃得过多，而且食用前最好先用热水浸烫一下再吃。

二、苹果

苹果味甘、性凉，其中含有丰富的苹果酸、鞣酸、维生素、果胶及矿物质，能润肠、健胃、生津、开胃和解暑，对治疗产妇腹泻有很好的效果。苹果还能降低血糖及胆固醇，患有妊娠高血压综合征、糖尿病及肝功能不良的产妇，多吃苹果有利于产后恢复。

三、红枣

在中医中，红枣被认为是水果中最好的补药，可以补脾活胃、益气生津、调整血脉。红枣中含大量维生素C、葡萄糖和蛋白质，其味道香甜，可以生吃，也可熬粥或是蒸熟吃，尤其是脾胃虚弱、气血不足的人，产后应该多食用红枣。

四、山楂

山楂味甘酸、性温，其中含有大量的维生素和矿物质，营养丰富。另外，山楂中的山楂酸、柠檬酸，能够生津止渴、增进食欲、帮助消化，解决产妇由于过度劳累造成的食欲不振、口干舌燥、饭量减少等情况，有利于身体的康复和婴儿的喂养。另外，山楂有散瘀活血的作用，能促使子宫内的瘀血排出体外，减轻腹痛。

五、桂圆

桂圆又叫龙眼，味甘、性平、无毒，为补血益脾之佳果，是营养极其丰富的水果。生产后体质虚弱的产妇，适当吃些新鲜的桂圆或干燥的龙眼肉，可以补脾胃之气、补心血不足。将龙眼肉与蛋花同煮后喝汤，对产妇产后调养有很好的效果。

19.哺乳妈妈也需要补钙

很多孕妈妈在怀孕期间都很注重补钙，但是生完宝宝后补钙的意识就降低了，总是担心宝宝缺钙，而不关心自己要不要补钙。其实不用太担心，因为宝宝在前六个月内一般不会缺钙。但是婴儿的钙来源是母亲的乳汁，哺乳期间的妈妈平均每天会失去约300毫克的钙来满足孩子的营养需要。如果自己摄取钙的量不足，就会动用骨骼中的钙。很多女性在产后出现腰背酸痛、牙齿松动、足跟痛等"月子病"，就有可能是哺乳期缺钙所造成的。

由此可见，哺乳期的妈妈是骨质疏松的高发人群，保姆一定要重视帮助她们补充身体所需的钙质。

一、哺乳期的妈妈补钙的途径

（1）食补

多吃含钙多或能促进钙吸收的食物，来满足自身和哺乳的需求。牛奶、豆制品、鸡蛋、鱼、骨头、虾仁、大白菜等都是含钙比较丰富的食物，能被

人体充分吸收。食补是哺乳期妈妈补钙的最好方式，同时也要注意补充其他的营养，帮助身体更好、更快恢复。

（2）服用钙片

如果妈妈身体的钙含量不足，会出现明显的小腿抽筋、腰骨痛等症状，可以在医生指导下服用钙片。但是服用钙片不是越多越好，不可以超过医生建议服用的数量。

（3）晒太阳

哺乳妈妈要多做些户外活动，注意每天晒太阳。适量的紫外线照射可以促进体内钙质的吸收，促进骨密度恢复，增加骨硬度。

二、补钙没有效果的原因

在现实生活中，有的妈妈在哺乳期吃了很多含钙丰富的食物，并且还专门补充了钙片，竟然出现了缺钙的症状，这是为什么呢？

一方面的原因可能是哺乳期妈妈体内的维生素D含量不足，钙质没有被人体真正地吸收。我们知道维生素D是一种载体，可以保证钙质被机体吸收，如果缺少维生素D，就算是补了很多的钙也没办法被吸收，晒太阳是补充维生素D的一个最好方法。另一方面的原因可能是补钙的方法不对，摄入量不足。哺乳期的妈妈在吃含钙量较多的食物时，不可以同时食用含草酸的食物，比如菠菜、韭菜等，以免影响到钙质的吸收。

20.不同的体质，不同的调理

我们知道，月子期里的调理对刚生完宝宝的妈妈们来说特别重要，不仅能给宝宝提供充足的奶水，而且对于自己以后的身体有很大的影响。所以保姆们要好好利用这段时间，使新妈妈的身体恢复强壮，避免留下后遗症。

有句老话说得好，"药补不如食补"，日常调理一般最多的是通过饮食来调理的。但产后坐月子的新妈妈，大多数都是进补大鱼大肉，这样的调理是非常盲目的。毕竟每个妈妈的体质不一样，保姆要根据新妈妈的不同体质，科学地进行不同的调理和进补方法，才能使其更好地恢复身体。

一、寒性体质的对应调理

体质特征：这种体质的妈妈表现为肠胃虚寒、手脚冰冷、气血循环不良，脸色比较苍白，还会感到腰酸背痛。

调理方法：

①应该给她常吃一些较为温补的食物，如牛肉、羊肉、鸡肉、狗肉、鹿茸等。温补的食物可以促进血液循环，达到气血双补的目的。

②不能吃太油腻的食物。寒性体质的新妈妈的脾胃比较虚弱，吃得太油腻会使肠胃承受不了而造成腹泻。

③禁食属性寒凉的食物，吃寒性食物会加重新妈妈的不良状况。特别是寒凉的水果，如西瓜、火龙果、葡萄柚、柚子、梨、阳桃、橘子、番茄、香

瓜、哈密瓜等。

二、热性体质的对应调理

体质特征：热性体质者，喜欢喝水但仍觉得口干舌燥，脸色通红、面红耳赤，容易激动，脾气差且容易心烦气躁，全身经常发热又怕热，经常便秘或粪便干燥，尿液较少且偏黄。

调理方法：

①尽量不给新妈妈吃或者少吃热性食物。例如姜、麻油这些食物，热性体质的新妈妈都不要吃，否则容易增加体内的燥热，使热气淤积，加重身体的不适感。

②要吃清淡多汁的食物，既可以补充水分，也比较容易消化吸收，以消除体内的热气，缓解燥热。

③多吃些蔬菜、水果，如水果中的橙子、草莓、樱桃、葡萄等，蔬菜、水果中的膳食纤维可以帮助清洁肠道、促进排毒、降低内热。

三、中性体质的对应调理

中性体质是比较健康的，饮食上较容易选择，没有什么特别的注意事项。但是在饮食上要注意平衡，如果偏向多食某一属性的食物，那就有可能发展成那种属性的体质。

第九章

呵护婴幼儿：

打 造 优 质 育 儿 的 黄 金 方 案

　　保姆承担着协助妈妈育儿的重要责任。婴幼儿成长第一步，离不开优质育儿方案。有了育婴黄金方案，保姆可以全方位呵护婴幼儿，为宝宝的健康成长保驾护航。这一章将阐述许多有关婴幼儿喂养照顾、儿童家庭教育的内容，都是非常实用的知识。

1. 婴幼儿的喂养技巧：宝宝也不好惹

自从有了宝宝后，宝宝就成为集家里人万千宠爱于一身的宠儿。宠也要有度，特别是在喂养方面，更要谨慎，不然就会惹宝宝"不开心"。婴幼儿喂养有技巧，父母及保姆一定要重视，因为它是宝宝健康成长的第一步。

一、母乳喂养

母乳喂养是最好的一种养育方法。对婴儿来说，母乳营养充足，适合他们的消化功能，可以满足小宝宝的营养需求。

母乳喂养是有技巧而言的，下面几点需要注意：

①根据宝宝需求不定时喂奶，只要宝宝需要，或者妈妈乳房胀痛，就让宝宝吸吮。刚出生的婴儿，间隔时间可以短一些，少量多餐。随着宝宝的成长，消化系统逐渐增强，进食量增多，间隔的时间可以加长。

②喂奶姿势要正确，寻找最舒适的姿势，有利于宝宝成长。

③给宝宝喂完奶后，要竖着轻轻抱起宝宝，手托宝宝头部，轻拍其背部，以免宝宝出现溢奶的情况。

二、人工喂养

母乳不足或者其他原因导致不能母乳喂养，就需要采用奶粉等乳制品进行人工喂养。人工喂养不像母乳喂养那样方便省事，需要注意更多事宜，做好了以下这些事情才有利于婴儿的健康成长。

（1）奶具的清洁消毒

婴儿的各个器官发育未成熟，比较敏感，所以人工喂养时最关键的原则是：一定要将各种奶具进行彻底消毒，否则会对婴儿的肠胃等器官造成伤害，甚至会有生命危险。

（2）奶乳的配制

作为合格的保姆，在为宝宝配制奶乳时，可以按照医生的建议或者根据配制方法和剂量，而不能随便配制。随着宝宝年龄的增长，配制的剂量也会逐渐增多。当然，温度也是配制时必须要注意的问题，温度一定要正好。

（3）喂奶的方法

初生的婴儿，每次喂养的剂量比较少，喂养次数较频繁。到幼儿时期，所需奶乳的剂量会逐渐增多，而喂养的次数会减少。

奶瓶是人工喂养中必备的工具。保姆使用奶瓶喂宝宝时，一定要将宝宝的头部稍微抬起一点，以免呛着宝宝。

三、添加辅食

不管是母乳喂养还是人工喂养，婴儿到三四个月后，要不定时添加辅食。辅食可以弥补两种喂养出现的营养不足的情况，还可以逐渐培养宝宝吃饭食的习惯，为断奶做好准备。

①辅食添加种类从单一到多样。要根据宝宝肠胃的吸收和接受程度，逐渐增加食物的种类。

②辅食要由稀到稠。开始要选择容易吸收的、质地柔软的食物，随着肠胃的发育，辅食可逐渐变得黏稠。

③辅食的量由少到多，不可过度喂宝宝进食。

2.轻柔的抚触也是必不可少的

新生儿处在快速发育的阶段，身体的各个部位，每天变化都很大。国内外专家研究证明，轻触对宝宝的健康成长有百利而无一害。

其实，抚触并不是一种技术性强的工作，它是一种理疗方式。在生活中，家长和保姆可以不间断地给宝宝抚触。例如，平时，妈妈或者保姆在搂抱婴幼儿的时候，都会时不时地用手轻拍宝宝，有时还会哼着小调等，这都是婴幼儿成长中必不可少的"插曲"。

一、抚触的好处

在照顾婴幼儿的时候，保姆轻柔地抚触宝宝有这些"隐形"的好处：

①舒缓婴幼儿的情绪，减少哭闹，增加宝宝的睡眠并提高睡眠质量。

②宝宝吃奶或者进食后，轻抚宝宝可促进食物的吸收与消化，减少吐奶状况的发生。

③轻抚可以促进与婴幼儿之间的接触，消除陌生感，增加感情。

④为婴幼儿营造一种轻松、愉悦的成长环境。

⑤抚触可以有利于婴儿的生长发育，增强免疫力。

二、轻抚前也要有所准备

①轻抚婴幼儿时，不能被随意打扰，可放一些轻柔舒缓的音乐，时间最好持续在15分钟左右。

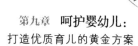

②轻抚的最好时机是在婴儿沐浴后或者给宝宝穿衣服的时候，所以，房间要保持温暖，不能感冒，温度最好保持在28℃。

③对婴幼儿身体进行轻抚时，可以先在手上涂上适量的宝宝专用润肤按摩油，轻轻在肌肤上滑动。轻抚的力度要适中，也可逐渐加大，一定要给宝宝适应的过程，以免给肌肤造成伤害。

三、抚触宝宝的方法

（1）抚触前额

双手的大拇指放在新生儿双眉中心，剩下的四指轻放在新生儿脸颊的两侧，大拇指从上向外按摩到耳朵的下方。

（2）抚触胸部

双手放在新生儿胸前的左右肋部，右手沿着左上侧的方向按摩到新生儿的左肩部，然后左手以同样的方式按摩到右肩部。

（3）抚触背部

双手放在新生儿背部脊椎两侧，从下到上，双手向外侧按摩。

（4）抚触腹部

双手放在新生儿脐部，按顺时针的方向，围绕肚脐周围进行按摩。但是要切记，在结痂未脱落前，不可以按摩该区域。

四、抚触宝宝时注意事项

①宝宝身体没有病理的前提下，顺产两天或者剖腹产3天后，就可轻抚宝宝，抚触的次数及力度，都要随着宝宝的成长做相应的调整。

②要掌握住抚触的时间，每次抚触15分钟，每天3次。家长可以根据宝宝的具体情况做调整。

③力度要适中。抚触要在宝宝能接受程度下进行，力度从轻到重，让宝宝有一个适应的过程。

④使用润肤油时千万要小心，不可让润肤油进入宝宝的眼睛。

3. 婴幼儿的"游泳比赛"

多年前，美国纽约的一对夫妇创办了一个婴幼儿游泳基地，自此每年都会有3000多位家长将自己的宝宝送来参加游泳训练，最小的仅3个月。除了美国，在日本大概有几十所婴儿游泳学校，除了婴幼儿游泳训练，还定期举行游泳比赛。

婴幼儿游泳是指新生儿在专业人员的陪护下，或者在受过专门训练的家长、保姆的看护下，在水中进行的一种早期保健活动。

婴幼儿游泳，可以让宝宝在类似母体羊水的环境中做自主运动，最终达到促进宝宝的智力发育和健康发展的目的。婴幼儿在水中游泳的时候，水波轻柔地拍打在身上，可促进宝宝体内血液循环，提高心肌收缩力，提高身体的免疫系统功能，进而促进婴幼儿的生长发育。游泳可刺激婴幼儿各类神经系统，使其视觉、听觉、触觉等功能被唤醒，逐渐感知周围的环境，适应环境，进而增强其大脑对外界的反应能力。

一、婴幼儿游泳物品准备

①婴幼儿专用游泳池。

②专用的安全游泳圈。

③专门擦拭包裹宝宝的大浴巾。

④宝宝出水时要穿的衣服、纸尿裤等。

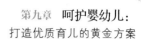

⑤宝宝专用洗护用品以及按摩油等。

二、婴幼儿游泳方法

①保姆在宝宝的颈上套上合适的游泳圈，然后一只手托住其头颈，另一只手抱着臀部，将宝宝慢慢放入泳池。放入时，要慢慢轻放，让宝宝有一个适应水温的过程。

②放入水后，保姆放开宝宝，让宝宝自由地依托着游泳圈的浮力漂浮在水中。如果宝宝姿势发生变化，保姆要立即摆正其状态。

③宝宝游泳时，保姆可以用水轻触宝宝的身体，用水进行按摩。

④保姆可以站在宝宝的对面，拿着玩具吸引宝宝，让其双腿扑腾，慢慢地在水中游向前方。同时，也可以在水中放一些玩具，让宝宝去抓取。

三、婴幼儿游泳时的注意事项

①室内温度要适宜。在宝宝生长的不同阶段及不同季节，宝宝游泳需要的室内温度也不一样。出生2~10天的宝宝游泳温度为37~38℃；夏季温度在35℃左右；冬天温度控制在37℃左右；春、秋季温度控制在36℃。

②游泳消耗体力。游泳前，要给婴幼儿喂食，喂食后半小时方能进行。

③游泳前要确保宝宝的身体健康。特别是新生儿游泳，一定要在医生的指导下，对宝宝进行全面的检查后方能游泳。

④宝宝的游泳时间从最初的10分钟左右，逐渐增加，1岁前的宝宝在水中时间不能超过30分钟，否则会对其皮肤造成一定程度的伤害。

⑤游泳时若发生呛水的状况，一定要小心地将宝宝抱出来，轻拍其背部，让水顺流到肚子里；严重的话，将宝宝头向下抱着，轻拍背部或者胸腔处，让水流出来。

4. 婴幼儿也能做运动

"左三圈，右三圈，脖子扭扭，屁股扭扭，大家一起来做运动。"原来，婴幼儿也能做运动哦！

婴幼儿体操，一方面加强其身体循环及呼吸机能，锻炼其骨骼与肌肉，另一方面，有助于消化增强食欲和抵抗能力，愉悦心情。总的来说，体操能促进婴幼儿身心的全面发展。

一、体操前的准备

①要先洗手，预防敏感的宝宝感染到细菌。

②将戒指、手链、手表等物品摘掉，指甲最好提前修剪好，避免给宝宝带来不必要的伤害。

③寻求合适的时间、场所。做操时间最好是上午，宝宝进食的半个小时后。做操的场所最好在室内，而且室内温度不能过高，但也不能低于20℃。

二、婴幼儿如何做体操

（1）婴儿被动操

婴儿被动操是适于四到六个月的宝宝进行的简单的身体活动。

①准备活动。先将婴儿平放在床上，仰卧。双手握住婴儿的两个手腕，从手腕向上，4个节拍，按摩到肩部；双手握住脚踝，向上，4个节拍，按摩

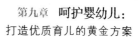

到大腿部；双手呈环形，从里向外，由上到下，自胸部按摩到腹部，也是4个节拍完成动作。

②上肢运动，主要活动婴儿的肩部肌肉及关节。婴儿自然平躺，双手放在身体两侧。保姆双手轻轻抓住宝宝的手腕，将其两臂伸直，掌心向上；两臂向上伸直，掌心相对；还原最初状态。

③扩胸运动，活动肩、肘关节。保姆轻握宝宝的手腕，将其两臂向上伸直；交叉放在胸前；双臂分开，还原最初状态。

④下肢运动，活动膝、髋关节及下身肌肉。婴儿自然平躺，保姆双手握住婴儿脚踝，慢慢抬起45°；弯曲左腿到腹部，还原；弯曲右腿到腹部，还原。

（2）婴幼儿主动操

7个月以后的宝宝可做婴幼儿主动操。婴幼儿主动体操除了包括婴儿被动操的这些运动方式，可增加仰卧运动。保姆将宝宝放在床上呈仰卧姿态，双手放在身体前面，不可压在下面。保姆可拿着玩具，与其高度一致的状态下，逗引宝宝，使其抬头或者向前爬行。

给宝宝做体操时，要时刻关注宝宝的表情变化，以判断宝宝是否舒服。

不管是哪种婴幼儿体操，次数、程度都要适宜，可逐渐加大，切不能急于求成，给宝宝身体带来伤害。

5.小宝宝，穿衣服了

李萌家的宝宝2个月了，可以穿衣服了。李萌高高兴兴地将自己精心挑选的一身帅帅的小衣服给宝宝穿上，而且还专门拍照放到了朋友圈。但是到下午的时候，宝宝开始哭，不管是喂奶，还是用玩具哄都不管用，还是哭闹不停。李萌很着急，也害怕地跟着哭。因为保姆正好请假回家，情急之下，她就给妈妈打电话。李萌妈妈听了她的讲述后，先安抚女儿情绪，然后让她将宝宝衣服脱下来，放到襁褓中。李萌按照妈妈说的做了，大概过了十多分钟，宝宝就停止了哭闹。李萌这时才意识到，原来是衣服让宝宝很不舒服，又说不出来，只能用哭来提醒妈妈了。

其实，很多保姆在宝宝穿衣服方面，也会遇到很多问题。刚出生的婴儿在襁褓中都穿较薄的小衣服了，出了襁褓就要穿保暖性的衣服。但是小宝宝的肌肤比较娇嫩、敏感，所以保姆在给宝宝选择穿衣的时候，必须细心、耐心、小心。

一、婴幼儿衣服的选择

（1）面料轻柔，衣物暖和、宽松

1~5个月的婴儿，衣服款型为前罩衫、短内衣，并结合尿布、纸尿裤；6个月以后的婴幼儿，衣服款型多样化，开衫、套头的都可穿，衣料要轻柔，以棉质最好，鞋子大小要合适，不能妨碍宝宝的发育。

312

（2）衣物要安全

婴幼儿衣物在选择时，要以安全、穿脱方便，利于宝宝活动为标准。小宝宝的肌肤比较娇嫩，一不小心就会划破，在选择时，衣料要柔软，不可过硬或者粗糙。衣物上不要有过多的装饰物，如花边、纽扣、拉链等，这些都是给宝宝造成伤害的潜在"危险物"。

二、如何给小宝宝穿脱衣服，也是一门"技术"

①将小宝宝要穿的衣服提前拿出来准备好。特别是在较冷的情况下，给宝宝穿脱衣服，为了不让宝宝受冷感冒，将衣服提前准备好十分有必要。

②室内温度不能过低，也不能在风速较大的通风环境下给小宝宝穿脱衣服，容易感染感冒。

③穿衣服时动作要轻柔，将手上的戒指、手链等物品摘下，以免不小心伤了宝宝的肌肤。

④给宝宝穿套头衫的时候，首先要分别用两个指头将领圈撑开，在不卡着宝宝的头的情况下，将头套进去；然后，保姆要将自己的手伸进袖子，将袖子撑宽，然后小心地牵引宝宝的手出来。因为套头衫穿的时候不方便，也容易伤着宝宝，所以最好不要给宝宝准备套头衫。

三、宝宝衣物的洗涤

①小宝宝的衣服要单独洗，洗的时候要使用婴幼儿专用的无添加剂的洗衣液或洗衣皂，不然，其中的有害物质会刺激宝宝的肌肤。切记，不能将宝宝的衣服放在洗衣机中洗涤或者混合大人的衣服一起洗涤。

②小宝宝的衣服洗好后，要在阳光下自然晒干，这样宝宝穿着才会舒适、健康。

③新买的衣服或者长期存放潮湿的衣服，要重新洗涤晒干后，再给宝宝穿。

6.换尿布就像一场战争

给宝宝换尿布，绝对是一件大事。弄不好尿布没换成，还会把宝宝弄得难受、不舒服。有时候，宝宝哭闹不停，就是不知道怎么回事，那就需要查看一下宝宝的尿布是否该换了。

一、尿布的选择与更换

（1）尿布的选择

新生儿的尿布要选用干净、柔软的细棉纱，这样吸湿性比较强。因为宝宝的肌肤比较敏感，粗糙的麻布或者棉布，会蹭伤其肌肤，而且吸水性不好，容易出现红屁股。

（2）尿布的更换

宝宝的尿布一定要勤换洗。有时宝宝撒尿之后，保姆并不能及时知道，长久下去，尿渍会侵蚀宝宝的肌肤，造成伤害；另外，宝宝也会因为不舒服，哭闹不停，影响情绪。宝宝的抵抗力比较差，细菌会趁此机会侵扰宝宝，在这样的情况下，尿布要不断进行洗、烫，以杀掉细菌。

二、如何换尿布

①将宝宝放在一个固定、安全的地方，比如床上，让他感到舒适安全。换尿布的时候，宝宝会扭动，此时要时刻用手保护宝宝，以免发生意外。

②将包裹宝宝的襁褓解开，一只手握住宝宝脚踝处，轻轻提起双腿，让

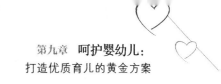

小屁屁离开尿布。不能将宝宝的腿提得过高，不可超过45°。

③如果宝宝排了大便，另一只手可用尿布干净的部位，自上而下擦拭宝宝屁股上的粪便，或者使用宝宝专用纸巾、湿巾擦拭干净。擦拭的动作要轻柔，避免伤害宝宝屁股皮肤或者生殖器。

④拿掉已经脏掉的尿布，将干净的尿布平铺在宝宝屁股下面，然后将尿布前段轻柔地塞进前裤裆下，避免宝宝乱蹬，让尿布起不到作用。

⑤换尿布的时候，宝宝双脚会乱蹬，或者哭闹。这时，家长和保姆就要考虑是否是弄疼宝宝了或者尿布的材质等让宝宝不舒服。

⑥另外，保姆要时刻与宝宝交流感情，将给宝宝换尿布的过程变成与其亲密接触的过程，可以亲吻、抚触宝宝，让其感到愉悦。

⑦尿布湿了，长时间不换，宝宝会出现"红屁股"的现象，这就是湿疹。在给患有湿疹的宝宝换尿布的时候，不要用湿巾、纸巾来擦拭屁股，最好用软布擦拭，然后在湿疹处涂上护臀膏，防止湿疹进一步的感染。

7. 婴幼儿可不是随便就能"抱"

在医院，我们会看到这样的场景：护士抱着新出生的婴儿，让爸爸抱。而爸爸会显得很激动又不敢抱，同时，家人也会在旁边提醒着："小心点，小心点，还是不要抱了，太小了，你等等再抱吧。"

刚出生的婴儿犹如一件瓷器，需要小心呵护，稍不留神就会出现"不可愈合"的伤害。在现实生活中，因为没有正确抱婴幼儿，导致宝宝出现意外或者影响其健康发育的现象，随处可见。朋友丽华经常跟我说："我家宝宝的头长偏了。"第一次听她说，感觉很纳闷，宝宝的头怎么会长偏了。一次到她家去看宝宝，发现原来是因为她家保姆没有掌握好抱宝宝的技巧，长期使用一个方位的腕抱法，结果让宝宝正在发育中的头部两侧出现不均衡的现象。

所以，婴幼儿不是随便就能"抱"的，其中有很多需要保姆慢慢去学习的知识。

一、婴幼儿的正确抱法

（1）手托法

用左手托住婴儿的背、脖子、头，右手托住臀部和腰部，轻轻抱起或者放下。妈妈将宝宝从床上抱起或者放下的时候多用这种方法。

（2）腕抱法

将婴儿轻轻放在左胳膊弯中，小臂护住婴儿的头，腕部和手托住婴儿的背和腰部，用右手托住婴儿的臀部和腰部，这是比较常用的姿势，有的妈妈也会将婴儿以相反的方向抱着。

（3）母子交流式抱法

左手托着婴儿的头和背部，右手托住臀部和腰部，让婴儿面向妈妈。有时，还可以轻轻摇晃宝宝。这种妈妈与婴儿面对面的抱法，有利于母子之间的交流与对话，还可以让宝宝身心愉悦、放松情绪。

二、抱婴儿的注意事项

①抱婴幼儿之前要先洗手，然后将手擦干，且不能太凉，否则会刺激到宝宝。

②抱宝宝的时候，手上佩戴的戒指、手链等最好摘下，否则有可能划伤宝宝。

③宝宝哭闹或者哄宝宝睡觉的时候，可以轻轻晃动宝宝，但是切记不能

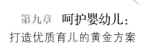

大幅度摇晃。

④不要长时间抱。6个月之前的婴儿大概每天需要的睡眠时间是16~20小时，所以除了喂奶、换尿布的时候，最好不要过多抱婴儿。另外，婴儿的骨骼发育生长较快，如果长时间抱着，对宝宝骨骼的发育极为不利。

⑤不要竖着抱婴儿。竖着抱婴儿的时候，头的重量会全部压在颈椎上，而新生婴儿的颈肌没有完全发育，这样的情况下竖着抱婴儿会对其颈椎造成损坏。

8. 婴幼儿和阳光是"好朋友"

有这样一幅画：一棵枝叶繁茂的大树下，生长着一棵矮小、无生机的小树。为什么同样两棵树，却有截然不同的生长状态呢？大树经历了风吹雨打、阳光日晒，依旧那么茂盛，生命力那么强；而小树呢，因缺少了风雨的历练、阳光的滋润，而无法获得较强的生命力。

"晒一晒，更健康。"这句话很适用婴幼儿的成长。现在的生活中，空调、暖气的普遍使用，让更多的家长贪恋舒适，很少带着宝宝出去，去接触阳光，感受大自然。婴幼儿正处在快速成长的阶段，生命力旺盛，迫切需要大自然中阳光给予的营养，要让宝宝与阳光成为"好朋友"，不要让宝宝成为那棵永远长不大的小树。

一、阳光能给宝宝带来什么

宝宝为什么要和阳光做朋友呢？原来宝宝可以从阳光中获取到身体发育

所需要的维生素D。

红外线和紫外线是阳光中两种特殊的光线。红外线对人体的主要功能是增强抗病能力，因为红外线的照射会导致人体血管的扩张，增加血流量；而紫外线的主要功能是转化皮肤中的营养物质，生成人体生长需要的维生素D，以协助肠胃更好地吸收食物中的钙和磷。

处在快速成长期的婴幼儿，骨骼和肌肉的生长需要大量的钙。宝宝能吃的食物种类有限，再加上食物本身含有的维生素D就少，根本无法满足宝宝生长的需要，这时就要从阳光中摄取大量的维生素D。

二、宝宝晒太阳的注意须知

阳光对宝宝的成长起着重要的作用，但是晒太阳却要适量，不然会适得其反。阳光中含有A，B，C三种不同波长的紫外线。其中，长时间接触紫外线B，C，都会对肌肤带来严重的伤害，再加上宝宝的皮肤比较娇嫩、敏感，更不能过多地被紫外线照射。

①婴幼儿与阳光接触时，要避免紫外线照射最强烈的时间段。一般下午的14点左右是阳光最强烈的时段，此时保姆不要带宝宝出门。

②晒太阳最好的时间点是在早晨和傍晚，建议早上10点前、下午4点后，但也要根据实际情况来调整。

③外出时，保姆要给宝宝使用性质温和的婴幼儿专用防晒霜，以免晒伤。

④宝宝晒太阳的时间最好持续在1小时之内，如果宝宝出现烦躁、不安、哭闹等不适反应，要提前结束，带宝宝回家。

9.小儿惊厥怎么办：安心的睡眠如此重要

　　林语做保姆的时间不长，常会遇到一些不明原因、无法解决问题的时候。她照顾的宝宝一岁半了，最近晚上总是哭闹。宝宝正在睡着，突然醒过来，就开始哭闹，怎么哄都哄不住。有时会哭闹1小时左右，然后哭累了，就睡着了。结果，林语被折腾得睡不好觉，白天照顾宝宝就会感到很吃力。雇主也很着急，于是，林语就带着宝宝去医院检查，检查的结果是宝宝晚上突发惊厥，才会哭闹不停。

　　惊厥是小儿常见的一种病症，多发生在婴幼儿人群中。婴幼儿的神经系统发育尚不成熟，兴奋情绪扩散就会引起惊厥。婴幼儿出现惊厥的表现有：全身或者局部呈现强直性或者一阵一阵的抽搐。婴幼儿发生惊厥的频率越高对生命造成危害或者留下后遗症的概率越大，直接影响他们的智力发育与健康。

一、小儿惊厥的原因

　　①小儿惊厥最常见的原因是发热。婴幼儿发热时，高温会刺激宝宝的神经系统，使神经细胞发生异常，产生惊厥。

　　②低血糖、缺钙等也会造成小儿惊厥。

　　③不稳定的睡眠是诱发婴幼儿惊厥的常见因素。睡眠中的婴幼儿会因为外界的突然干扰，刺激到神经系统，出现惊厥。

二、婴幼儿发生惊厥时，保姆该怎么办

①不要惊慌，迅速将孩子平放在床上，解开衣服，让身体感到舒适。

②在上下牙齿之间放入牙垫，防止宝宝咬伤自己。牙关紧闭的情况下，最好撬开牙齿，放入牙垫，不然惊厥时可能会对宝宝牙齿、口唇造成损伤。

③呼吸道要顺畅。及时清理婴幼儿口、鼻、咽喉中的分泌物和呕吐物，避免这些污渍被吸入到气管中阻塞呼吸道，造成窒息等严重后果。

④如果是高热引起的惊厥，宜使用冷敷、毛巾擦拭等方式进行降温，并及时关注宝宝的体温、呼吸、心率等的变化，如果症状没有缓解，应该及时就医。

三、预防婴幼儿惊厥的方法

舒适的睡眠环境和良好的睡眠习惯会给婴幼儿带来安心和舒适，是预防婴幼儿惊厥的主要方法。

①宝宝睡眠时，室内适宜温度在24~25℃，相对湿度达到50%左右，通风性好。

②室内、室外不要大声喧哗或者交谈，给宝宝营造一个安静的睡眠环境。

③平时多观察宝宝的睡眠时间规律，逐步引导其养成按时睡眠的习惯。

④睡觉时，不要给宝宝穿得太多、盖得过厚，还要时刻注意睡眠姿势，必要时进行调整，确保宝宝睡得舒服。

⑤婴幼儿睡眠时间根据年龄不同，长短也不一样。新生儿的睡眠时间是16~20小时；3~6周的宝宝睡眠时间为15~18小时；4~9个月的宝宝是13~18小时；1~2岁的幼儿是12~17小时。

10. 如何养一个"杂食"宝宝

宝宝正处在长身体的阶段，需要各种营养。但有些宝宝吃饭的时候挑三拣四，只吃自己喜欢的一种或者几种食物，其他食物一概不吃。这就是严重的挑食毛病。这种习惯一旦形成，随着年龄的增长，更难改正。长久下去，宝宝摄取不到身体所需的营养，严重影响其健康。

家长和保姆一定要重视宝宝偏食、挑食的坏习惯，从一日三餐，再到零食加餐，都应该将宝宝的饮食安排得既合理又科学，要培养一个各种食物都爱吃、不挑食、不偏食的"杂食"宝宝。

一、宝宝"杂食"的好处

①无论是什么样的谷物，一种远远无法满足宝宝所需要的全部营养。提供热量的谷物类食物、富含蛋白质的鱼等肉类食物、维生素丰富的果蔬类食物都含有宝宝成长所需的各种营养物质。

②蔬菜和水果这些有颜色的、绿色果蔬，不仅能够提供丰富的维生素，而且还有助于宝宝肠胃的吸收与消化。

③豆类、奶类或者奶制品对宝宝的成长起着不可忽视的作用。宝宝每天喝牛奶，对牙齿和骨骼的发育有很大的好处。

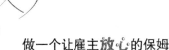

二、如何解决宝宝偏食挑食的问题

（1）吃饭定时定量

要养成宝宝按时吃饭、不暴饮暴食的习惯。宝宝每次吃的饭量要适量，不能太多或者太少。宝宝可以少吃多餐，2~4岁的宝宝可以每天吃4次，也就是在正常三餐的情况下，下午可吃一些点心。"早上吃好，中午吃饱，晚上吃少"也很适应宝宝，这样宝宝既可以吃得丰富且有营养，而且还长得健康。

（2）让不爱吃的变好吃，控制爱吃的量

对于宝宝不喜欢吃的食物，要多花心思，变换各种烹饪方法，在色、香、味等方面多研究以提起宝宝的兴趣，逐渐让宝宝爱上这种食物。对于宝宝喜欢吃的几种食物，要控制、把握宝宝的摄取量。不要让宝宝吃太多，可留下肚子吃"改良"后的食物。

（3）给宝宝安排丰富的户外活动

每天让宝宝坚持到户外进行一定时间的、适量的户外活动，如骑自行车、玩球、玩沙等，活动结束后，让宝宝洗手、安静坐等吃饭，面对多样的食物，宝宝就会食欲大开，顾不上挑剔了。

（4）奖励和"惩罚"一同实施

家长或者保姆在必要的时候采取非常手段，强制控制宝宝对钟爱食物的摄取量，还可以采取奖励、惩罚等方法，引导宝宝养成正确的饮食习惯。

11. 必须知道的宝宝急救法

宝宝太小，没有自我保护意识，在家长及保姆稍不注意的情况下，就会发生意外。这样的紧急情况下，家长和保姆都需要知道这几种宝宝急救法。

一、鱼刺卡喉

宝宝吃鱼能摄取到身体发育需要的蛋白质，但是喂食前一定要先将鱼刺挑干净，以免卡着宝宝喉咙。

一旦发生鱼刺卡喉的情况，保姆不要惊慌，要冷静处理。保姆应先让宝宝立即停止进食，稳定住宝宝情绪，最好不让宝宝大哭。然后，可用汤匙压住宝宝舌头的前部，使用手电筒查看确定鱼刺的大小、位置。如果鱼刺离口腔比较近，可以让宝宝张大嘴，用镊子将鱼刺夹出。这种情况下，保姆还是无法取出鱼刺，那就应想办法让宝宝呕吐，尽可能将鱼刺吐出来。如果以上方法都无效，应带孩子到医院就医。

宝宝被鱼刺卡喉时，保姆一定要避开以下两个误区：

①喂饭团、用手抠，试图取出鱼刺。这样做，会造成鱼刺刺向喉咙更深处，严重的话，会刺破食管，导致大血管。

②传统方式喝醋。切记，喝醋不但不会软化鱼刺，还可能会烧伤喉部的黏膜。

二、烫伤

宝宝不小心烫伤后，要根据烫伤的情况进行相对应的处理。

Ⅰ度烫伤：宝宝皮肤出现轻微的潮红、有疼痛感，可在家自己处理。保姆先将宝宝烫伤处用冷开水、自来水冲洗，或者用湿纱布敷住，这样可起到止痛作用。

Ⅱ度烫伤：此阶段的烫伤已经伤害到了真皮，大概30分钟后会起水泡。这种状况下，不能直接涂抹药膏，要先用冷水毛巾敷一敷，清理伤口。

Ⅲ度及以上烫伤：必须送医处理，切忌在创面上覆盖不清洁的布类，以免引起继发感染。

三、跌落床下

如果宝宝坠落下床，保姆应及时抱起宝宝，温柔地安抚宝宝以转移其注意力。

如果宝宝摔到地上时是面朝下，一般没有太大的危险，及时进行外伤处理即可。

如果宝宝跌落时摔到头部，出现出血性外伤、意识不够清醒、半昏迷嗜睡、反复性呕吐、鼻部或者耳内流血等情况，应该及时就医。

四、被动物咬伤

宝宝在外面玩耍被动物咬伤后，保姆不要抱侥幸的心理，觉得清洗一下伤口就会没事，因为宝宝抵抗力较差，一不小心就会感染。为了避免宝宝伤口感染，首先要彻底清洁伤口，然后用纱布敷着立即送往医院就诊。特别是被狗等犬类动物咬伤后，要到医院注射狂犬疫苗。

五、误食有毒物品

宝宝在大人疏忽照料的情况下，误食了有毒物品，保姆要隔着纱布或者软布之类的东西将宝宝口中剩余的毒物取出来，然后拍抚宝宝的背部，让其尽量将口中的毒物吐出来。如果宝宝失去了意识，保姆要立即采取急救措施并送往医院检查。

六、小割伤和擦伤

宝宝的皮肤比较娇嫩，免疫力低，一旦受伤，细菌病毒就会"乘虚而入"，因此要做好清洗处理。如果伤口比较小，保姆应该先将伤口清理干净，进行简单的包扎。特别是宝宝摔倒在地面上，保姆切记使用干净的毛巾或者消毒纸将伤口清理干净，否则伤口处嵌入的灰尘会引起感染。然后还要到医院开不含激素的抗菌药膏，回家后按时给宝宝涂抹，促进伤口的尽快愈合。如果宝宝被脏的或者尖锐的利器划伤，要到医院注射破伤风针。

七、骨折或者关节脱位

宝宝骨折或者关节脱位后，保姆千万不要随意移动宝宝，避免引起进一步错位或者出血。

如果宝宝没有感觉到特别疼痛，先让宝宝躺下，并在骨折处敷上一层纱布，然后用夹板固定住伤处，同时用枕头或者抱枕将受伤处垫高，送往医院就医。

八、吞食异物

宝宝吸入异物时，绝对不可用手指挖取，要采取相应的措施或者就医。

3岁以上的孩子可用海姆利希手法急救。具体方法是：保姆将孩子头朝下抱起来，一只手手臂贴着宝宝前胸，手指捏住颧骨两侧；另一只手托住孩子后颈，在背上轻拍几下。这样异物会通过自身重力或者宝宝呛咳时腹腔内气体的压力，将异物咳出来。如果异物没有出来，让孩子面朝上躺在保姆的大腿上，家长用食指和中指轻柔地冲击压迫宝宝的胸廓下和脐部上的腹部，重复几次，直到异物排出。

12.适当运动，让小家伙的体魄更健康

现在的孩子已成为家中最贵重的宝，"含在嘴里怕化了，捧在手心怕碎了"，真实地反映出当今孩子被宠的地位。但是，家长和家政人员可否知道，宝宝不能太被宠爱，尤其是在走路、运动方面，不要怕宝宝摔倒。

一、孩子多运动，才会有健康的体魄

今天李家婆婆又和家里的保姆吵架了，委屈得不得了。一问才知道，原来是因为宝宝摔倒的问题。上午，保姆带着宝宝去小区广场溜达。她感觉宝宝整天待在家里太烦闷，就让孩子去玩滑梯。结果一不留神，宝宝不小心从滑梯上摔了下来。孩子哭了几声，哄一下就不哭了，接着又玩了起来，但是脸上却留了一块瘀青。

回到家后，李家婆婆看到孙子脸上的瘀青，马上变脸，阴着脸问保姆是怎么回事。保姆将事情讲述了一遍，李家婆婆非常生气，埋怨保姆不马上带着宝宝回家处理伤口等。保姆也在为自己的做法据理力争，结果，两人各说各的，越说越激动，最后吵了起来。

其实，这场架吵得非常没有必要，双方都是为了宝宝，但是李家婆婆却没有意识到，适当的运动对宝宝的健康更有利，保姆在这一方面做得非常好。据调查，现代生活中，宝宝容易生病的主要原因之一就是体质弱，抵抗能力低，而缺乏运动就是宝宝体质弱的因素之一。宝宝在家被抱着；出门也

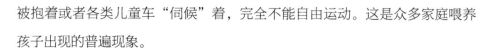

被抱着或者各类儿童车"伺候"着，完全不能自由运动。这是众多家庭喂养孩子出现的普遍现象。

二、宝宝运动的注意事项

保姆不要将孩子当作温室中的花朵来养，要让宝宝多运动、多锻炼，才能茁壮成长，成为参天大树。但是运动也不是随便找个时间、地点让孩子东跑跑西跳跳就可以的，以下几点须注意。

（1）制定运动计划

宝宝每天要有充足的时间进行户外运动，时间最好在2~3小时，当然，要在家长或者保姆的陪护下进行，以确保安全。所以应该计划出足够的时间、安排好自己的生活作息来让自己能够陪伴孩子一起做运动。

（2）运动着装

运动前，适当增添衣物，不能太热也不能冻得感冒，着装适当不仅方便运动，而且也可以让宝宝在最短时间内适应户外运动的环境。

运动时所穿的衣服最好是吸汗、透气、有弹性、较宽松的运动服，还有合脚、舒适的运动鞋。不仅孩子要这样穿，陪伴孩子的保姆也应该这样穿，千万不能穿着紧身衣、一步裙、高跟鞋就带着宝宝去做运动了，否则宝宝跑起来的时候，你可能会追赶不上。

（3）运动时间

在运动时间的选择上，应避开最热的时间段，最好是在上午或者傍晚。

（4）运动装备

对于婴幼儿来说，户外运动必须准备好必需物品，比如保温杯、湿巾、卫生纸等。运动器材，如儿童自行车、羽毛球等，都可自备。

（5）运动强度

在运动中，家长和保姆必须注意，要时刻关注宝宝身体各方面的状况。宝宝天性爱玩，玩起来太兴奋就没节制，最容易出汗着凉。此时，家长和保姆要观察宝宝的呼吸、出汗情况，及时调整运动量，适时休息。

13. 21天，帮助孩子养成爱运动的好习惯

有喜欢跑出去疯玩的孩子，就有喜欢待在家里不动地方的孩子。有时候，想要让孩子通过运动来锻炼身体，最大的阻碍不是家长和保姆的护犊心切，而是孩子的懒惰。一次家庭会议上，家长和保姆讨论孩子运动问题。他们一致认为自己的孩子太缺乏运动，身体素质较差。但是，最头疼的还是如何让孩子爱上运动、多运动。他们不知道该如何让孩子养成运动的好习惯。

帮助孩子养成好习惯的过程中，孩子的行为将经历"被动→主动→自动"的一个时期性的过程。之后，孩子的习惯将基本养成。"习惯仿佛像一根缆绳，我们每天给它缠上一股新索，要不了多久，它就会变得牢不可破。"这是美国著名教育家曼恩的名言。但是由于个人的时间、个性等的不同，这个过程也会有长有短。在行为心理学上，一个人的习惯或者理念形成并得到巩固，至少需要21天，这种现象就是21天效应。在培养孩子习惯的教育中，至少要21天。

一、习惯的形成大致可以分为三个阶段

第一阶段，1~7天。"刻意，不自然"是此阶段的表现。你会表现得很不自然，也会刻意地提醒自己。

第二阶段，7~21天。"刻意，自然"是这一阶段的表现。经过第一阶段的努力，你从心理上接受，开始觉得舒服、自然。同时，还害怕一放松就会

回到当初，于是还要刻意提醒自己，一定要再坚持。

第三阶段，21~90天。"不在意，自然"，是第三阶段的表现。此时，你已经彻底习惯了这样的行为，它已经成为每天生活中不可或缺的一部分，不用再在意会将放弃它了。这一阶段也被称为"习惯的稳定期"。

二、"21天好习惯养成法"的原理

保姆想要孩子养成早起跑步的习惯吗？那就这样做：1~7天，每天按时叫孩子起床，陪着孩子一起跑，时刻督促着；7~21天，孩子就可以在意识上提醒自己早起跑步。也就是说，21天后，孩子已经养成了早起跑步的习惯。那么，这个方法具体的原理和操作方法是什么呢？

①在心理上，要有坚持21天的态度。

②让孩子清楚地意识到，这个习惯的养成对自身有好处，要去理解大人们的用心。

③就当是做试验，尝试开始。利用孩子的好强心，让他就像做试验一般，去尝试这个将要去养成的习惯。

④不找理由中断。要让孩子远离诱惑，否则他们会找理由中断坚持，那么，最后将会失去对终身有利的好习惯。

⑤阶段性的胜利。坚持了7天后，孩子会发现自己发生了变化，体魄、心情都有所不同，那就更有了好好坚持下去的意识与信心。

⑥列出计划。让孩子给自己在后面的坚持中做好计划，也是给自己的一种动力。

⑦顺其自然。21天之后，孩子自觉养成了晨跑的习惯。虽然有时还会有惰性心理，但是不能一步就消除干净，要一步一步慢慢来。孩子最终会养成好习惯。

14.儿童的智力发展趋势

孩子的教育，要从娃娃抓起。所以，孩子的智力发展也要从小开始注重。保姆不仅要照顾孩子的日常饮食起居、保护孩子的安全，还应该了解儿童智力发展的趋势，以便协助雇主使孩子更加聪明可爱。通常来说，语言、注意力、记忆力、思维能力都是儿童智力发展、提高的基础，所以在护理中，保姆要注重孩子智力的发展方向，重点从这四个方面展开。

一、语言能力的发展

语言是人类特有的交际工具。婴儿呱呱坠地的哭声，就是来到世界上的第一句语言。大概到9个月左右或者1岁的时候，宝宝逐渐会清晰地用语言表达自己的意愿。宝宝从出生到1岁，处于"语言前期"，也就是学习说话的准备阶段。

1~1.5岁，是"掌握语言初期"。此阶段，宝宝只会用简单的词或者代名词，初步表达出所要表达的概括性的意思。

1.5~3岁，宝宝学习语言的能力和速度加快，能初步使用具有语法结构的短语或者句子表达意图。

4~5岁，宝宝对复杂的句子把握能力加强，这就是"初步掌握语言的语法结构期"。

所以，从婴幼儿时期开始，保姆就要从语言方面来开发宝宝智力，并学会在相应的时期进行有侧重点的引导。

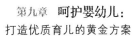

二、注意力的发展

注意力是指个体对一定对象集中式的定位，也是心理过程的动力特征。

宝宝从出生开始，就会盯着眼前的物体，并会伴有声音发出，当然，这种注意时间很短。随着宝宝年龄的增长，宝宝的注意范围和注意时间也会逐渐扩展和延长。例如，1.5岁宝宝对感兴趣事物的注意力时间持续在5~8分钟，2岁的宝宝注意力能达到10~12分钟之长。

所以，在日常生活中，要多跟宝宝讲故事、做游戏、绘画等，让他们在注意力发展的过程中提高智力。

三、记忆力的发展

记忆力，就是人将感知、感受、认知、体验过的事物或者感觉保存在大脑中的能力，时间可长可短。

为什么有的宝宝不喜欢陌生人抱，最喜欢妈妈抱？因为，在她的记忆中，一出生，首先见到的、经常见到的就是妈妈。这时，关于妈妈的长相就保存在记忆中。宝宝吃奶时，会在找到经常吃奶时保持的姿势后，才能安稳吃奶；3个月时，宝宝开始寻找突然从眼前消失的东西；大概到4~5个月时，宝宝就开始认人了，特别是长久见不到妈妈，就会哭闹。

保姆应该根据宝宝记忆力的发展程度来对他进行相应的记忆力训练，一些简单的小游戏即可，比如拿出几张带有图画的卡片，先让宝宝看一遍，然后全部翻过去，让宝宝找到画有你说出的物品的一张卡片。

四、思维能力的发展

思维能力是指对事物的抽象感官能力。一般情况下，思维能力与语言能力有着密不可分的关系，婴儿的思维能力发展比较迟缓、比较晚。宝宝1岁后，语言会有所发展，在此基础上，思维上会有初步的、模糊的感知能力，而到了小学高年级之后，儿童的思维能力才会正式发展起来。这时候就可以购买一些相关的训练书籍来让孩子阅读解答了。

15. 参与到家庭教育中

　　小明的爸爸妈妈离婚后，小明跟着爸爸一起生活。但是由于小明爸爸的工作非常忙，没有时间照顾他，小明就和保姆在一起生活。保姆主要负责吃穿住行方面，不进行教育。由于缺乏各方面的教育，小明养成了偷东西的坏毛病。他偷拿身边人的钱，有钱后便离家出走，没钱了，就回来。小明爸爸第一次知道后，非常生气，就打了他一顿。之后，小明并没有改掉坏习惯，而是变本加厉。没有钱花的时候，他还将爸爸的平板电脑偷偷拿走给卖了，拿着换到的钱继续出去玩。

　　其实，小明就是缺乏家庭教育的典型，他的整个人生几乎已经被毁了。家庭教育在孩子的成长中占有重要的地位，孩子初步的世界观、价值观以及性格、思想、习惯等，在孩提时代基本定型，而家庭教育直接决定着这些思想和行为的形成。家庭是孩子的第一所学校，父母是孩子的第一位老师，而保姆也是孩子的"小老师"，保姆作为家中的一员，也要时刻参与进来，配合孩子父母，一起做好家庭教育。

一、任何时期都不能忽视家庭教育

　　在孩子的成长中，8~9个月是辨别大小和多少的关键期，2~3岁是学习语言的关键期，2岁半左右是计算能力开始萌发的关键期，3岁左右是学习秩序、建立规则意识的关键期等。在这些关键期中，家庭教育对孩子的成长起

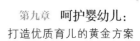

着重要的关键性。在每一个相应的时期，保姆都应该参与进来，主动或协助雇主教育和培养孩子。

二、不要什么都指望着学校和老师去教育

（1）互补性

学校教育是有计划、有目的的系统和正规教育。而家庭教育则多具有游戏特点的非正规教育。虽然他们之间的教育方式、教育内容不同，但两者之间有一种强烈的互补性。家庭教育可以为孩子在社会角色的转变、走向校园成为学生做好铺垫。

（2）终身性

家庭教育可以是孩子的终身教育，因为在孩子成长中，离不开家庭、父母，那种课堂性质就会一直存在，一成不变。孩子上学前，时刻接受的是家庭教育，上学后，仍有2/3的时间在家里接受教育，因此家庭教育与学校教育应同步进行。两种教育方式、教育内容不同，但对孩子都具有终身性效果。

16.独立性教育：避免过度关怀、帮办

"望子成龙，望女成凤"是众多父母的期望。很多家长会心疼孩子，不愿他们吃苦受累，帮助孩子解决所有问题。为了孩子能有一个美好的将来，家长会用尽一切办法，尽可能满足孩子的一切要求。他们时时刻刻将孩子保护在"羽翼"下，不让孩子经历风吹雨打。

作为保姆，也许会本着为雇主服务的心态来一味顺着他们一起溺爱孩

子，但是，婴幼儿和儿童的人生观、价值观以及性格都是在日常的生活中慢慢形成，而家长和保姆的行为表现决定着孩子的未来。这些溺爱会给孩子带来什么呢？

一、过度关怀、帮办的后果

一个记者曾经采访一个上初中的学生李林：

"你平时洗袜子吗？"记者问。

李林答道："不洗。我也不会。"

"那谁帮你洗呢？"

"都是妈妈帮我洗。"

"如果妈妈不在家呢？"

"那就爸爸洗。"

"如果爸爸、妈妈都很忙呢？你快没袜子穿了。"

"那就让保姆洗。"

家长和保姆已经帮孩子做完了所有的事情，他却什么都不想做，更多是不会做。为什么家长和保姆的好心却培养出了这样一个"懒惰、无能"的孩子呢？

在物质上，从宝宝出生开始，家长和保姆都会给孩子在吃、穿等方面最好的物质条件。于是，孩子在物质方面的需求上，就会有太多的依赖意识，而缺失独立意识。

在情感上，家长们给孩子无私的爱，不仅会让孩子产生过度依赖性，而且还让他们在心里认定自己是家中的"小皇帝"，集万千宠爱于一身。那么，孩子就会逐渐塑造出唯我独尊、蛮横任性的性格。

一个人的性格与行为习惯都是从小时候以及日常生活中逐渐塑造形成，他们以后要凭着自己的本事闯荡社会，但是若小时候缺失独立性的教育，那么，进入社会后的境况可想而知。大人们对孩子在物质上和情感上给予过分

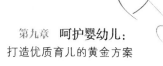

的宠溺，其结果就是害了孩子。

二、独立性教育的展开

保姆既然承担着照顾孩子的重要职责，就要从自身做起，不管是在物质方面还是情感方面，都要对孩子进行独立性教育。

（1）适当地让孩子经历挫折

孩子终究要长大，要独立进入社会。"挫折对于孩子来说未必是件坏事，关键在于他对待挫折的态度。"要让他们去勇敢地面对人生中的风雨。孩子从小就需要学会吃苦、面对挫折，才会更独立、更坚强。

（2）孩子能自己做的事情就让他自己做

保姆不要事事担心，更不要将孩子的一切事情都揽在自己身上，替他们遮风挡雨。在孩子独立性的教育中，凡是那些孩子力所能及的事情，都应该让孩子学会动脑筋去寻找解决问题的方法，并且自己去实践一番。比如，孩子在学习中遇到问题时，要让其先学会培养自主解决问题的心态，然后再根据其能力，给予帮助。

（3）对于懒惰成性的孩子要奖惩有度

一些懒惰成性的孩子习惯了衣来伸手饭来张口的生活，突然让他自己做这个做那个，他肯定不愿意，甚至会去父母那里告保姆的状。

如何对待这样的孩子呢？奖惩有度就是最好的方法。首先应该和孩子的父母打好招呼，一起制定出"改造"计划；然后一点点地减少帮助孩子、代替孩子去做事情的频率，一点点增加给孩子布置自行完成的任务；对于比较合作、表现较好的孩子，应该给予适当的奖励，比如在日常生活中，保姆让孩子自己学会洗袜子、洗碗，并可以使用一定的措施进行鼓励，但不应该是一味地宠溺，要什么给什么；对于那些拒绝自己动手或是敷衍了事的孩子，适当地给一点小惩罚也是十分必要的。

17. 给孩子最愉快的童年体验

　　林浩的父母都开着自己的公司，每天早出晚归，几乎见不到林浩的面。与林浩每天相处的就是家中的保姆张姐。张姐家也有一个和林浩差不多年龄的孩子，所以张姐就将林浩看作自己的孩子一样进行悉心地照顾。每天林浩放学后，她都会先带着林浩到小区广场玩耍、做游戏。周末的时候，还亲自带着林浩和自己的孩子一起去公园、游乐场玩。林浩有了小伙伴，玩得非常开心。虽然，林浩的童年缺少了爸爸、妈妈的陪伴，但是却有张姐以及其他小伙伴的陪伴，他度过了一个快乐、与众不同的童年。

　　童年时代一般是指上小学前两年及小学时代，也就是3~12岁之间。这期间，孩子的成长方法以及环境就是最值得回忆的童年时代。长大后，各种烦心事接踵而至，最美好的回忆还是童年时代，无忧无虑，自由快乐。但是现在的小孩子，每天放学后不仅要写作业，还要上各类的培训班，暑假、寒假也被剥夺，在补习班中度过。当长大后去回忆童年，发现原来童年是在各类的学习中度过，没有快乐童年的体验。孩子的童年很宝贵，不要让孩子长大后却记不起自己的童年。

　　给孩子最快乐的童年，让孩子在快乐中成长，这也是身为看护孩子的保姆所应该肩负的责任。血浓于水，子女与父母都有一种"舐犊"之情，而且斩不断。作为家政人员，虽然不能替代父母，但是可以像父母对待自己的孩

子一样对待他们，给予孩子健康的爱的教育。如何才能做到这一点呢？以下
两点是最为关键的：

一、让孩子自由发展，不强制

孩子的天性就是自由，特别是在孩童时代，正是天性释放的最佳时期。
如果除了每天到幼儿园、上小学，剩下的回忆就是作业、补习班、培训班，
毫无自由，那么，孩子的天性发展将会受到制约。这个时期，也是孩子性格
的塑造期，稍不留意，就会让孩子的性格、价值观发生扭曲。

保姆不要限制孩子的自由发展，让他们去选择自己喜欢做的事情，当
然，这离不开保姆正确的引导与教育。

二、玩耍，不可或缺的童年体验

英国北威尔士的克莱尔·格里菲斯（Claire Griffiths）开发了一个叫
"土地"（Land）的冒险乐园，但在外人眼里看起来就像一个垃圾场。乐
园里面有一条小溪，还凌乱散布着成堆的托盘、轮胎、手推车、梯子、渔网
等，还有锤子、绳子和沙袋。其实，这些东西，在家是很少见到的。但是，
这里是孩子们的天堂乐园。孩子们在这里可以自由想象，他们可以荡着树上
的绳子越过小溪，还可以用锤子等工具搭建一个小窝，他们在这里尽情地玩
耍、冒险，发挥潜在的能力与智商，做自己喜欢的事情。

或许，有很多家长害怕孩子玩物丧志，会耽误学习，强硬地控制着孩子
的自由玩耍，但这同时也在剥夺着孩子享受最纯真的童年的权利。保姆应该
学会在确认环境安全的前提下，让孩子自由玩耍，不让孩子的童年留下无法
弥补的遗憾。

三、棍棒教育不可取

日本一小男孩，乘坐汽车和家中的保姆一起出去玩。小男孩途中调皮，
用石头砸了路边的汽车和行人。保姆非常恼火，觉得孩子太缺乏管教，就惩
罚小男孩下车在树下站立。几分钟后，保姆回来发现孩子不见了，非常着

急，马上报警，结果6天后才将失踪的孩子找到。当然，这个保姆也被解雇。这件事被报道后，很多人批评这个保姆，对孩子的教育缺乏"爱"，失去了保姆的基本素养。

在中国，有一句俗语"棍棒下出孝子"。家长用严厉的方式教育孩子，特别是孩子犯错时，不是讲道理式的教育，而是打骂。虽然是"打在儿身，疼在娘心"，但是这种教育方法极为偏激，会给孩子造成心理阴影。

家庭教育中，不能整天、每件事都严厉相待，而要用爱去教育他们。孩子犯了错误，可以循序渐进地讲道理，而不是严厉批评，甚至打骂。

第十章

老人的照料：

给 老 人 最 温 馨 的 晚 年 生 活

　　老人到晚年，最需要的就是亲情，安享晚年。而有些老人，晚年的时候儿女却都不在身边，不能时常享受儿孙绕膝的温存。作为保姆，就要代替在外的儿女们给予老人最贴心、周到的照料，使他们享受到温馨、舒心的晚年生活。

1. 老人起居的"健康密码"

人的骨骼变松、关节变硬、肌肉变少，一些不经意的小动作，都会发生意想不到的意外。所以，关注老人的健康，保姆一定要重视起居方面隐藏的"健康密码"，时刻提醒他们。掌握了以下的"健康知识"，老人健康不再是难题。

一、起床要当心

按照临床经验，早晨8点左右容易发生心肌梗死、脑卒中，因为这时候血液黏稠度高，如果活动幅度大或者太用力（如排便），容易造成血管破裂或心脑供血不足。所以老人早起要注意3个半分钟。早上醒来不要马上起床，先在床上躺半分钟；慢慢坐起来后再坐上半分钟；下床时不要直接穿鞋下地，两条腿下垂搭在床沿时要再等半分钟。

二、每天坚持3个"半小时"

专家提出的健康处方"3个半"，就是"3个半分钟""3个半小时"。3个"半小时"是指：每天早上起来运动半小时，可以打打太极拳、跑跑步（不能少于3公里），或者进行其他运动。中午午休要半小时。因为老年人习惯早睡早起，中午需要睡眠来补充精力。晚上慢步行走半小时，慢行的时间最好在6~7点之间。慢行半小时，有助于提高老人晚上的睡眠质量。

三、不长时间坐着打牌、看报

老人本来肠胃蠕动就慢，如果长时间坐着，不仅不利于肠胃消化，而且还会对颈部、腿部等肌肉造成伤害，引发一系列的疾病。例如，老人长时间坐着打牌，下肢的动脉闭塞，经脉中血液流动受到阻碍，会影响老人的行动力。所以，老人坐着的时间最好不要超过40分钟，然后起来活动大概20分钟。

四、避免吃饭快、大声说话

老人的消化系统逐渐减弱，如果吃饭快，食物不容易消化，积累下去会影响肠胃功能，并带来伤害。血压会随着嗓门的大小发生变化，说话声音大，血压会随之增高。特别是老年人和人抬杠、吵架的时候，血压会突然增高，造成严重后果。

五、老人外出要专程陪护

老年人经常出外活动，例如散步、走亲串友，不但利于身体健康，而且还有益于身心健康。但是，外出时，一定要有保姆或者其他人陪护，因为老人记忆力衰退，走的时间过长，会出现迷路的现象。另外，老人单独出行，特别是过马路，不注意可能会有意外发生。

当然，外出前，保姆一定要根据天气情况，准备必要的物品，例如水杯、遮阳伞、雨伞等。外出的时间不能过长，特别是在寒冷天、大雾天，最好不要出去，若必须出去的话，时间不能过长。

2. 老人饮食的第一原则：要健康，更要长寿

健康饮食可给人体提供各方面的营养，照顾好老人的饮食尤为重要。老人饮食的第一原则：一方面要健康，改善机体的健康情况，提高抗病能力；另一方面，要长寿，抗老防衰，延年益寿。大家都知道要吃好的喝好的，但是却常在饮食上犯了营养不科学或者营养不平衡的错误，对老人来说，这是危及健康和寿命的重要"祸首"。照顾好老年人的饮食，保姆们一定要了解老年人的消化特点、注意饮食的合理安排。

一、老人饮食营养合理的原则

老年人随着年龄的增加、生理功能减退，常出现不同程度免疫功能和抗氧化功能的降低以及其他健康问题。由于活动量相应减少、消化功能衰退，导致老年人食欲减退、能量摄入降低，必需营养素摄入也相应减少，使老年人健康和营养状况恶化。

（1）食物多样化，保证膳食中平衡

食物的选择上，要合理搭配主副食，兼顾粗食、细食；食物的食用上，要不偏食、不择食，保证营养全面。

（2）饮食要清淡，而且合口利胃

老人肠胃蠕动比较弱，不容易消化比较油腻的食物。所以，老人饮食要清淡，不可过于油腻或者过咸。

（3）烹饪科学合理

老人消化功能减慢，牙口不好，烹饪食物时，要以煮、炖、熬、蒸等方法为主，食物要烂、软，少用油炸方式。同时，烹饪的食物要色、香、味俱全，以刺激食欲。

（4）饮食适量，少餐多食

老人不能暴饮暴食，否则伤害肠胃；不能过饱，否则不利于消化；少食多餐，每次少吃，但是可以多吃几餐。切记，不能吃太多肉类食物，肥肉、脂肪多的食物，都要少吃。

二、老人平衡饮食的构成

（1）优质蛋白质

为适应老年人蛋白质合成能力降低、蛋白质利用率低的情况，应选用优质蛋白质。老年人消化系统分泌的胆汁酸减少，酶活性降低，消化脂肪的功能下降，故摄入的脂肪能量应占总摄入能量的20%为宜，并以植物油为主。老年人糖耐量低，胰岛素分泌减慢，且血糖调节作用减慢，易发生高血糖，故不宜多用蔗糖。

（2）钙和维生素D不可或缺

一方面，老年人随年龄增加，骨矿物质不断丢失，骨密度逐渐下降，女性绝经后由于激素水平变化骨质丢失更为严重；另一方面，老年人钙吸收能力下降，如果膳食钙的摄入不足，就更容易发生骨质疏松和骨折，故应注意补充钙和维生素D。

（3）锌、硒、铬等微量元素

锌是老人维持和调节正常免疫功能所必需的营养元素；硒可提高机体抗氧化能力，延缓衰老；适量的铬可使胰岛素充分发挥作用，并使低密度脂蛋白水平降低，高密度脂蛋白水平升高，故老年人应注意摄入富含这些微量营养素的食物。

（4）多种维生素

维生素不足与老年多发病有关，保姆应经常给老人食用富含各类维生素的食物。

①维生素A可减少老人皮肤干燥和上皮角化。

②β－胡萝卜素能清除过氧化物，有预防肺癌功能的作用，能增强免疫功能，延迟白内障的发生。

③维生素E有抗氧化作用，能减少体内脂质过氧化物，消除脂褐质，降低血胆固醇浓度。

④老年人亦常见B族维生素缺乏的相应症状，特别应注意补充叶酸。

⑤维生素C有防止老年人血管硬化的作用。

3. 爱清洁、讲卫生，不是孩子的专利

个人卫生不仅是人的生理需要，也是心理需要，保姆要根据照料对象的不同年龄、病情和需要，给予指导、帮助，并熟练掌握各种清洁卫生照料技能，满足照料对象身心两方面的需要，以达到照料、康复的最佳效果。

一、老人皮肤照料

老年人会出现皱纹、松弛和变薄，下眼睑出现所谓的"眼袋"；皮肤干燥、多屑和粗糙，皮脂腺组织萎缩，功能减弱；皮肤触觉、痛觉、温度觉等浅感觉功能也会减弱，皮肤表面的反应性减低，对不良刺激的防御能力削弱；免疫系统的损害也往往伴随老化而来，以致皮肤抵抗力全面降低。

　　所以，对老人及时进行皮肤照料，保持皮肤的清洁不仅是预防疾病的措施，也是促进照料对象舒适的重要措施。沐浴可清除污垢、保持毛孔通畅，利于预防皮肤疾病，特别是皱褶部位，如腋下、肛门、外阴等。家政服务员应根据照料对象的自理能力，协助进行沐浴或擦浴，做好皮肤照料，保持照料对象皮肤的清洁和舒适。

　　建议老年人冬季每周沐浴2次，夏季则可每天温水洗浴。合适的水温可促进皮肤的血液循环，改善新陈代谢，延缓老化过程，但同时亦要注意避免烫伤或着凉。建议沐浴时室温调节为24~26℃，水温以40℃左右为宜，沐浴时间以10~15分钟为宜。

二、老人口腔照料

（1）一般口腔卫生指导

①对神志清醒、上肢能活动者鼓励其自行刷牙，可备好牙刷、牙膏和漱口水。使照料对象头部稍抬高，呈半坐或侧卧位，头偏向一侧，颈部围一干毛巾，将弯盘（或小面盆）放在照料对象口角旁。

②需要时，家政服务员可帮助老人刷牙，沿牙齿纵向刷洗牙齿内、外侧面，螺旋式刷洗咬合面，漱口后用干毛巾擦净面部，牙具清洗后备用。

③对无牙老人，可用清洁小毛巾裹住食指轻轻擦洗。

④如口腔黏膜有溃疡者，按医嘱涂药于溃疡处。

⑤口唇干裂者，可涂润唇膏。

（2）假牙的清洁

假牙取下后用冷水刷洗干净（禁用热水，以免裂损），让照料对象漱口后戴上，如暂时不用的假牙，可浸泡在清水中，每日换水1次。

牙刷使用时间久了可能有多种细菌繁殖，应定期更换（建议每月换一把），以免发生细菌感染。

三、老人头发照料

老年人头发与头部皮肤的清洁卫生也很重要。老年人的头发多干枯、容易脱落，做好头发的清洁和保养，定期洗头，有条件者可根据自身头皮性质选择合适的洗发、护发用品，可减少头发脱落，使之焕发活力。

①干性头发每周清洗一次，头皮和头发干燥者则清洁次数不宜过多，可用多脂皂清洗，发干后可涂以少许润滑油。

②油性头发每周清洗两次，皮脂分泌较多者可用温水及中性肥皂清洗。

4.老人的"如厕"问题

张爷爷患有高血压，而且腿脚不好，走路不方便，这天张爷爷突然在厕所晕倒了，这可吓坏了保姆，一边打120急救电话，一边打电话通知老人的儿女。原来，张爷爷由于长时间蹲厕所，起来时用力过猛，再加上没有扶手，就出现头昏的状况，昏倒在地。

老人的"如厕"问题，已经成为护理中一个不可忽视的问题。很多老人因为腿脚不方便，在如厕时会发生一些意外，例如摔倒、疾病发作等。所以，老人如厕时要注意这些细节，方可避免很多意外情况的发生。

一、骨病老人的如厕注意事项

①老人排便时，要慢慢蹲下去、站起来，动作绝对不能太猛。因为老人有关节炎，膝关节比较脆弱，动作过猛，膝关节承受不了，就会发生意外。

②在有老人的家里，最好在马桶边上安上扶手或者安装坐便器，利于老

人蹲坐排便。

③卫生间地面要做防滑处理，避免老人如厕摔倒，造成骨折、摔伤等意外。

二、高血压老人的如厕注意事项

①不可用力排便。老人，特别是患有高血压的老人，都并发脑血管方面的病症，如果排便时，屏住呼吸过于用力，血压会急剧上升，进而冲击到脑血管处，引发脑溢血、心肌梗死等脑血管方面的疾病。所以，老人排便时，不能用力过猛。

②高血压老人要预防便秘。老人一旦出现便秘，在排便时就会不自主地用力。所以，高血压老人平时要吃水果和蔬菜，养成按时排便的习惯，预防便秘。便秘的老人在排便前，可使用润肠药物，使排便时不致于太用力。

三、低血压老人的如厕注意事项

血压低的老人，如厕时若蹲的时间比较长，排便完猛然站起，就会出现头昏、眩晕的情况。另外，在天气比较冷的夜晚，老人懒得上厕所，就会憋尿，待实在憋不住上厕所排便完，膀胱一下放空，血压会骤然下降，导致晕倒。低血压老人如厕要提防晕倒。

四、其他如厕注意事项

①卫生间内少用空气清新剂，因为有些清新剂气味过重，再加上卫生间空气本身就不好，老人会出现呼吸困难、头晕的现象。

②老人上厕所时，最好不要锁门，一旦出现意外，便于家人或者保姆急救。所以，厕所门最好是推拉门，这样不容易被反锁，便于急救。

③卫生间要使用专门的防滑地砖，特别是有行动不便的老人的家族，一旦有一点水渍老人可能会滑倒，发生意外。另外，卫生间地面不能积水或者有过多的水渍，这些都会导致老人发生意外情况，这就要求保姆要勤拖地。

④有老人的家庭中，最好安装坐便，方便老人如厕；同时，可在坐便

的两边或者一边安装扶手，利于老人上完厕所起来时，容易站起来。当然，这种情况下，年事已高的老人上厕所时，保姆也要站在外面，随时预防发生意外。

5.大半夜要翻身

小芳已经做护理工作16年了，在这期间，和她一起来的小伙伴几乎都离开了，只剩下她一个人坚守着，经过长期的实战经验，仅给老人翻身这一项技能，她就有10多种方法。但是，对保姆来说，翻身技能中含有很多细节，例如，对上半身、下半身瘫痪，手脚不能动的老人，翻身方法都不一样。

经常翻身对老年人，尤其是长期卧床的老人有非常重要的意义。翻身，对于正常人来说，是一项再简单不过的事情了。但是对于年老体衰的老年人而言，特别是长期卧床的老年人来说，却是一件很艰难的事情。有些老年人在没有他人帮助的情况下，一整晚只能保持一种姿势入睡，由于一些器官功能减弱，血液供给也受阻，早上起床后就会浑身不舒服，使健康受到了影响。保姆若是能及时察觉到老人在夜间翻身换姿势睡觉方面的困难，便可以帮助他翻身，给老年人带来更为舒适的睡眠体验。

一、帮助老人翻身的好处

①变换体位，寻求舒适、安全的姿势。

②预防并发症，减轻局部受压，保护骨骼，预防压疮的发生。

③改善呼吸状况，预防因痰液阻塞气管发生窒息的意外。

④促进血液循环，防止因肌肉萎缩导致行动不便所发生的意外。

二、帮助老人翻身的方法

（1）老人从仰卧位转到侧卧位

床铺保持平整，老人屈膝平躺，脚跟贴在床上；家政人员一只手将老人膝关节向下托，向上托住髋部，另一手托住老人的肩部，轻轻向侧部移动呈侧卧位。动作不能太重，避免关节脱位，同时，老人在家政人员进行翻身时，做好配合，借助自己的力量翻身。

（2）老人从侧卧位到仰卧位

老人双腿关节屈膝，双手放在胸前，保持体位平衡；家政人员双手同时翻动老人的臀部和肩部，使其仰卧。

（3）两人协助从仰卧位翻身到侧卧位

老人仰卧，双手放在腹部或者身体两侧；家政人员其中一人双手托住老人的颈肩部和腰部，另一人双手托住老人臀部和腘窝（膝盖的后面叫作腘；腿弯曲时腘部形成一个窝，叫腘窝），两人同时用力，一起将老人从仰卧位翻身到侧卧位。

三、帮助老人翻身的注意事项

①每天晚上可翻身一次。如果是长期卧床的病人，晚上可翻身2~3次，白天可根据老人的要求，次数多一些。

②家政人员在给老人翻身时，一定要切忌拖、拉、推。因为老人的皮肤变得比较敏感，骨骼、关节也很脆弱，一旦被用力推拉，就会伤害皮肤、损害关节。

③翻身前，保姆最好将手上的戒指、手镯等物品摘下来，以免划伤老人肌肤。如果老人穿着比较厚，保姆可正常佩戴进行翻身，但一定要小心、谨慎，避免出现任何意外。

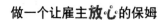

6. 老人的心理护理也是一门必修课

老年人随着年龄的增加机体逐渐衰老，各项功能呈直线下降，如食欲减退、失眠、视力下降、两耳失聪、头发变白、免疫功能低下等。这些都是老年人正常生理方面的改变，伴着健康状态和社会环境的改变，老年人的心理不同程度地发生变化，出现一些心理健康问题。保姆应针对老年人的这些特点，重视对老年人的心理护理，以提高老年人的心理健康水平和生存质量。

一、老年人最为常见的心理问题

（1）失落感

老年人由于社会角色的改变，心理上会产生一种失落感，从而表现出两种情绪，即有的沉默寡言、表情淡漠、情绪低落，凡事都无动于衷，有的急躁易怒，对周围的事物看不惯，常因一点小事而发脾气。

（2）孤独感

老年人由于丧偶、独居、离退休、社会及家庭地位改变、身体状况不佳，导致人际交往越来越少，常感到空虚、寂寞，心理上往往产生隔绝感或孤独感，进而感到烦躁、无聊。比如，有的老年人患脑梗死、脑萎缩而行动不便，心理上则产生自卑感，不愿意出门怕见熟人，自觉低人一等，整天待在家里像与世隔绝一样，从心理上产生一种从未有过的孤独感。

（3）恐惧感

老年人由于担心患病，自理能力下降以及心理负担加重等，也会产生忧虑感或恐惧感，从而表现出冷漠或急躁的情绪；有的老年人虽自感身体不舒服，但考虑到自己的经济状况，又怕给儿女增加经济负担，所以耽误了最佳治疗的时期，使身体每况愈下，增加了心理上的恐惧感。

（4）身心衰老

具有追求的老年人，通常在退休离开工作岗位之后，都不甘于清闲。他们渴望在有生之年，能够再为社会多做一些工作，所谓退而不休、老有所为，便是老年人崇高精神追求的真实写照。然而，许多年事已高却志气不减的老年人，身心健康状况却不理想。他们或者是机体衰老严重，或者身患多种疾病，有的在感知、记忆、思维等能力的衰退方面也非常明显，这样使得一些老年人陷入深深的苦恼和忧虑之中，从而影响他们的身心健康。

二、老年人心理护理

（1）指导老年人的健康教育

有针对性的介绍疾病的基本知识、治疗及康复，帮助老年人正确认识疾病，增强自我保健和自我照顾的能力。有的老年人常有躯体的某种病症，可能会增加他们的孤独、恐惧、抑郁的心理，家政服务人员要用和蔼、友善、热情的服务增加老年人对生活的信心。鼓励老年人树立坚强的信念，树立正确的生死观，从生活中寻找生存的意义和乐趣，善于安慰、控制自己，对不良情绪进行调节，适当参加社交活动，充实精神生活，安排好家庭生活，保持家庭和谐与温馨，取得家庭成员的理解、支持和照顾，从而提高生活和生命质量，减少或消除各种心理问题。

（2）帮助老年人保持与社会的接触

家政服务人员应多给予老年人特别的关心，经常主动与他们沟通，帮助他们认识自身的变化，尊重衰老的客观规律，帮助他们安排适应新的生活，使他们的生活充满情趣；通过各种方式帮助他们走向社会保持与人交往，从社会，生活中寻找生活动力摆脱孤独，消除失落感和不必要的担心，如介绍同龄、同爱好的人一起谈话、跳舞、扭秧歌、下棋等活动，使老年人的精神、心理得到满足。

（3）帮助老年人保持乐观开朗的性格

在日常护理工作中，指导老年人时刻保持乐观的态度，对新事物充满好奇心，培养生活情趣，时刻保持积极向上的人生态度。一种美好的心态，比用药更能解决生理上的痛苦，老年人要学会挖掘自身的快乐，更要学会享用自身宝贵的资源，只要每个人都能乐观、豁达、保持积极向上的人生态度，生活质量和人生价值将具有更大的提高。

7.春季保健的四个"注意"

俗话说"一年之计在于春"，春季养生有利于全年的健康。中医认为，春天人体阳气升发，如能利用春季阳气上升、人体新陈代谢旺盛之机，采用科学的养生方法，可取得事半功倍的效果。所以，春季养生对于中老年人来说显得尤为重要。医学专家认为，春季养生一定要适应气候和生理变化规律，保姆在照料老人时，主要应注意以下几个方面：

一、当心老人患病

（1）早春防寒，注意风寒感冒和心脑血管疾病

乍暖还寒的早春季节，常有寒潮侵袭，气温骤降，再加上老人对寒邪的

抵御能力降低，最容易感冒，引起支气管炎、肺炎等一系列的疾病。"春捂秋冻"是顺应气候的养生保健经验。因为春季气候变化无常，忽冷忽热，加上人们用棉衣"捂"了一冬，代谢功能较弱，不能迅速调节体温。如果衣着单薄，稍有疏忽就易感染疾病，危及健康。所以，老人出门时，保姆要给其多穿衣保暖，老人一旦感冒，就应及时就医。

患有高血压、心脏病的中老年人，更应注意防寒保暖，以预防脑卒中、心肌梗死等疾病的发生。

（2）注意风热感冒和传染病

春天是呼吸道传染病的多发季节，春天正式到来之后，天气转暖，致病的细菌、病毒等也繁殖迅速，因而易发生流行性感冒、肺炎等传染病。老年人由于免疫力差，所以容易被感染。

预防方法主要有以下几种：

①坚持身体锻炼，提高机体抗病能力。

②讲究卫生，消除病虫害以杜绝病源，可以采用在室内熏蒸食醋的办法来杀菌消毒。

③保持室内空气新鲜，多开窗户。

④在疾病流行期间，老年人不要频繁出入商场、影剧院等人多的公共场所。

⑤每天吃几瓣生大蒜可以预防呼吸道传染病。

⑥每天用盐水漱口，不仅可帮助清洁口腔，还能在一定程度上抑制细菌。一般在500毫升的杯子中加入一汤匙的盐，溶解后就可以漱口了。

二、注重饮食调养

春季，天气干燥，容易上火，长久下去会导致肺阴亏虚、病菌侵入机体，导致疾病。所以，老人饮食要清淡，多吃蔬菜，如菠菜、荠菜、芹菜等，还可以使用橘子皮煮水喝，化痰止咳。

要多吃含糖量比较少的水果，可润肠胃，还可预防一些潜在的疾病。

三、保证睡眠充足

春困秋乏，老人在春天容易感到困倦，严重时会感到缺氧。所以，春季保姆要陪着老人多锻炼身体。老年人应每天坚持午休半小时，晚饭前再慢行半小时，确保晚上睡得香，睡眠充足。

四、要调适心情

春季，春暖花开，一切都是欣欣向荣的景象。老人要经常外出以适应春天的气候，保持愉悦的心情。对于不能外出吹风的老人，保姆在空闲时，可在院子里种上一些花草供老年人观赏，平时还可以让老人在庭院中锻炼一下，疏松筋骨。

8. 夏季注意防暑防晒

对于正常人来说，夏季的酷暑炎热会对其产生影响，中暑、热伤风等。对于老年人来说，由于皮肤汗腺萎缩和循环系统功能衰退，肌体散热不畅，加之长时间的暴晒，很容易中暑。所以，在夏季，保姆一定要给老年人做好防暑防晒。

一、老年人外出防暑防晒注意事项

（1）不要顶着烈日出行

炎热的夏季，老人最好不要出门，及时外出，也不要在烈日下出行，可选择在阴天或者凉爽的早上、傍晚时分出去。每天10~16点之间，阳光最

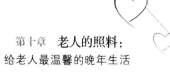

强，最容易中暑，中暑率是平时的10倍。

（2）要准备充足的水

老人外出时，保姆要随身携带装满水的水杯，以免老人太渴，出现脱水的状况。老人夏季外出要少喝饮料，以免对肠胃造成一定的影响。

（3）穿合适的衣服

老人夏季最适合穿棉、麻、丝类等吸汗性和散热性比较好的衣物，不容易引起中暑。

（4）备好防晒用具

老人外出时要备好防晒用具，例如遮阳伞、遮阳帽，或者涂抹专用的防晒霜。

二、老年人居家防暑防晒的注意事项

夏季，老年人即使不外出，也要做好防暑工作，同时还可以为外出做好准备。

（1）老年人夏季饮食

夏天的时令蔬菜，如生菜、黄瓜、西红柿等的含水量较高；新鲜水果，如桃子、杏、西瓜、甜瓜等水分含量为80%~90%，都可以用来补充水分。另外，乳制品既能补水，又能满足身体的营养之需。所以，老年人在夏季要多吃蔬菜、水果，但是切忌不可吃刚从冰箱拿出来的过冷的、刺激性的生冷食物。

（2）多喝水，不能渴了才去喝水

夏季根据温度的高低变化，老年人每天需要喝1.5~2升水。所以，保姆不要等老人渴了要水喝，一定要提前准备好，让他们及时补充水分。

（3）保证充足的睡眠

夏季由于气温高，人体消耗比较大，对于老年人来说，最容易困乏。所以，要保障老人在午休、晚上有充足的睡眠，才能增强抵抗力，防止中暑。

（4）适当、适量地吹风扇、空调

炎热的夏季，防暑的最好工具便是风扇和空调。吹风扇和空调的时候，不能直接对着老人，而且时间不能过长，温度不能过低。

（5）家中常备防暑药

夏季老人容易出现头痛、乏力，甚至是呕吐、恶心等症状，所以保姆要在家中常备一些防暑药物，例如十滴水、人丹、风油精、无极丹等。

9. 老人"秋冻"可要当心了

秋季是老年人易发生疾病的季节，此时的气候变幻莫测，早晚温差大，是感冒及胃肠道疾病的多发季节。老年人由于各脏器功能处于衰退阶段，对外界适应能力差，经受不了气温的突然变化，尤其是体弱及患有呼吸道疾病和慢性病者更易复发，不宜"秋冻"。所以，在护理中，保姆一定要注意这些事项。

一、注意皮肤卫生

初秋湿热并重，仍有"秋老虎"肆虐作恶，人们常常出汗过多，但此时早晚凉爽，容易使皮肤发生疖肿。因此，保姆应注意，给老年人洗澡、擦背等清洁皮肤的护理，这对老年人护肤尤为重要。保持皮肤清洁的最佳办法是勤洗澡，但秋季老年人洗澡不宜过勤，以免因皮肤干燥而发生皮肤瘙痒症。

二、注意室内通风

秋季气温下降，不少人家关门闭窗，以保室内温度，这样做可能使室内

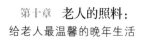

污染严重，造成上呼吸道疾患以及头痛、头晕、鼻窦不适、畏光、流涕、恶心和胸闷等症状。因此，平时保姆不可每天关闭窗户，天凉也要保持室内空气流通。当室内外温度相差10℃时，保姆要定时开窗通风。保姆、老人都不可在居室内吸烟，以减少环境污染，防止呼吸道疾病的发生。

三、注意锻炼身体

老年人适当增强锻炼可以使身体适应气温的变化，增强抗病能力。秋季，日照充分，阳光又不是很强，是室外活动的最好时期。保姆可根据老年人身体的状况，选择一些适合他们的户外活动，身体好的可以选择爬山、钓鱼、郊游等活动，而身体较差的则可以选择一些活动量较小的项目，如户外散步、打太极拳、练气功等。

四、注意增减衣物

深秋时节，气温骤降，保姆在照顾老年人时要格外注意保暖，避免外邪侵袭，阳气外泄。不要熬夜或蒙头睡觉，要养成开窗而居、露头而睡的习惯。夜间入睡后，腹部要盖上被子，以防受凉。适当"冻"一下，有利于提高身体的御寒能力，适当少穿点，以不着凉为度。深秋季节应防寒气侵袭，防止呼吸道疾病和其他慢性病的复发，体弱的老人更应注意。

五、注意调节饮食

早秋季节，气温仍然较高，食物极易因蚊蝇滋生和病菌繁殖而腐败变质。秋季又是菌痢、肠炎、食物中毒等肠道疾病的多发季节，所以保姆准备饮食时应注意卫生，让老年人尽量少吃生冷食品及海鲜类食品。老年人胃肠功能差，对冷的刺激比较敏感，过食冷饮可能会引起腹泻。

晚秋季节，气候比较干燥，老年人因津液不足，常出现口干舌燥、大便秘结等症状。此时保姆应合理调整饮食结构，多吃一些润肺生津的食物，如豆浆、西红柿、梨、香蕉、大枣、莲子及禽蛋等，不吃或少吃辛辣食品，以改善脏腑功能，增加抗病能力。

六、注意保持心情舒畅

秋季气温的变化不定、冷暖交替，给人的生理、心理带来一定影响。尤其是身临草枯叶落的深秋，常让老年人引起凄凉、苦闷、垂暮之感，易诱发消沉的心绪。因而保姆必须注意老人心理上的变化，进行适当调适。保姆要建议老人多与亲朋好友同去郊游，登高望远，饱览景色，也可参与一些有趣的体育活动，这些都有怡神解郁、稳定情绪的作用。家务劳动要适度，老年人身体如有不适要及时到医院检查治疗。

七、秋季，老人要注意四个部位冻不得

"秋冻"时，对身体不同部位要区别对待，以下四个部位一定要注意保暖。

①腹部。上腹部受凉容易引起胃部不适，甚至疼痛，特别是有胃病史的人更要注意。

②脚部。脚是人体中离心脏最远的地方，血液流经的路程最长，而脚部又汇集了全身的经脉，所以人们常说脚冷则全身冷。全身冷，机体抵抗力就会下降，病邪就有可能乘虚而入。

③脖子。脖子受凉，向下易引起有肺部症状的感冒；向上则会导致颈部血管收缩，不利于脑部供血。

④双肩。肩关节及其周围组织相对比较脆弱，容易因寒冷而受损伤。

10.冬季的防寒保暖工作要做好

冬季天气寒冷，老人最容易受到寒邪的侵袭，引起一系列的疾病。另外，由于老人骨骼比较脆弱，如果不做好保暖工作，容易出现骨折、风湿痛等疾病，甚至不能行走。有关老年人冬季防寒保暖工作，保姆可从以下方面做起：

一、老年人冬季防寒保暖的关键部位

（1）肺部——喝热粥

冬季，流鼻涕、咳嗽等风寒感冒最为流行，也是困扰老年人的一种常见疾病。较轻的情况下，保姆可选用辛温解表、宣肺散寒的食材，配合糯米，熬制成粥给老人服用。服用后可马上上床休息，盖好被子。

（2）头部——常戴帽子

冬季外面天气寒冷且伴有风，老人外出时，风寒会从头部入侵或者体内热能从头部散发，若遇到寒流，最容易引起感冒，所以保姆一定要给外出的老人戴帽子。

（3）脚部——常用热水泡脚或者做足浴

脚是身体部位中最容易受寒的地方，而且脚一凉，全身都会凉，所以每天晚上睡觉前，保姆要给老人用热水泡脚或者进行足浴按摩，以促进全身血液流通。

（4）背部——多穿防寒内衣

中医认为，感冒风寒多从背部开始，所以，保姆要注意给老人背部进行保暖。保姆可为老人准备一件棉背心，白天、晚上都可以穿。

（5）颈部——戴围巾、穿高领衣服

冬季是颈椎病高发的季节，颈部不但是各大血管的流经地，而且还遍布重要的穴位。所以，冬季给脖子保暖，最好的办法就是让老人戴围巾或者穿高领的衣服，例如毛衣、羊毛衫等。

（6）鼻子——早晨用冷水搓鼻子

鼻炎是老年人冬季最大的"敌人"，不妨使用"以寒制寒"的办法。早晨起床，保姆可以使用冷毛巾给老年人揉搓鼻子，促进血液顺畅。

二、多运动，"以动制冻"

冬季，老年人最缺乏的就是运动。所以，保姆要陪着老人多做运动，不仅可以防寒保暖，而且还可以增强抵抗力，减少疾病的侵扰。适合老年人的运动有：慢骑自行车、慢走、打太极等。运动时间不能过长，运动量不宜过大。

三、室内温度适宜，多通风

冬季，室内会开空调或者暖气，温度相对于室外，会高出很多。室内温度不宜过高，保持在18~20℃最好。长时间的封闭会导致室内空气污浊，应该定时的通风，保持室内空气新鲜。室内开空调或者暖气时，空气比较干燥，所以，保姆可在房间内放一盆水或者加湿器，增加室内湿度。

四、饮食方面增加热量

在冬季饮食方面，保姆要准备高热量、高能量的食物来帮老年人保暖。但是，保姆要监督老人不能过度食用这类食物，否则会出现肺火旺盛的状况。

11.危及老人健康的常见病的预防

老人的各项器官机能逐渐退化，免疫力、抵抗力减弱，最容易受到病魔的侵扰。高血压、慢性支气管炎、冠心病等常见病，一旦患上，会时刻危及老人的健康。保姆在老人的照顾期间，一定要重视以下这几种时刻危及老人健康的常见病的有效预防。

一、高血压

高血压是这一种危害人体健康的常见疾病，也是中来年人最容易患上的病。高血压是正常血压调节机制紊乱后出现的病症，是独立的心血管疾病，还会导致心、脑、肾三个器官发生病变。同时，还会出现冠心病、心力衰竭、脑出血、脑梗死、尿毒症、肾功能衰竭等严重的并发症。

高血压的预防：饮食方面应控制热量，减少脂肪的摄入，多吃蔬菜、水果；每天控制钠盐的摄入量，最好在6克以下；多运动，可慢走、打太极。

二、慢性支气管炎

人体支气管和细支气管由于感冒、吸烟、气候变化、大气污染等原因会反复受到感染和刺激，长久下去就会发展为支气管炎。发热、害怕冷、咳嗽、咯痰等就是支气管炎的病症，严重时甚至终年伴有咳嗽、喘息，且呼吸困难。

支气管炎的预防：少吃辛辣、冷冻食物，以免刺激气管；多开窗通风，保持空气流通；床单、被褥、衣服多勤换洗；适当进行锻炼，增强抵抗力。

三、冠心病

冠心病是人体冠状动脉血管发生病变引起的一种心血管病。平时饮食不合理，体内脂质代谢紊乱，造成血脂胆固醇沉积在血管壁上，进而导致冠状动脉血管出现硬化、血栓、堵塞等，这也是冠心病病变的主要根源。心肌缺血或缺氧导致的心绞痛、心律失常等是冠心病的临床表现。严重的冠心病患者会出现心肌梗死，心肌大面积坏死，随时威胁生命。

冠心病的预防：少吃生冷、辛辣食物，控制热量食物、高胆固醇、高脂肪食物的摄入；生活规律，保持充足睡眠；保持情绪稳定，戒焦戒躁；每天坚持适当的锻炼。

四、糖尿病

感染、肥胖、体力活动少、妊娠和其他因素都会诱发糖尿病，它是一种内分泌代谢系统疾病。多尿、多饮、多食、疲乏、尿糖等病症是糖尿病的临床表现。糖尿病在动脉硬化及微血管病变基础上，会产生多种慢性并发症，如糖尿病性心脏病、糖尿病性肢端坏死、糖尿病性脑血管病、糖尿病性肾病、糖尿病性视网膜病变及神经病变等。

糖尿病的预防：少吃油炸、低热量的食物；多吃水果、蔬菜，增加膳食纤维；保持一定的运动量，控制体重。

五、老年痴呆症

阿尔茨海默病又称老年痴呆症，是由于大脑器官退化或者损害引起的脑功能障碍性疾病，记忆、理解、判断、自我控制等能力都发生进行性的退化。老年痴呆症多发生在免疫功能低下、情绪抑郁，以及缺血性脑血管病或有高血压、高血脂、心脏病等病史的人群中。当老人出现记忆力减退、健忘等症状时，就要引起重视，这可能是老年痴呆的前期征兆，要及时就医治疗。

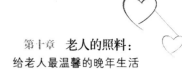

老年痴呆症的预防：多吃鱼类、蛋类、菌菇类食品，增强抵抗力，提高记忆力；禁止过度吸烟、喝酒，养成良好的睡眠质量；多运动，多与人交流，增强脑细胞活力。

12. 如今高发的"老人意外伤害"

老人属于社会中比较"弱势"的人群，是意外伤害高发的一个群体。据相关数据显示，跌倒或者坠落、锐器割伤、钝器受伤是60岁以上老人高发的意外伤害。在家中、大街上，60岁以上老人经常发生意外性的跌倒、昏迷等，造成不可估量的伤害。因此护理老人的过程中，保姆一定要密切关注、谨慎对待。

一、老人意外伤害频频发生的原因

（1）体能、脑力的衰减

老人年龄增大，身体各项器官功能都在逐渐退化，脑部机能正在衰退，进而影响到他们的行动能力、反应能力和认识能力。一旦遇到突发状况，他们反应慢，免不了受到伤害。

（2）疾病的影响

患有疾病的老人，在病情的影响下，最容易发生意外。例如，患有高血压的老人，突然站起或者正在走路，血压一旦上升，就会头昏、摔倒、四肢毫无控制能力。

（3）骨骼退行性病变

骨骼退行性病变也就是骨质增生，让老人的行动受到限制，身体不平衡，导致摔倒。例如，膝关节疼痛、走路时无法支撑身体上部、走起路来不平衡等就容易摔倒。

（4）家人及保姆的疏忽

老人自身各项机能都处在退化的阶段，需要家人及保姆的特殊照顾，以避免意外的发生。对于一些独居的老人，儿女长期工作在外，只能自己照顾自己，有诸多不便，容易发生意外；另外若保姆不负责任，在照顾老人上有诸多的疏忽，使其频频受到意外伤害。

二、老人常见的意外伤害及预防

（1）从饮食上避免意外窒息

老人呼吸道气管功能逐渐退化，平时饮食要清淡，不能太油腻，避免油腻食物黏附在气管壁上，达到一定程度时，就会造成呼吸困难，甚至导致意外窒息。老人吃的食物也不能太硬或是太大块，尽量将食物处理得容易咀嚼一些，以免发生噎食窒息。

（2）清除所有会导致意外跌倒的物品

意外跌倒是老人常见的意外伤害，几乎无法避免。所以，为了尽可能避免这样的伤害发生，居家布置要安全，特别是走道，不随意摆放物品，避免老年人撞到；客厅、过道、浴室地面不要有积水，避免滑倒。

（3）坐着穿鞋更安全、防摔倒

老人平衡能力变差，走路还会意外摔倒，如果站着穿鞋子，平衡力失调，最容易摔倒，造成骨折。所以，老人穿鞋的时候，要坐在椅子上或者床边，椅子和床的高度也不能太高。

（4）上楼、弯腰该留神

老人的骨骼、关节都在发生变化，变得比较脆弱。上楼时，关节弯曲，一旦楼层过高，关节就会变得更加脆弱，一不小心就会摔倒。此外，老人大幅度的弯腰、下台阶或捡东西、系鞋带时，最容易扭伤。

因此，保姆应该嘱咐老年人在进行这些动作的时候不要用力过猛、速度过快，对于体质不佳的老年人，保姆应该帮助其捡东西、系鞋带。

第十一章

病人的看护与保健：

让 细 心 和 微 笑 成 为 一 种 态 度

　　病人在心理、身体上都处于一种弱势的阶段，他们最需要的不是药物治疗，而是家人、朋友的关心与照顾。在平时的护理中，保姆是除了家人与病人接触最频繁的人。病人最需要的是保姆给予的亲人般的关怀。关心、细心、微笑与自信是保姆看护病人时不变的态度。

1.陪伴病人就医的学问

家庭护理不比医院护理，医院有专业的护士和医生的监护，不用过多操心用药等问题。但是，在家庭照顾病人，就医知识必不可少，甚至在紧急的情况下，它们会发挥关键性的作用。

一、急诊

①出现高热、休克、昏迷、出血、剧痛、呼吸困难等重症现象的被照料对象，一定要及时送到医院，进行急诊，以免耽误及时抢救治疗。

②如果病人的情况比较危机，无法自行送到医院，一定要拨打"120"，因为急救车上有专业的急救人员和设备，能在去医院的路上及时处理病情，赢得抢救时间。

二、门诊

①一般病症较轻或者慢性病的病人，在进行常规治疗的时候，应先挂门诊。

②看门诊，需要先到门诊部相应的专门地方挂号。

③就医时，将病情发生时的情况详细地进行阐述，方便医生确诊。如果需要做各项检查，医生开完单子后，可先向工作人员询问检查地点以及相关的注意事项。

三、专家门诊

对于疑难杂症或者特殊的病症，可挂专家号，到专家门诊就医，便于明确诊断和做出针对性的专项治疗。

四、传染病门诊

医院都会有传染病隔离门诊。传染病患者到隔离门诊就医，专业医护人员会做好消毒、隔离工作。传染病患者也可选择到传染病医院进行专业治疗。

五、各类医院的优劣势对比

在就医前，保姆还要对各类医院有一定的了解，在病人发生紧急情况时，可以直接送到适当的医院，而不是出现进错医院之类的错误。根据我国医院分级管理标准，医院分为一级、二级和三级，不同层级医院各有不同的功能定位和服务特点。

（1）一级医院

一级医院是指城市的社区卫生服务中心、农村的乡镇卫生院等，药价便宜，报销比例高。一般的常见病、多发病诊治及居家康复等患者，都可以去这类医院。

（2）二级医院

二级医院作为地区性医疗中心，可以为患者提供重大疾病的后续康复治疗，以及常见病、多发病的诊治。二级医院的医务人员水平较高，与三甲医院建立协作关系，有知名专家定期来医院会诊。相对于三级医院，这类医院最大的好处就是：医生有更多的时间与患者交流；当天即可拿到B超、CT等各项检查的结果。区、县级的综合医院和专科医院大多属于二级医院。

（3）三级医院

三级医院是医疗技术、人才力量最强的医疗机构，主要解决疑难危重症。医院实力强大、各类专家云集，当然，费用也会很高。

2. 药物的"安全使用手册"

　　李奶奶今年89岁，身体一直不好，每天都得吃药。这天，吃完药，李奶奶突然开始抽搐，还失去了意识。这把保姆吓得不轻，赶紧打120急救电话。李奶奶被及时送到医院，经过抢救，脱离了危险。最后，医生告诉家属：李奶奶服用药量太大，导致休克。原来，李奶奶之前在医院开的药吃完了，儿子就根据原来的药名随意到药店买了一瓶，没有询问医师怎么用，也没有看说明书，就按照之前的药量服用，结果就出现了这样的严重后果。

　　由此可见，掌握药物安全使用手册多么重要。这些知识，保姆不得不掌握。

一、家庭购药必须知道的事项

　　①处方药要由医生开处方，才可以去药房或者药店购买。例如，腹痛时，不能在不明原因的情况下服用止痛药，否则会加重病情。

　　②非处方药（OTC）不用医生开处方，可到药店购买。购买前要向药店的医师咨询，选购正确药品。

　　③千万不能购买无生产厂家、无批准文号、无注册商标、无有效期等的药品。

　　④对于慢性病或者疾病不能除根的患者，不要一味地寻求新药。患者听到药名或者听别人、广告介绍，就迫不及待地买来试用，这样非常危险。市

场上有无良药商，打着名贵药的名字，却生产假冒伪劣、毫无效果的药品。某些新药，才生产出来，药效还未得到确切地验证，其中的禁忌、不良反应等都未研究出来。如果服用，可能会出现不可预知的不良反应。

二、安全用药的注意事项

"是药三分毒"，药物中含有治疗病菌的特殊化学物质，不可滥用药物，要在医生的指导下服用。

（1）遵循医嘱服药，禁止随意加减药量、停药

有的病人或者家属错误地认为，多吃点药病就会好得快，结果导致严重的后果。病人治病的迫切心情可以理解，但是不能随意加减药量或者停药，否则会影响治疗效果，延误病情，甚至会威胁到生命。病情一旦有所好转就马上停药，这也是一种错误的做法，这样的情况下，病不但不能痊愈，结果还浪费了药物。

（2）服药方法要正确

有的病人为了省事，会在饭后用稀饭服用药物，有的还会用茶水冲服药物。其实，茶水中的鞣酸质会和药物成分发生作用，稀释药性或者产生不溶解的沉淀物，导致药物不能被吸收并发挥作用。

（3）用药后多喝水，禁吃刺激性的食物

用药后多喝水，可以减少用药后的一些不良反应。比如说，吃完退烧药后多喝水，可以防止出汗太多导致脱水。食用生冷、辛辣的刺激性食物，会影响药物在体内的分解效应，不但会引起不良反应，而且还会影响药效的发挥。

（4）用药后要观察人体反应与效果

老人和小儿生病时，抵抗力会变得较弱，容易出现不良反应。高血压患者长期服用利尿剂会出现高血糖、高血脂等症，反而会影响病人的健康。

（5）适用于不同人群的药物不能混用

成年人、老年人、小儿药物，不可混合服用，以免出现不良反应，甚至

造成生命危险。一般成年人的用药剂量比较大，小孩服用后，身体器官承受不了，会威胁到生命安全；老年人药物有一定的针对性，如果和成年人药物混合服用，不仅不会有助于病情的恢复，而且还会加重病情，引起其他疾病。

（6）不可滥用抗生素类药物

抗生素药物中含有干扰其他活细胞生长发育的物质，可以抵抗细菌和某些微生物，但是如果服用不当或者长期服用，会使机体产生抗药性，不但治不好疾病，而且服用其他药物也没有药效，使病情越来越难治。

（7）过期、变质的药物要及时扔掉

过期、变质的药物，不但失去药效，而且还会感染细菌，所以发现药物过期后，要及时扔掉，不可以再服用。

3.把这七种药放入"家庭药箱"

对于有老人、婴幼儿的家庭，备有"家庭药箱"十分有必要。每个人都会有个头痛脑热的时候，家中的"家庭药箱"应该常备这七种药。

一、心脑血管急救药

心脑血管急救药包括硝酸甘油、速效救心丸、麝香保心丸、复方丹参滴丸等。硝酸甘油可用在紧急救命的时候，经过改良，现在这种药物还有新型喷雾剂，使用起来更加方便、快速。

二、外科药品

外科药品包括止血贴、无菌纱布、绷带。止血贴，这些可对小面积的伤

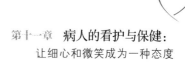

口进行止血。而伤口较大的地方，可用纱布、绷带进行包扎。

处理外伤时，多用安尔碘、百多邦莫匹罗星软膏、烫伤膏、云南白药气雾剂等。但是，不是任何的伤口都适用这些，大的伤口，一旦出现感染、化脓的状况，一定要到医院就医，以免出现感染。

三、感冒药

感冒药是每个家庭中必备的药品。感冒退热颗粒、氨咖黄敏胶囊、氨麻苯美片、百服宁等感冒药应常备。

服用感冒药前，一定要先看说明书，按照上面的说明服药。婴幼儿有专门的治疗发热感冒的药，不能随便服用成人药。

四、消化系统类药品

盐酸洛哌丁胺胶囊、复方地芬诺酯片、蒙脱石散、喇叭正露丸、藿香正气丸等，都是治疗非感染性腹泻的消化类的药品。如果病人出现感染性腹泻，不能服用这些药物，要及时送到医院就医。

五、抗过敏药

对于皮肤比较敏感的人群，需要随身携带抗过敏药。皮肤发红、因海鲜过敏出现的皮疹，都可使用氯雷他定片、阿司咪唑片、氯苯吡胺等抗过敏药物。

六、镇痛药

阿司匹林、对乙酰氨基酚片、酚麻美敏片、芬必得布洛芬缓释胶囊，这些镇痛药可缓解头痛、关节痛、腰痛、肌肉痛等症状。

七、降压药

降压药不是随便就能买到的，如苯磺酸氨氯地平片、卡托普利片、福辛普利钠片、富马酸比索洛尔片、氯沙坦钾片等，它们都是处方药，需要医生的药单方可买到，而且还要在医生的指导下服用。

"家庭药箱"中的药物要定期更换检查，最好三到六个月检查清理一次；家中还应备有一本急救手册，不至于突然情况下束手无策；另外，"家庭药箱"要放在孩童够不到的地方。

4. 人体的医学数据知多少

作为一名保姆，必须了解人体的医学数据才能更好地开展护理工作。

一、正常心率：75次/分钟

正常心率的范围是60~100次。成年人在健康的状态下，平均心率为每分钟75次。心动过速，心率超过100次/分钟；心动过缓，心率低于60次/分钟。

二、正常体温：36.3~37.2℃

测量体温的方法有口测法、腋下法以及直肠测法。口测法测量正常值为36.3~37.2℃；腋下测量法，正常值为36~37℃；直肠测量法，正常值为36.5~37.7℃。正常情况下体温会有周期性波动，幅度范围在1℃之内，就没事。

三、血红蛋白（HbB）：成年男性（120~160克/升），成年女性（110~150克/升）

临床上，血红蛋白值是判断是否贫血的依据。正常成人血红蛋白值为90~110克/升，属轻度贫血；60~90克/升，属中度贫血；30~60克/升，属重度贫血。

四、白细胞计数（WBC）：（4.0~10.0）×10^9个/升

白细胞计数大于10.0×10^9个/升，称白细胞增多；小于4.0×10^9个/升，称白细胞减少。

五、血小板计数（PLT）：（100~300）× 10^9 个/升

血小板有维护血管壁完整性的功能。当血小板数减少到 50×10^9 个/升以下时，特别是低至 30×10^9 个/升时，就有可能导致出血，皮肤上可出现瘀点、瘀斑。

六、尿量：1000~2000毫升/24小时

24小时尿量大于2500毫升，为多尿，饮水过多或者应用利尿药后会出现此值。

24小时尿量低于400毫升，为少尿，饮水过少、脱水、肾功能不全等人群会出现此值。

24小时尿量低于100毫升，为无尿，肾功能衰竭、休克等严重疾病，尿量会如此少。

24小时尿量夜尿量：500毫升

夜尿指晚上8点到第二天清晨8时的总尿量，一般为500毫升，排尿2~3次。如果晚上排尿量多于白天排尿量，表示为夜尿增多，这个现象显示人体肾功能受损，正处在退化的早期。

七、体重指数（BMI）=体重（千克）/身高（米）的平方

计算后的数值在18.5~23.9范围内属正常体重。如果体重指数超过24，说明已经偏胖，需要减肥了。

八、血压值

正常的血压范围是收缩压在90~140毫米汞柱（12.0~18.7千帕）之间，舒张压在60~90毫米汞柱（8.0~12.0千帕）之间。如果血压值低于90/60毫米汞柱，属于低血压；如果血压收缩压大于或等于160毫米汞柱（21.3千帕），舒张压大于或等于95毫米汞柱（12.6千帕），则为高血压。

九、糖尿病诊断标准

空腹血糖超过7.0毫摩/升，或餐后2小时血糖超过11.1毫摩/升

如果检查结果在上述范围内，可以确定检查者为糖尿病患者。

十、精子存活时间为72小时；卵子存活时间为24小时

在备孕期间，为了提高受孕率就要计算好排卵期。在排卵前的4天到排卵后的2天，都处于备孕期。

十一、两大血型系统：ABO和Rh

ABO血型系统将血液分为4型：A型、B型、AB型和O型。Rh血型系统将血型分为两种：Rh阳性型和Rh阴性型。

5.学习一下体温测量法

体温，是用来判断是否感冒发热的重要依据之一。病人身体感到不适，头昏发热，就赶紧呼叫保姆来量一下体温，诊察是否感冒、发热。

人体正常体温平均在36~37℃之间，超出这个范围就是发热，38℃以下是低热，39℃以上是高热。当然，人的体温在一天中的不同时段是不一样的，而且测量方法也不同，判断是否发热的依据也会有所变化。

正常情况下，人的口腔温度为36.5~37.2℃，腋窝温度比口腔温度低0.3~0.6℃，直肠温度比口腔温度高0.3~0.5℃。在一天体温的变化中，清晨2~5时体温最低，下午5~7时最高，但一天之内相差应小于1℃。

有病人或者小孩的家庭，家中一定要常备体温计。时刻关注病人体温，

宝宝没有精神或者哭闹，都要测量一下体温。

测量体温操作起来比较简单，但是也是一门技术。

一、腋下测量法

腋下测量体温是一种最安全、简便、卫生的方法。使用腋下体温测量法的时候，首先要把腋下擦干净，不能有汗，也不能在沐浴后的20分钟内进行；然后将体温表直接接触皮肤夹在腋下，大概10分钟左右，取出便可测出体温数。此种测量法适用于婴幼儿。

二、口腔测量法

先将体温表用酒精棉彻底消毒，消毒重点在体温表端的水银区；然后将此端放入病人舌头下，使其闭紧双唇，切记不可用牙咬，5分钟后取出读数。吸烟、喝水、餐后不宜测量，否则体温会不准。此法适用于清醒的成年人。

三、直肠测量法

相对前两种，这种方法操作比较麻烦。首先，用酒精棉将体温表消毒，并在水银端涂上少量的石蜡。病人屈膝侧卧或者趴着，将体温表慢慢插入病人肛门。成年人插入25毫米左右，婴儿13毫米左右。测量全程用手握紧体温表，3分钟后取出读数。此种方法适用于婴幼儿。

四、体温测量注意事项

①测量体温前，一定要检查体温表是否完好无损，否则会出现严重的后果。

②给老人、小孩以及危重的病人测量体温时，家政人员或者医护人员要守护在旁边。

③吃饭、出汗、运动的情况下，不能马上测量体温，至少要在30分钟后测量。

④口腔测量时，不小心咬破水银柱或者吞下水银，要立即吐出口中残留的玻璃屑或者水银，用清水漱口，并及时就医。

6. 血压测量：评估健康的标准

其实，很多家庭没有常备血压表，而且他们也没有这样的意识。何妈做了五年的保姆，照顾过六个病人，但是没有一家具备血压表。每到一个雇主家，首先她就会向对方提出一个要求：去医院或者药店买一个血压表回来。

有了血压表之后，测血压就不用再跑到医院了，直接在家即可完成。家中常备血压表，时刻观察家人的健康情况，还可以"防患于未然"，在饮食、运动等方面做相对应的调整，赶走疾病。

成年人正常血压值为：收缩压＜130毫米汞柱（约合17.3千帕），舒张压＜85毫米汞柱（约合11.3千帕）。

一、血压表的使用方法

水银柱式血压表和弹簧式血压表是两种常用的血压表。

①测量血压时，病人可坐着或者躺着，伸出一只手臂，露出上臂，平放在血压表前。手臂要与血压表水银柱在同一水平线上。

②血压表的起点在0点位置，将袖袋内空气放空后缠在病人上臂中部，袖袋下部在肘关节以上3厘米处。

③绑好袖袋，将听诊器听头放在肱动脉跳动处，关闭袖袋上的气阀门的同时，用充气球打气测压。

④待水银柱上升到一定刻度，松开气阀门，水银缓缓下降，听到第一声

脉搏跳动的声音，此时显示的数值便是收缩压值。

⑤边放气边观察刻度，当刻度到达一定的值后，脉搏声音变弱或者消失，此时的刻度就是舒张压的值。

二、测量血压应注意的事项

①测量血压前，要先检查血压表是否有破损现象，水银是否流失。水银可以保证所测血压的精确度。

②测量完之后，将袖袋内的空气排空，水银柱指针回归0位，关闭水银柱开关，确保下次使用时完好无损。

③血压表要放在小孩子无法够到的地方，否则会出现危险状况。

④最好不要在运动或者快速走路之后，马上测量血压。这样的情况下，心率快，血压也会相对增高，测量出来的数据存在很大的差异。

7. 这些医疗护理技术你必须知道

作为一个合格的保姆，医疗护理技术是基础性的技能。退热、输液、输氧、排气、导尿等都属于治疗护理。

一、物理降温退热法

用冷毛巾放在前额，其间要多换冷毛巾，保持退热效果。成年人，可加冰块进行冷敷或者用药退热；宝宝不能随便吃药，最好采用湿毛巾冷敷的办法退热。

二、输液护理

①首先要结合医生意见，是否适合在家进行输液，第一次输液最好是在医院进行，确定没有问题后，可在家进行。

②孩子、老人该使用什么药物、输液方式、用药的剂量以及药液滴下的速度等，必须听从专业医生的意见。

③老人和孩子的血管由于某些原因，不容易找到，在扎针的时候，要仔细、耐心。

④要控制好输液的量及速度，输液时，药量过大，会导致心肌缺血，甚至引起心力衰竭，所以输液的药量与速度都要根据人群、病情的不同调节。

⑤注意变态反应，老人和小孩的抵抗能力比较低，输液时最容易出现变态反应。输液期间，护理人员要时刻观察，一旦出现变态反应，立即停止输液。

三、输氧护理

当病人出现呼吸困难、心慌气短的紧急状况下，要给病人输入氧气。氧气可以维持生命，多用在抢救危重病人的过程中。掌握好输氧的使用方法，就是在挽救生命。

（1）哪些病症适合氧气吸入法

①呼吸系统受损影响肺活量，如哮喘、支气管炎等。

②心肺功能不全，呼吸困难，如心力衰竭导致的呼吸困难等。

③中毒引起的缺氧，如一氧化碳中毒、麻醉剂中毒等。

④昏迷，如脑血管意外或者脑损伤引起的昏迷。

⑤大出血导致的休克、大型手术等都需输入氧气。

（2）正确输氧的操作方法

氧气输入法对于长期卧床的病人，在家也可以使用，当然，要正确操作，方能起到应有的效果。

物品准备：氧气装置一套（流量表、湿化瓶）、一次性吸氧鼻导管、橡皮筋、安全别针、湿化液、棉签、弯盘、氧气记录卡。

①提前将氧气装置上的管子都清洁消毒，并将氧气袋提前充满氧气，最好放置两个备用。

②打开仪器上的中心管道旋钮，装上流量表，确认有无漏气，接通湿化瓶、吸氧管。

③清洁病人鼻腔，让病人以最舒服的体位接受理疗。

④将吸氧管插入鼻腔，在耳郭处固定好，再将氧气管用别针固定在床单上。

⑤在氧气记录卡上记录用氧的日期、时间、流量。

⑥给氧期间，护理人员要及时查看并观察用氧效果、病人有无不舒服的地方、有无氧气泄露、氧气量变化等。

⑦氧气输入结束了，先关闭所有的开关，拔下鼻导管，再安抚病人好好休息。

（3）使用氧气吸入法的注意事项

①吸氧前一定要检查设备仪器运作是否正常、氧气是否充足或者有无泄露。

②吸氧期间，护理人员一定要随时巡视、观察，如果病人出现不适的情况，例如痛苦、呼吸困难等，要把仪器及时关闭；关闭后，症状没有减轻，就要及时就医。

③做好记录，将氧气吸入量、停止吸氧时间、吸氧日期等详细记录，以作参考。

8.对骨质疏松认识的十大误区

骨质疏松是由于多种原因导致的骨密度和骨质量下降，骨微结构破坏，进而造成骨脆性增加，从而容易发生骨折的全身性骨病。每年不同年龄患有骨质疏松的人在不断增多，而且一旦发生骨折等意外，致死率也很高。

目前，对于骨质疏松症的认识及治疗方面，存在很多的误区。肩负护理病人工作的保姆必须对这些误区有所了解，在科学认识了骨质疏松的真面目后，才能成为合格的护理人员。

一、骨质疏松的病因是缺钙，补充足够的钙就能避免骨质疏松

很多人会认为，骨质疏松就是缺钙造成的，其实，骨质疏松的病因不仅仅是缺钙，体重过低，性激素低下，过度吸烟、饮酒、喝碳酸饮料，饮食中钙和维生素D缺乏，患有影响骨代谢的疾病，如甲状腺、甲状旁腺疾病、糖尿病，等等，都是骨质疏松的诱因。缺钙可以导致骨质疏松，补钙可以预防骨质疏松。

二、骨质疏松是老人"专属"病症，跟年轻人无关

这是一种常识性的错误，因为大家没有了解骨质疏松可以分为三大类型：

（1）原发性骨质疏松

原发性骨质疏松包括老年性骨质疏松和绝经后骨质疏松。患这一类骨质疏松的主要人群是老年人，跟年轻人无关。

（2）继发性骨质疏松

继发性骨质疏松是指由于其他病因如继发于某些内分泌疾病（如甲状腺机能亢进、糖尿病等）引起的骨质疏松。甲状旁腺疾病、成人维生素D严重缺乏等，是骨质疏松的诱因；长期服用甲状腺激素的人也会引发骨质疏松。这些都会发生在年轻人群中。

（3）特发性骨质疏松

特发性骨质疏松多数发生于年轻人的身上，包括：青少年骨质疏松、青壮年及成人骨质疏松、妇女妊娠及哺乳期骨质疏松。

三、没有受过外伤，就不会骨质疏松，发生骨折

骨质疏松导致骨骼非常脆弱，某些轻微的动作都可引起骨折，例如：咳嗽、用力提重物、打喷嚏等，发生骨折后一定要及时就医，明确病情。

四、骨质疏松可以不做骨密度测定

骨密度测定，不仅是诊断骨质疏松的关键，还是检测骨质疏松病情变化以及药物治疗效果的必要手段。骨密度测定可以每年进行1次。

五、患有骨质疏松，但是血钙正常，可不用补钙

血液中的钙含量是通过甲状旁腺激素、降钙素、活性维生素D等多种激素的调节而维持在正常的范围内。当钙的摄入量不足而导致人体缺钙时，其他激素会通过破骨细胞吸收骨骼中的钙到血液中，进而来调节平衡。这时，骨骼中的钙已经流失而导致缺钙。所以，血钙正常并不等于骨骼中的钙正常。

六、补充维生素D就是补钙

维生素D并不是钙片，但两者之间有密不可分的联系：维生素D可以促进肠胃钙的吸收。

七、骨质疏松是正常的机制退化现象，无需治疗

骨质疏松的多发人群是老年人。随着年龄的增长，老年人的器官机能在逐渐退化，这是衰老的自然现象。高血压、糖尿病、高血脂和骨质疏松成为老年人常见的疾病。其实，这些疾病并不是没有办法治疗的，它们可以被减轻或者预防，这需要药物、食疗等的相互配合。

八、治疗骨质疏松就是补钙

治疗骨质疏松就是补钙，这是片面的认识，治疗骨质疏松需要综合性的治疗。如补钙、药物治疗、食疗等都是治疗骨质疏松的方式，要根据医生的建议进行治疗。

九、骨质增生，不能补钙

骨质增生是由于骨质疏松代偿过程中发生钙异位沉积所导致的。这种情况下，钙沉积在骨骼表面形成"骨刺"。而补钙恰恰能纠正机体缺钙状况，纠正异常情况的发生，减少"骨刺"的形成。

十、"肾结石"患者不能补钙

除了尿路畸形、尿路梗阻、尿液过度碱化或尿中草酸过多等原因导致肾结石，机体缺钙导致骨钙释放过多也是肾结石的诱因。所以，患有肾结石的患者还需要补钙。

9. 十大信号：关注脑血管疾病患者

调查显示，我国近年来脑血管病患者呈上升趋势，且患病者年龄多趋向于中老年人。脑血管疾病的发病率比较高，后遗症严重，对人体健康构成巨大的威胁。

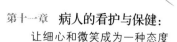

一、脑血管疾病的十大信号

在生活中，如果出现以下这些信号，保姆就要注意照顾对象是否患上脑血管疾病。一经发现，要及时就医，将病情控制住，以免发展得更严重。

①经常出现头痛、头晕、耳鸣、视物不清、眼前发黑等症状。

②思维缓慢，反应迟钝，记忆力衰退，注意力无法集中。

③双手发抖、发颤，很难完成生活中一些基本动作。

④手脚经常有发麻的感觉，而且触摸东西时没有感觉。

⑤舌头发麻、僵硬，说话不利索、不清晰。

⑥控制不住地流口水。

⑦睡眠质量差，多梦、失眠、浅觉；感觉睡不醒，醒后有一种疲劳感。

⑧情绪难以控制，不自觉地哭或者笑。

⑨对身边的一切事和人都不感兴趣，还无缘无故地发火。

⑩毫无征兆地摔跤。

二、预防脑血管疾病发生的方法

①戒烟。烟中含有尼古丁、咖啡因等物质，百害而无一利，是导致脑血管疾病的主要"元凶"之一。

②少喝酒。酒精有活血的作用，每天少饮酒，具有保健作用；如果过度喝酒，就会损伤肝脏，加重体内湿气，甚至会引起脑卒中。

③饮食要清淡。多吃油腻的肉食之类的食物，会导致高血脂、高血压、糖尿病等疾病，严重者会引发脑血管疾病。

④注意调节情绪。情绪波动太大，过于激动或者兴奋，会导致血压突然升高，冲至脑部，出现脑充血现象，很容易产生脑血管疾病。

⑤适当运动。运动可以保证气血畅通。

⑥规律的作息时间。中老年人群不宜熬夜，否则会导致阴阳不调，长久下去会引发脑卒中。

保姆们不要小看这六种方法，只要长期坚持，就会让你所护理的病人远离脑血管疾病。

10. 给糖尿病患者"无糖关怀"

感染、肥胖、体力活动少、妊娠和其他因素都会诱发糖尿病，它是一种内分泌代谢系统疾病。多尿、多饮、多食、疲乏、尿糖等病症是糖尿病的临床表现。糖尿病在动脉硬化及微血管病变基础上会产生多种慢性并发症，如：糖尿病性心脏病、糖尿病性肢端坏疽、糖尿病性脑血管病、糖尿病性肾病、糖尿病性视网膜病变及神经病变等。

保姆在照顾糖尿病患者的时候，一定要从"无糖关怀"方面下手。

根据中国国家标准《预包装特殊膳食用食品标签通则》规定，"无糖"的要求是指固体或液体食品中每100克或100毫升的含糖量不高于0.5%（即0.5克或0.5毫升）。"无糖食品"实质上是"未加蔗糖的食品"，食物中原有的糖类成分依然存在，只是含糖量受到控制，含量比较低。

对糖尿病患者的"无糖关怀"也要有度有法，需要注意以下几点：

一、饮食方面要清淡，结构要合理

糖尿病患者要适量多吃蔬菜、杂粮，它们含有丰富的膳食纤维，有助于降低血糖。

二、控制治愈糖尿病不能完全依靠无糖食疗或者无糖食品

无糖食品是食疗的一部分，在一定程度上可以减少糖分的摄入量，但是不具备降糖药的疗效，所以，不能放弃药物治疗，完全依靠无糖食疗。患糖尿病老人，不要轻信无良的广告宣传，认为不含糖分的保健品具有治疗糖尿病的功效。

三、选择无糖食品，要谨慎其他糖的存在

在购买无糖食品的时候，不能只看到包装外面的"无糖"字样，其中可能还含有葡萄糖、麦芽糖等，这些糖分的过多摄入，对患者也具有危害。

四、无糖食品摄入也要适量

市场上售卖的无糖糕点、月饼之类的面类食品，食用时也要考虑其热量的存在。这些食品要控制好摄入的量，不能无所顾忌地食用，否则也会增加体内的糖分含量，使糖尿病情得不到很好的控制。

11.高血压患者的降压处理

高血压是一种危害人体健康的常见疾病，也是中老年人最容易患上的疾病。高血压是正常血压调节机制紊乱后出现的病症，它是独立的心血管疾病，还会导致心、脑、肾三个器官发生病变。同时，还会出现冠心病、心力衰竭、脑出血、脑梗死、尿毒症、肾功能衰竭等严重的并发症。

老年人群是高血压高发人群，降血压不要仅依靠降压药，保姆还可使用多种方法来对高血压患者进行降压处理。

一、六字按摩降压法

（1）擦

用两手掌摩擦头部的两侧，来回做36次。

（2）抹

用双手的食指、中指、无名指的指腹，从前额正中间向两侧抹到太阳穴，来回重复这样的动作各36次。

（3）梳

两只手的十指稍微弯曲，从额头前部发际开始向后梳，经过头顶、后发际处结束，共梳36次。

（4）滚

双手呈握拳状态，拳眼对着腰背部，上下用力滚动，滚动的幅度可根据个人情况尽量大一些，滚动的次数为36次。

（5）揉

两只手手掌十字交叉重叠，贴在腹部，以肚脐为中心，顺时针、逆时针各揉36次。

（6）摩

按摩风池穴（枕骨粗隆直下凹陷与乳突之间，斜方肌与胸锁乳突肌的上端之间）、劳宫穴（手心中央）、合谷穴（手背面第一、二掌骨之间，近第二掌骨中点）、内关穴（前臂内侧、腕上2寸）等穴位，各36次。

二、十分钟降压保健操

十分钟降压保健操简单易学，时间不长，但效果明显。对于第一、二期的高血压患者，每天坚持做2~3次，有降血压、镇痛、安神的效果。

（1）准备姿势

坐在椅子或者沙发上，姿势端正，双眼注视前方，两只手臂自然下垂，两手掌放在大腿上。两脚分开与肩同宽，全身肌肉放松，呼吸均匀。

（2）按摩太阳穴

轻轻按揉太阳穴，顺时针按揉，一圈为一个节拍，大约做32拍。按揉太阳穴可以起到疏风解表、清脑明目、止头痛的功效。

（3）按摩位于头顶正中央的百会穴

左手手掌紧贴百会穴旋转，一圈为一拍，大约做32拍，左右手可交替进行。

（4）按揉风池穴

用双手拇指的指面放在两侧的风池穴处，顺时针旋转按揉，一圈为一拍，可做32拍。

（5）摩头

两手五指自然分开，从前额向耳后，用小鱼际按摩，从前到后沿弧线行走一次为一拍，大约做32拍。这种按摩可以起到舒经通络、平肝熄风、降血压的功效。

（6）擦颈

用左手大鱼际擦抹右颈部胸锁乳突肌，然后再换右手擦抹左颈部，来回一次为一拍，共做32拍。

（7）轻揉曲池穴

左右手交替，先后按揉肘关节处的曲池穴，旋转一周为一拍，共做32拍。此具有清热、降血压的功效。

（8）揉关宽胸

用右手大拇指按揉左手内关穴，然后用左手按揉右手内关穴，以顺时针方向按揉一周为一拍，总共做32拍。

（9）引血下行

用左右手拇指分别按揉左右小腿足三里穴，一周为一拍，共32拍。此法揉里活本、健脾和胃、引血下行的功效。

（10）扩胸调气

两手放松下垂，然后握空拳，屈肘抬起，提肩向后扩胸，最后放松还原。

12.冠心病患者需要用心呵护

冠心病是人体冠状动脉血管发生病变引起的一种心血管病。平时饮食不合理，体内脂质代谢紊乱，造成血脂胆固醇沉积在血管壁上，进而导致冠状动脉血管出现硬化、血栓、堵塞等，这也是冠心病病变的主要根源。心肌缺血、缺氧导致的心绞痛、心律失常等是冠心病的临床表现。严重的冠心病患者会出现心肌梗死、心肌大面积坏死，随时威胁生命。

冠心病发病一般会很突然，主要患病人群是老年人，所以一旦发病，就会威胁生命。在日常生活中，冠心病患者需要用心去呵护。

一、补足体内水分

这三杯水不能少：第一杯，睡觉半小时前，喝一杯白开水；第二杯，深夜醒来时，喝一杯白开水，因为半夜两点左右是脑血栓和心肌梗死发病的高发点；第三杯水，清晨醒来后，可在床上或者下床活动一下四肢，然后喝一杯凉白开水。早晨，人体生理性血压处于升高期，血小板活性增加，容易形成血栓；经过一夜的睡眠，体内水分蒸发流失，血液黏稠度增高，也容易形成血栓。所以，早上冠心病的危险期是起床后的2~3小时内，喝水可以稀释黏稠的血液，改善体内血液循环状况，防止冠心病发作。

二、合理的饮食

荷兰研究人员发现，有规律地食用含有黄酮类食品的人，死于心肌梗死的可能性极小。黄酮是一种植物颜料，而红茶、洋葱、绿叶菜、西红柿、苹果、山楂等食物中均富含黄酮。另外，维生素也是预防冠心病的重要营养素，它可以使血管弹性增强、出血率降低等。所以，在饮食的搭配上，要多吃这类食物。冠心病患者夜间保健非常重要。晚餐要清淡，不能过饱，七八分饱即可。

三、适当的运动

生命在于运动，运动让生命不息。运动有很多好处：加速新陈代谢、增强脂质的氧化消耗、降低血脂、减少脂质沉积在血管内壁上的概率等。所以，老年人以及冠心病患者每天可以快步行走1小时，以减少患上冠心病的概率及发病率。

徒步快走最好是在清静的早上进行，每次15~30分钟，中间可以休息1~2次。在锻炼中，可每天逐渐增加步行的速度与时间，并要持之以恒。

四、按摩

在中医方面，心阳不足、心脉不通常引发冠心病，而按摩对防治冠心病有一定的疗效。

按摩方法：一只手的拇指指腹贴放在另一手臂内侧的内关穴处，先沿着手臂内侧向下按压，然后再做向心性按压，两手交替进行。如果病人心速过快，按压的力度可以逐渐加重，同时可配合使用按摩中震颤和轻揉两种手法。出现心绞痛的患者，按压心俞穴、膻中穴可以止痛；胸闷患者，按压肺俞穴、定喘穴，用来顺肺降邪气。

13.慢性支气管炎、肺气肿患者的护理

人体支气管和细支气管由于感冒、吸烟、气候变化、大气污染等原因，会反复受到感染和刺激，长久下去就会转化为支气管炎。发热、怕冷、咳嗽、咯痰等就是支气管炎的病症，严重者终年伴有咳嗽、喘息、呼吸困难甚至危及生命。

肺气肿是由某些肺部慢性疾病引起的，它是慢性支气管炎的继发病。肺气肿容易继发阻塞性肺气肿，会出现咳嗽、咳痰等症状，严重者会加重呼吸困难，继而发展为慢性肺源性心脏病和Ⅱ型呼吸衰竭。

一、引起慢性支气管炎和肺气肿的因素

（1）吸烟

烟中含有焦油、尼古丁等，它们会使支气管发生痉挛、呼吸道组织功能受到阻碍，容易被有害物质感染，逐渐恶化为慢性支气管炎和肺气肿。

（2）病毒感染

老年人群抵抗力弱，容易被鼻病毒、流感病毒、腺病毒等细菌性病毒侵入感染。

（3）大气污染

随着时代在快速发展，环境也在不断恶化，大气污染很严重。老年人受到二氧化硫、二氧化氮、氯等有害气体的慢性污染后，逐渐引起支气管方面

的病变。

（4）气候变化

在季节的转变阶段，特别是冷空气的刺激、气候的突然变化，导致呼吸道黏膜的功能减弱，发生感染后会继发为慢性支气管炎和肺气肿。

（5）体质减弱

慢性支气管炎和肺气肿多发生在老年人群中，他们的呼吸器官功能、抵抗力逐渐退化与减弱，再加上饮食、心理、环境等因素的影响，使老年人容易患上这两种疾病。

二、支气管炎和肺气肿的护理措施

（1）饮食

饮食结构要合理，多食用高热量、高蛋白质、高维生素食物，少食用容易产气的食物，避免食物产生的气体影响膈肌运动。饮食营养平衡能够提高免疫力，降低得病率。

（2）适当的运动

全身运动能够加速气管内血液的运行，再加上呼吸锻炼，不仅可以提高免疫力，而且还能改善呼吸功能。

（3）改善呼吸功能

对于肺气肿最好的护理方式是改善呼吸功能。

①合理用氧。在家里疗养的重症患者，要采用低流量持续输氧疗法，氧气流量可控制在1~2升／分钟，每天不少于15小时，特别是睡眠时间，也要持续输氧。

②呼吸训练。保持呼吸的顺畅可以降低气管炎的发病率。

（4）心理护理

由于受到病魔的折磨，特别是呼吸困难、喘不上气的时候，会让人对生活丧失信心，病情轻者会有焦虑、抑郁等心理障碍，病情重者会有轻生的念头。所以，护理人员要多与病人沟通交流，减轻其心理压力，给予他们生活的信心。

（5）健康教育

家政人员要向病人讲解关于慢性支气管炎和肺气肿方面的相关知识，比如病因、生活习惯等，以便病人积极配合治疗。

14. 谨慎对待精神病患者

走进屋内，空荡荡的房子漆黑一片，一股难闻的气味弥漫整个屋子。一个赤身的中年男子，蹲在一块破旧、脏兮兮的木板上，而右脚踝上拴着一条一米多长的铁链，铁链的另一端固定在一截铁桩上。男子不停地喃喃自语，毫无生机，沉浸在自己的"世界"里。

原来这个男子是一名精神病患者，年轻时，因为感情受挫，精神失常，后来病情越来越严重。找不到可以照顾孩子的保姆，没有办法之下，年迈的父母才狠心将他锁在屋子里。其实，男子父母的做法是不对的，他们不应该这样对待精神病儿子，但是他们却有着太多的无奈。

如果保姆的工作之一就是负责照顾雇主家中的精神病患者，那么一定要谨慎对待，因为他们有精神障碍，不能像正常人一样有清醒的头脑和意识，甚至还会做出危险的举动。

一、精神疾病症状的表现

（1）多疑

精神病患者多虑多疑，对身边的事情和人耿耿于怀，总会觉得别人在议论自己，甚至担心有人会给自己下毒等。

（2）行为怪异

精神病患者会陷在自己的世界里，想做什么就做什么，经常做出让人觉得诡异、难以理解的行为。

（3）情绪多变

精神病患者会很敏感，容易发脾气。一旦出现不符合自己心意的事情，就会变得暴躁、恼怒等。

二、如何对待精神病患者

（1）学会尊重

作为保姆，不能在患者面前表现出一副高人一等、看不起他们的姿态。家政人员要谦虚、热情、亲切、和蔼地对待患者，要尊重他们，不能歧视、讽刺、戏弄他们。

（2）好心态

照顾精神病患者，不仅要有强硬的心理素质，而且还要有好的心态。患者发病时，不能惊慌，也不要做出一些过激的行为。他们出现心情不好、情绪激动、暴躁的时候，要耐心、冷静地平复他们的情绪。

（3）教育知识

在患者情绪比较稳定、意识清醒的情况下，给他们讲解精神病方面的知识。同时，还要与患者家属交流谈话，抓住患者心理，进而找到心理护理的方法，让他们试着去与他人交流，热情地对待生活。

（4）心理安抚

处在恢复期的精神病患者都有一种对亲人的愧疚感。因为在发病期间，他们给身边的亲朋好友带来了伤害。保姆要在中间起到桥梁的作用，帮助他们解开之间的心结。

15. 病人的起居"要诀"

病人，舒适的居住环境和良好的心态极其重要。居住环境的好坏直接影响病人的心情，而病人的心情直接决定着病情的好坏。所以，保姆在照顾病人时，一定从起居方面入手，谨记这些"要诀"。

一、清洁整齐

①室内家具物品的摆放，要根据主人的喜好有顺序地放置，不仅便于清扫、消毒，而且还便于主人对物品的使用。

②地面的打扫要根据地面材质的不同，采用合适的方式进行清洁，如果打扫时会有大量的灰尘，一定要先洒水，然后进行清扫。对于病人的排泄物以及产生的垃圾要及时清理，以免产生恶臭味。

二、舒适美观

（1）室内装饰赏心悦目

房间内装饰不要过于繁杂，简单素雅，以暖色调为主，否则会在一定程度上影响病人的心情与休息。房间内可以适当摆放一些盆景、花卉，以便舒缓病人的情绪，利于病情的恢复。当然，这些盆景、花卉最好以绿色为主，而且不能带有太大的刺激性气味，否则会对病人的呼吸造成一定的影响。

（2）房间采光性要好

病人居住的房间光线要好，阳光最好可以照进来。阳光具有杀菌的作用，还可以增强身体的抵抗力。

（3）房间温度、湿度

房间温度要事宜，要根据病人的具体情况及个人习惯而定。但是特别病情的病人，一定要遵守医生的嘱托。房间不能太干，也不能过于潮湿，不然都会影响病人的恢复，甚至会加速病情的恶化。房间相对湿度最好达到50%~60%。如果过于干燥，可以使用加湿器或者洒水的方式提高室内湿度。另外，房间的通风一定要好，利于新鲜空气的流通。

三、安全健康

作为病人，特别是生病的老人、小孩，行动力会比较差，难免会磕碰损伤，所以起居方面一定要安全、健康。

①地面清洁，不要有水渍，避免滑倒。有小孩的家庭，可以在走廊设置防护栏等。

②房间内物品排放要整齐有序，不能放在必经的过道等地方。

16. 饮食永远是"重中之重"

饮食是人体营养的主要来源，而营养是身体健康的基础。俗话说"病从口入"，饮食上一不小心，就会生病。因此，病人更需要摄取充足的营养，增强抵抗力，战胜病魔。对于病人来说，饮食是"重中之重"，保姆在日常的照料中，必须加以重视。

在照顾病人的饮食方面，保姆需要做到以下几点：

一、饮食结构科学合理

一种食物并不能提供人体所需要的全部营养，但也不是食物越多，营养会越充足丰富，食物结构之间的安排搭配要科学、合理。食物可分为五大类：

①主食：主要用来补充能量。

②果蔬类：蔬菜、水果，主要给人体提供所需的维生素、矿物质、纤维素等。

③动物性食物：主要是鱼、鸡等肉类食物，用于补给蛋白质、矿物质、脂肪等。

④大豆及奶制品：主要提供蛋白质、多种维生素、钙等物质。

⑤动、植物脂肪。

二、种类多样，搭配合理

病人饮食要多样化，即使没有胃口，保姆也要烹饪各种有营养的食物，绝对不能让病人偏食或者挑食，不利于营养的均衡性。

病人要改变以前不合理的饮食习惯，食物种类不能过于单一。病人的饮食，应以谷类为主食，多吃蔬菜、水果，这样不仅利于消化、补充维生素，还可以加强肠胃蠕动、预防便秘。病人生病期间要忌口，可以适量食用鱼、鸡等肉类食物。但是特殊病人，比如"三高"人群，要谨慎食用脂肪高、热能高的食物。

三、饮食清淡，一日三餐分配合理

病人的消化、肠胃等功能降低，保姆切记不能烹饪过于油腻的食物。一日三餐的饮食功效不同，在饮食分配上也不一样。病人饮食要合理，尽量少吃零食。

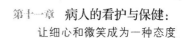

四、了解治疗饮食食谱

针对病人，根据病情的需要，调制出营养均衡、热量适中、能达到辅助治疗目的的治疗饮食表。

饮食种类	适用范围	饮食原则	注意事项
高热量饮食	甲状腺功能亢进、肝脏疾病、烧伤、肺结核等	保持基本饮食不变，再加两餐	多食用牛奶、面食类、巧克力等富含热量的食物
高蛋白质饮食	营养不良、大手术后、低蛋白血症等	在原有饮食的基础上增加富含蛋白质的食物，但每天的摄入量不超过120克	选择豆类、奶制品、肉类等食物，注意优质蛋白质的摄入
低脂肪饮食	胰腺疾病、高脂血症、动脉硬化、肥胖症、冠心病	脂肪的摄入量要有限制，每天低于50克	选用蒸、煮、烩等不含油脂的烹饪方法，多选择蔬菜、豆制品、瘦肉类食物
低胆固醇饮食	动脉硬化、高胆固醇血症、冠心病	禁止大量食用富含胆固醇的食物，每天胆固醇摄入量低于300毫克	动物内脏、肥肉、鱼子等食物不能食用
低蛋白质饮食	急性肾炎、尿毒症	成人每天蛋白质的摄入量不低于50克	选用含淀粉、糖类等食物，注意优质蛋白质的摄入

17. 卫生洗手"七步法"

手是人体接触细菌最多的部位，因此，细菌会通过手的直接接触、触碰，传染到另一个机体上。特别是在照顾病人时，手最容易感染到细菌，被细菌寄居。因为，生病的人群，抵抗力变弱，细菌就有机可乘。所以，如果用沾染细菌的手去接触病人，会加重病人病情。

在进行家政服务中，保姆要做各类家务活，手上更容易沾上细菌、病毒等无法用肉眼看到的微生物，它们进入身体后，会产生各类疾病。所以，手成为传播病菌的主要途径之一。照顾病人时，一定要勤洗手、勤消毒。

一、学会洗手"七步法"

第一步：内

洗手掌。用水浸润双手，涂上洗手液或者香皂，十个指头并拢，掌心对掌心，相互揉搓。

第二步：外

洗手背处的指缝。用另一只手顺着手背指缝处来回揉搓；两只手交替进行。

第三步：夹

洗手掌内侧指缝处。掌心相对，十指交叉沿着指缝上下相互揉搓。

第四步：弓

洗手指背部。弯曲十指关节，双手呈半握的状态，一手掌心放在另一只手背部，旋转揉搓，两手交换进行。

第五步：大

洗大拇指。一手全握另一手的拇指，来回旋转揉搓，两手交换进行。

第六步：立

洗指尖。十指关节弯曲，指尖合拢或者并排放入另一手掌心，旋动揉搓，两手交换进行。

第七步：腕

洗手腕、手臂。一只手揉搓另一手的手腕、手臂处，双手交换进行。

二、洗手时的注意事项

保姆洗手时，要摘掉戒指、手表、手链等，着重清洗以上提到的几个部位，因为这是最容易"藏污纳垢"的区域。

保姆洗手时要使用专用的洗手液或者香皂。最主要的是注意清洁用品的成分，这些物品中若含有刺激性的成分，长期下去，会对病人，特别是长期卧床病人的肌肤造成伤害。有些保姆为了洗掉一些气味重或者难以消除的细菌时，会使用杀菌液或者刺激性较强的洗手液，这对病人"百害而无一利"。

18. 病人的"臭臭"怎么解决

老林这几天可愁坏了，因为他正在全力为生病卧床的老母亲寻找一个合格的保姆。其实，老林之前已经找了三个保姆了，但是最后都辞职走人了。这是怎么回事呢？他们三个之中，两个人是因为解决不好病人的大便问题，每次都清洁得不到位，让病人感到不舒适。另一个干了几天后，实在不愿意再端便盆，于是也走人了。老林感叹："找一个能解决病人大便问题的保姆怎么就这么难呢？"

病人，特别是长期卧床的病人，失去自理能力，大小便都要在床上解决，这对保姆的护理是一种考验。护理人员要根据病人的年龄、具体病情、大便的固定时间进行分析，做出一个详细的护理方案，有助于护理的顺利进行。

一、病人大便的解决方式

①卧床病人：将病人的裤子脱到膝盖的位置，屈膝仰卧。家政人员一只手托着病人的腰部，向上抬起，另一只手将便盆放在其臀下。

②对于有自理能力的病人：将其搀扶到厕所，安置在马桶上，然后轻轻关上门，在门外等着。

③病人大便后，要及时进行清洁。对于不能自理的病人，要为病人及时擦洗，然后换上清洁的垫子。对病人经常性的擦洗，可以预防褥疮。

二、解决病人大便时应注意的事项

①大便后，为病人清洗时，水温要适宜不能太热或者太凉。清洗完后，根据情况给病人使用一些消炎、保持干燥的药膏。

②坐便器用完后要马上进行清洗，不能有异味或者残留污渍。

③病人大便清洁后，可以对其进行按摩，缓解长时间卧床带来的肌肉硬化、酸痛等症状。

三、针对便秘的病人，可以使用通便法进行排便

（1）使用开塞露

开塞露中含有甘油和山梨醇成分，具有软化粪便、润滑肠壁、刺激肠蠕动的作用。

使用方法：让病人侧位躺着；打开开塞露的盖子，挤出少量药液到塑料壳顶部；将塑料壳颈部轻轻插入肛门处，挤药液进去，然后拔出塑料壳；让药液在肠内停留5~10分钟，便可排便。

（2）按摩通便法

用单手或双手的食指、中指、无名指重叠，稍用力按压腹部，从右下腹开始，顺着从盲肠→升结肠→横结肠→降结肠→乙状结肠的方位做环形按摩，可以促使结肠内容物向下移动，增加腹压，促进排便。

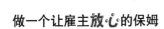

19. 预防压疮的最好方法

人体局部组织受到压迫，持续缺氧、缺血，再加上营养不良，会造成软组织溃烂坏死，这就是压疮。特别是长期卧床的病人，最容易出现压疮，非常痛苦。局部皮肤出现红肿，并伴有热、麻痛的感觉，是压疮 I 期。局部皮肤紫红，有硬结、大小水泡现象，属于压疮 II 期。压疮 III 期的症状表现为：皮肤溃烂、流脓，组织坏死、发黑、发臭。

保姆要做好预防压疮的相关准备工作，避免照顾对象受到压疮的折磨。

一、压疮的高发部位

仰卧位病人：肘部、肩胛部、骶尾部是压疮的高发部位。

侧卧位病人：髋部、膝盖内外侧、肩峰等部位容易产生压疮。

久坐的病人：出现压疮的主要部位是坐骨结节、肘部、肩胛部。

二、压疮产生的原因

（1）身体局部组织长期受压迫

长期压迫是压疮产生的主要原因，长期卧床者最容易发生压疮。

（2）潮湿刺激皮肤

皮肤受到潮湿刺激，自我保护能力降低，会出现感染、腐烂的现象。出汗多、大小便失禁及局部分泌物处理不及时或者长期堆积等容易产生压疮。

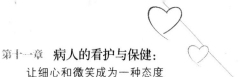

（3）营养失调

过度消瘦或者过度肥胖，局部组织受到刺激后骨突部位或者皮肤压力都会发生压疮。

三、预防压疮的方法

身上有了压疮会让人很痛苦，而且治疗起来也比较棘手，容易复发。所以预防压疮的出现就显得非常重要了。

（1）勤翻身，防止长时间受压

对于长期卧床的病人和活动受限制者，翻身是最有效的预防压疮的方法。一般来说，翻身的次数，白天每2小时一次，晚上最好每4小时翻一次。平时坐躺时，家政人员可使用棉褥、软枕来支撑身体。

（2）勤擦洗，减少局部皮肤受到刺激

对于排便失禁的病人，及时处理大小便，并及时处理污秽处，清洁皮肤。同时，还要避免使用刺激性较强的洁肤品。除了经常擦洗身体，衣服、床单等也要勤换洗，而且衣物面料要柔软，不能过硬。

（3）勤按摩，促进局部血液循环

勤按摩，勤用温水擦拭、沐浴，不仅可以清洁肌肤，而且还可以促进血液循环、增强皮肤抵抗力。按摩时，要注意手法和力度，不能损伤皮肤。

（4）加强营养，增强皮肤抵抗力

在病情允许的情况下，可以给病人安排高蛋白质、富有维生素的食物，增强皮肤抵抗力，促进皮肤修复功能。

20. 推拿与按摩：给雇主全身心的享受

一个优秀的保姆，应具备推拿和按摩的技术。给老年人推拿，给婴幼儿按摩，都会给他们带来全身心的放松与享受。

推拿按摩主要是用柔和、轻按的手法，根据经络走向、穴道位置，来改善和调节经络与气血，进而调整脏腑组织的功能，以扶正气、祛邪气，达到治疗疾病的效果。按、摩、推、拿、揉、捏、颤、打等是按摩中常用的8种手法。在整个按摩的过程中，各种手法交互使用，并不是独立使用。其中，力度较重的是拿法，捏法较轻，与揉法配合使用，颤动法也是常用的手法之一。

一、这些病症需要推拿按摩

①闭合性的关节及软组织损伤：腰椎间盘突出症、腰肌扭伤、梨状肌综合征、膝关节副韧带损伤、腕关节扭伤等。

②肌肉、韧带慢性劳损：颈肌、背肌、腰肌劳损等。

③骨质增生性疾病：颈椎骨质增生、腰椎骨质增生、关节炎、跟骨骨刺等。

④周围神经疾病：三叉神经痛、面神经麻痹、坐骨神经痛等。

⑤内科疾病：气管炎、肺气肿、胃炎、胃下垂、十二指肠溃疡、半身不遂、高血压、冠心病、糖尿病、头痛、腹胀等。

⑥妇科疾病：子宫出血、月经不调、盆腔炎、痛经、闭经、乳腺炎、产后耻骨联合分离症、子宫脱垂、更年期综合征等。

二、几种操作简便的按摩方法

（1）搓脚心法

每天晚上用热水泡脚，泡脚后擦干，选最舒服的姿势做好。坐下后两手揉搓脚心，每次搓5~10分钟。揉搓按摩脚心，可以活跃肾经气血，起到益精补肾的效果，进而预防高血压及动脉硬化疾病。

（2）强壮心脏法

经常按压手心的劳宫穴，有强壮心脏的作用。可用两手拇指互相按压，也可将两手顶在桌脚上按劳宫穴，时间自由掌握。

（3）壮腰健肾法

经常扭摆腰部，可以起到保健肾脏功能的作用。做法：端正站立，两手叉握在腰部，上身向前稍倾，慢慢将腰部左右扭摆，动作逐渐加快，使腰部感到发热时为宜。

（4）按摩小腹部

每晚临睡前躺下，将手放在丹田部位，先顺时针按揉36次，再逆时针按揉36次。这种方法可起到理气、助消化、健胃的功效。

（5）按压足三里穴

足三里穴是有助于强壮全身要穴之一。用手指甲按压足三里穴，力度自行把握，以感到麻胀为度，经常按压有益健康。

（6）促进睡眠法

每晚睡前半小时，先擦热双掌，而后将双掌贴于面颊，两手中指从"迎香穴"向上推至发际，经"睛明""攒竹""瞳子髎"等穴位；两手分别走向两侧额角后而顺势而下，食指经"耳门"穴返回起点，如此反复按摩30~40次，可治疗神经衰弱症，促进睡眠。

三、推拿按摩的注意事项

①由撞伤、刀伤造成的开放性软组织损伤，局部皮肤出现病变如溃癌性皮炎等都不可推拿按摩。

②结核菌、化脓菌导致运动器官出现病变，或者肺结核、病毒性肝炎等传染病，不可进行推拿按摩，否则会加重病情。

③对于妊娠期的女性，特别是腹部、腰部都不可进行推拿按摩，否则会出现流产、滑胎的现象。

④当情绪波动幅度过大或吃饱之后，不可立刻进行推拿按摩。

⑤推拿按摩前，要洗手、修剪指甲，摘掉任何有可能刮伤病人的物品。

⑥手法要适当，力度要适度，可随时观察被按摩者的表情或者询问力度是否合适。老人、婴幼儿与成年人的推拿按摩手法、力度就会不同，甚至是截然不同。

⑦按摩时间也有限度，每次20~30分钟最合适，不能因为病人贪图享受而对其进行长时间的推拿按摩。

21.热敷和冷敷的功效大比拼

作为一名合格的家政人员，都应熟练运用热敷和冷敷两种护理技能。在进行保姆培训时，家政公司或者机构会针对一些简单、常用的护理技能进行专门培训，比如量血压、测体温、冷敷、热敷等技能。

热敷和冷敷是两种操作简单、方便的理疗方法。皮肤受到热和冷的刺激时，通过神经反射，皮肤血管和内脏血管就会出现扩张和收缩，进而导致血液循环和新陈代谢发生变化，起到一定治疗作用。

生活中，特别是小孩子发热时，保姆为了避免药物危害宝宝健康，会使用湿冷毛巾擦拭额头降温。其实，这种冷敷额头退热方法是一种效果比较好的治疗方式，毕竟宝宝太小，不能过多服用药物。保姆在照顾病人时，这两种技能是必不可少的，一定要熟练掌握、运用。

一、热敷的适用范围和注意事项

适用范围：老人、小儿、病人的保暖，消散局部炎症，缓解疼痛，减轻深部组织瘀血现象，这些都可用热敷。

热敷使用注意事项：

①急性腹痛而未确诊的患者不能用热敷来缓解疼痛，避免掩盖症状，耽误治疗。

②面部危险三角区（鼻根到两口角处）出现感染情况，不能热敷，否则会扩散炎症，引发颅内感染。

③软组织损伤不超过48小时，为了避免加重出血现象，不能进行热敷。

④细菌性结膜炎，俗称红眼病，不能热敷。

⑤出血性疾病，不能热敷，否则会加重出血现象。

二、冷敷的适用范围和注意事项

冷敷的适用范围有：降低体温，减轻出血和止血，减轻局部肿胀和疼痛，抑制炎症的扩散。

冷敷使用的注意事项：

①身体出现局部循环不畅的现象时，不能冷敷，否则会加重循环障碍，造成组织坏死。

②对冷过敏、心脏病、体质虚弱的人，谨慎使用冷敷，以免发生意外。

③有些身体部位不能冷敷，如前胸、腹部、足底等，否则会产生更严重

的病症。

④使用冷敷，局部部位可使用常用冰袋和冰块，全身冷敷用温水擦拭沐浴或者加入乙醇擦拭。

22. 做好心理保健，令病人快乐每一天

现代生活中，人们看重的不仅仅只是身体健康，还有心理健康。情绪是一个人心理是否健康的直接表露。对人、对事都保持积极乐观的态度，对生活充满信心等，这就是健康情绪的表现，反之如果消极对待生活，就已经说明心理上出现了问题。有些心理问题就像"毒瘤"一样，时刻威胁着病人的心理健康，甚至会毁掉病人的整个人生。在日常生活对病人的照料中，保姆要时刻观察他们情绪、行为等各方面的变化，因为这是他们心理变化的前兆。

一、病人的负面情绪知多少

（1）恐惧心理

面对疾病，病人产生恐惧的心理不可避免。周围病友的痛苦呻吟，医生对病情夸大性的解释，以及不想生病的心理，都会让病人产生恐惧心理。久而久之，这种心理会像一块大石头压得人喘不过来气，生活态度就会变得消极，对生活失去了信心。

（2）悲观心理

生病了，不能参与各类的人际交往，再加上病痛的折磨，病人会产生失望的心理。特别是那些癌症晚期患者，他们知道自己最终会面临死亡，就会

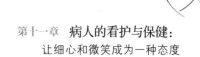

有放弃治疗的想法，然后悲观等死。有些即使能治愈但是会留下后遗症的病人，无法接受现实，悲观心理难以消除。

（3）对医生不信任

病痛的长期折磨，病情恢复速度的缓慢，都会让病人对医生产生怀疑的态度，甚至会不积极配合医生的治疗。特别是在治疗过程中，没有达到病人预想的效果，病人对医生的不信任会更加严重。

（4）放弃人际关系的交往

病人会逐渐产生神经过敏、疑虑重重的心理，身边的家人没有照顾好，朋友长时间不来探望，就会觉得自己被嫌弃、被抛弃了。所以，病人就会逐渐不再维护人际关系，放弃与任何朋友的联系交往。

（5）依赖心理

患者的生活不能自理，完全依靠家人或者家政人员的照顾。长久下去，他们会对照顾自己的人产生依赖性，一旦哪天不来或者没有按时出现，就会胡思乱想或者发脾气。

二、让病人获得心理健康的"保健"方法

针对病人出现的心理问题，保姆要做好心理保健的工作，让病人拥有健康乐观的心态去与病魔做斗争、去发现生活的美好、创造生活的美好。

（1）认真服务，让病人感受到关心和爱

家政人员和患者建立起充分信任的关系，可以促进心理疏导工作的顺利进行，这也是成功的关键。家政人员首先要了解病人的情况，然后针对具体状况进行鼓励和安慰，逐渐取得病人信任。然后用发自内心的关心与理解去照顾病人，和善、细心、周到、热情，让对方真切感受到没有对他们的歧视、冷漠的态度，拉近心与心之间的距离，真正感受到爱，从心理上消除情绪隐患。

（2）尊重病人的隐私和要求

尊重病人，要从小事入手，一旦忽视某些细节，就会对伤害到病人的自尊。病人本身就比较敏感、多疑，要对他们提出的诉求认真对待、解决；绝对尊重病人的隐私，不能随意打听病人的隐私或者向别人透露其隐私；不能"戴着有色眼镜"或者用歧视的眼光去对待病人。

（3）讲解疾病康复和心理健康知识

护理人员要向患者讲解有关疾病以及康复治疗方面的知识，让他们对自身疾病有一个了解。同时，还要着重宣讲心理与疾病康复之间的关系，让他们意识到心态对病情康复的重要作用。只有让病人认识、了解了心理疾病的危害，才能使其配合护理人员进行心理保健护理。

（4）多带病人参与愉快的社交活动

因为年老体弱，再加上卧床不起，行动不便，无法参加亲人、朋友之间的集体活动，会逐渐觉得自己被冷落、抛弃。保姆应该尽量多带着病人参与户外活动、社交活动，令他们感受到人际交往的美好和亲切，也感受到自己并不孤独、没有因为生病而被人忽视和嫌弃。

第十二章

安全防范就是一切：

消除雇主的后顾之忧

　　居家生活中往往潜伏着或大或小的安全隐患，严重的会给人们造成危害。"凡事预则立，不预则废。"安全防范很重要，在平常生活中有针对性地防止隐患的发生，可以帮助雇主消除后顾之忧。一名合格的保姆除了要保护好自己的安全，还要了解和掌握相关法律法规、家庭防火防盗、意外事故处理、用电和燃气安全、交通安全等安全知识。

1. 叮咚叮咚，陌生人来敲门

在陌生人骗门入室的案件中，其中老年人和保姆、钟点工是最常被选择的对象，一些老人白天无人陪伴，非常容易产生寂寞感，对陌生人敲门有"好奇心理"。据警方调查显示，陌生人敲门大多数是小偷踩点，为了防止被盗或被骗，应该提高警惕。

曾经朋友圈疯传的"你家钥匙没拔"真实事件：一对夫妻晚上在家里，有人敲门，男的问："谁呀？"门外答："你好，我是隔壁的邻居，你家钥匙忘在门上了。"男的准备去开门，妻子说钥匙在桌子上啊！男的跟外面人说我家的钥匙在家里啊，通过门上的猫眼看到三个男人走了。如果开门了后果将不堪设想！

保姆一般对雇主家的亲戚朋友不熟悉，不了解，所以歹徒经常打着街坊邻居、亲戚朋友、快递人员和专业维修人员的幌子，所以开门前一定要谨慎！

一、陌生人来敲门啦，我们怎么办呢？

①听到"叮咚叮咚"敲门声，先从窥孔看看，如果是陌生人，切记不要立即开门。

②首先应该问清楚他的身份和意图，如果陌生人说自己是查电表、自来水、燃气等维修工或者是推销某种产品的，要查问其确切身份；即便对方说

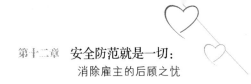

自己是雇主的亲戚或者朋友，也不能擅自开门，条件允许的话开门前询问雇主的意见。

③如果遇到陌生人要雇主的电话号码时，保姆应该谨慎处理，不要将雇主的隐私随意泄露。

④若是对方对你的提问表现得不耐烦或是回答得支支吾吾，他可能有不轨企图。

⑤如果陌生人不停地按门铃或敲门，应打电话报警。

二、警惕别有目的的陌生人的骗局

（1）冒充快递人员

此类情况经常发生，因为最近几年网上购物的热潮促进了快递业的发展，这也给小偷、骗子们提供了敲门的借口。千万不要在不确认陌生人身份的情况之下，听到别人随便编个理由，就开门让其进入。如果所在小区的物业管理比较到位，保姆也可以利用小区的对讲机或电话等，向小区门卫咨询是不是有快递运送车进入。

（2）冒充水电工

遇到对方敲门后，可以通过"猫眼"观察门外的情况，物业公司的水电工通常是身穿制服的。如果没有穿制服更需要提防。除此之外，水电维修工一般都带有专业的维修工具，通过"猫眼"检查后仔细询问对方敲门的目的。

开门之前记得询问几个问题，可以问："你是物业公司的吗？你们的物管主任是谁呀？"以对方回答的正确性来判断对方的真实身份，如果是对方故意绕开这个回答，那么就不要开门。

（3）假装是邻居

"我们家住在楼上，衣服掉进你家阳台了，想开门拿一下！"如果哪一天突然有一个人急匆匆地敲门，可千万别急着开门。先去阳台看一眼，是否真的有别人家掉落的衣物，如果没有，则应告知对方去别的地方寻找；如果有，可以在打开门、插着防盗链的情况下，将衣物归还失主。

也可能他会说是你家楼下的邻居，你家卫生间漏水，影响了他家的正常生活，他要进来看看，此时你的第一反应会是什么？首先一定要冷静，慌乱容易上当受骗。遇到陌生人敲门后，不管是什么理由，一定都得多个心眼，不能轻信别人的话。无法判断陌生人的身份时，可以给物业打电话，要求物业派相关人员来协同检查是否存在漏水情况，并请物业来核实对方的身份。

2. 一个人在家的"危险"

伴随着社会的发展，人民生活水平不断提高，然而社会不稳定因素仍然存在，防盗防骗在居家生活中不可忽视。当雇主上班、全家有事外出或是出去旅游，家里只剩下保姆自己，此时一个人在家会面临一些"危险"，那么保姆具备相关的一个人在家的安全防范常识显得越来越重要，这样不仅仅能保护自己的人身安全，更重要的是保护好雇主的财产安全，让雇主放心。

下面介绍一些独自在家时的注意事项和事故防范措施：

一、锁好门窗

保姆一个人独自在家的时候，要确认门窗已经锁好，仔细检查防盗设备和门窗的锁是不是完好，如有损坏立即告诉雇主以便于进行维修。晚上睡觉前应该再仔细检查一下家里的门窗有没有锁好，如果自己在家的时间比较长，应该在床边放置防身的武器，以防万一。

二、晚上睡觉要拉上窗帘

晚上独处一室的时候，睡觉前要拉好窗帘，防止他人从外面看到里面的情况，以免坏人看到你一个人在家突发歹心，给自身安全和雇主的财产带来伤害和损失。

三、遇到坏人要懂得自救

一个人在家时如果遇到坏人，不要过于害怕。保护好雇主财产安全的同时也要学会自我保护。记得要先从精神和气势上压倒对方。事实证明几乎所有的犯罪分子内心都是极其虚弱的，你的软弱退缩在客观上会助长罪犯的嚣张气焰。同时要懂得善于运用头脑，巧妙与坏人周旋以便迷惑对方，避免发生不必要的伤害，并瞅准时机呼救。

四、独留老人在家时

随着生活节奏的加快，子女工作繁忙不能留在家里照顾老人，他们会请保姆来照顾家中的老人，然而老年人大多都患有慢性疾病、反应比较迟钝，常常会发生一些意外。那么，当保姆不得不外出办事时，比如买菜等，这时老人就会独自在家，因此，我们要事先做好防范措施，避免"危险"找老人的麻烦。我们可以做哪些呢？首先，要预防老年人跌倒，走道、楼梯间、客厅通道尽量不要摆放东西，房间里的地面要保证干燥；其次，关闭家里的煤气和其他可能引发触电的电器类，厨房刀具要放好，避免老人不小心碰伤；最后，出门前叮嘱老人不要给陌生人开门，并锁好门窗。

3. 外出须注意：做好家庭防盗措施

家庭入室盗窃案件频发，给居家生活带来严重影响，也给大家的生命财产安全带来极大的威胁。俗话说"贼偷方便"，贼就是利用居民生活防盗防贼意识薄弱的特点，借机行动。大多数入室盗窃案件表明，盗窃分子一般选择晚上和白天的特定时间段作案。因为后半夜人们都进入了梦乡，而白天上班时间，家里人比较少，甚至没人，这给犯罪分子提供了有利条件。再加上随着科学技术的发展，盗窃分子的行窃手段不断提高。就算安装了防盗门、防盗窗，也有被盗的可能性。

家庭保姆在雇主家工作时，不可能一直待在家里，很多时候需要出去买菜，或者是外出办理别的事情。所以，保姆在家里没人时更要具备防盗意识，掌握一些家庭防盗措施，从而在确保自己的人身安全的同时，尽量保护好雇主家人及财产安全。

一、巧妙地给小偷"下套"

①给小偷造成错觉，不让其知道家里无人，可以利用定时开关，每晚定时亮灯，早上定时关灯。

②盗贼往往通过窗帘判断家中是不是有人，外出时并不是把所有窗帘都拉上，过道和厨房的窗户不要拉窗帘，或是将客厅、卧室的拉开一道缝，并用东西挡住视线，使小偷以为家里有人。

二、远亲不如近邻

如果外出时间比较长，可请邻居帮忙代收信件和快递包裹。

三、离开时锁好门窗，拔下钥匙

保姆买菜或者因为别的事情外出时，一定要牢记把门锁好，锁好门后随手取下钥匙放好。某地的一个家政服务员，在雇主上班时间出去买菜的时候，锁门后忘记把门上的钥匙拿走。买菜回来后，发现家门是开着的，突然意识到自己出门时的粗心大意可能闯了大祸，进屋后发现家里东西摆放凌乱，肯定是被盗了，赶紧报了警并且告知雇主。最后经过核实，雇主的几千元现金和几个首饰被盗了，该保姆受到了一定的惩罚。现在的保姆年龄一般都是40~50岁，容易忘东忘西是可以理解的，但是这给小偷们提供了可乘之机。

所以外出时要养成一定的好习惯：

①出门牢记锁好门窗，包括阳台的窗户。

②锁门后注意检查是不是已锁好，钥匙一般随身携带，放好钥匙防止被他人偷配。

③假若不慎把房门钥匙弄丢，一定要及时告诉雇主，立即更换门锁以防被盗。

④不要把家里的钥匙挂在脖子上，防止引起盗贼注意，否则雇主的财物不但受到损失，严重时危及人身安全。

四、顺便看一眼是否有可疑的闲杂人等

如果外出时发现有陌生人在住宅周围徘徊，要注意留心观察，自己外出的时候，也可以请邻居帮忙照看。这是发挥人的能动作用，通过事先掌握盗窃犯罪活动的一般规律进而采取各种措施进行防范。

4.有几种事故必须做好防范

最近，媒体时不时报道一些家庭意外事故导致的儿童死亡、成年人受伤或是家庭财产损失等真实事件。意外不会告诉人们它什么时候发生，但是在大多数情况下，只要我们平时具有防范意识并采取简单的预防措施，就可以避免这类事故的发生。因此，家庭保姆应该经常检查雇主的居住环境和生活习惯，以保障家中的生命财产安全。那么，家庭生活中有哪些事故要求我们做好防范呢？

一、防范家庭火灾

家庭火灾安全隐患主要发生在厨房、客厅、卧室，大部分是因为抽烟、做饭用火、用燃气不慎或家中电路使用不当，引起火灾造成的损失，后果非常严重，因此必须遵守安全规范用电、用火和用气的规则。

①不存放易燃易爆物品，比如烟花爆竹、化学试剂等。

②电器引发火灾，最常见的原因就是电器设备老化导致电线老化，引起短路、违章使用电器设备、乱接乱拉电线等。取暖设备引发火灾，如红外线取暖器、煤气取暖器、电热毯等升温时间太长，温度过高引起周围可燃物质的燃烧。不使用假冒伪劣的电器，养成随手切断电源的习惯，及时切断电视机、电脑、热水器、熨斗等家用电器的电源。

③燃气引发火灾，是因为漏气、忘记关闭阀门导致燃气泄漏，以致遇到

明火燃烧，或者使用燃气时，由于人为原因导致食物烧干引起火灾。做饭时应有人照看，烧水时锅、壶等不宜盛满，以免溢出熄灭火焰。

④要注意一些小细节，例如点蚊香应严格按使用说明操作，台灯不要靠床褥太近，不能乱扔烟头，禁止儿童玩火，等等。

⑤最好在厨房、客厅、卧室等部位安装烟感探测器，时刻监测。

⑥除了对这些火灾隐患做到防患于未然之外，保姆还要清楚家里房间可能逃生的出口，针对门、窗、阳台等制定几条逃生路线，就可以在室内发生火灾时选择不同的路线求生。

二、防范跑水事故

跑水事故不仅会让雇主家的物品遭殃，还会淹了邻居家，以至于需要赔偿一定的损失。所以平时做好防范是非常必要的。

①使用完水龙头之后，一定要将其关好、拧紧。

②停水之后，不要打开水龙头，以防家中无人时突然来水，导致跑水事故。

③经常检查各种水管、阀门是否出现滴水的情况，如果是水龙头接合处漏水、洗菜盆下水管漏水，我们可以自己去五金店买一些配件进行更换。

④冬季经常发生暖气管道漏水事故，一旦遇到管道漏水，一定要迅速关闭暖气总阀门，并及时打电话通知暖气工作人员进行维修。

⑤如果是墙壁内部的管道漏水，要请专业人员维修，并做好防水层修护，以免留下后患。

三、防范高空坠落

①室内进行大扫除时，尤其是擦玻璃的时候，要防范高空坠落。

②登高取物或清洁时，牢记使用稳固的梯子，不要站在旋转椅或其他不稳固的物品上。如果地面比较光滑，要采取一些措施增加地面的摩擦力，可以铺设软布、纸板等防滑。在没有绝对安全的情况下，应拒绝此类

危险作业。

③如果保姆的工作之一就是照看雇主家中年幼的孩子，那么为了孩子的安全着想，应该建议雇主给家里的窗户都装上防护栏，防止孩子在窗户附近玩耍时意外跌落。

四、防范食物中毒

保姆从事着为一家人烹饪煮饭的工作，在饮食上最容易出现的事故就是食物中毒了，轻则引起腹泻，重则还会带来生命危险。因此，防范食物中毒，也是保姆应该注意的事情。

①不要让雇主及其家人饮用生水或不符合卫生要求的水，最好喝白开水。

②瓜果在被食用前要将它们清洗干净，不管是连皮吃的还是削皮吃的，都要尽量清除掉上面沾染的有毒微生物和农药。

③有些蔬菜要彻底加热后才能食用，比如蚕豆、大豆、四季豆、黄花菜。

④腐败、变质、病死、毒死和死因不明的禽畜肉类千万不能购买食用。

⑤不要随意用野蘑菇做菜，尤其是一些来历不明的野蘑菇。

⑥不要到没有卫生许可证的小摊贩处购买食物。

⑦剩饭菜应彻底加热之后再食用；绿叶蔬菜尽量当天吃完，不要吃隔夜的，否则它们产生的亚硝酸盐容易引起食物中毒。

5.安全用电：小心触电的危险

电能是一种方便的能源，它的广泛使用有力地推动了人类社会的发展，给人类创造了巨大的财富，改善了人类的生活。但是，电能如果使用不当也会带来灾害，如触电会造成人身伤亡，设备漏电可能酿成火灾。有一个关于热水器漏电的案例：张先生在广州打工，他的妻子和小孩也一起住在广州，一天妻子和小孩在洗澡的时候双双触电身亡，最主要原因是热水器漏电。那么，随着家用电器的普及，保姆应该掌握一定的用电知识。

①要注意识别电线，常有三种类型：火线、零线、地线，了解电线的正常接法，经常检查线路是不是接错。

②自觉遵守安全用电规章制度，禁止私拉电网。

③不要在电线上晒衣服、挂东西。

④安装电气设备时，应符合安装要求，不能使用有裂纹或破损的开关、灯头和破皮的电线，购买电器时要注意商品的质量。

⑤教育孩子不要玩弄电线、灯头、开关、电动机等电气设备，要注意插座的安装位置，不要让小孩接触插座，因为小孩子可能会把手指塞进插座里面，造成触电。

⑥使用大功率电器如暖炉、空调、熨斗时，注意电线负荷，使用完毕后要及时断开电源。

⑦不要在同一插座上使用多个电器，如有需要可以多装几个插座，以免使电线过早老化。

⑧经常检查家中连接家用电器（如冰箱、洗衣机、空调、热水器）的电线在使用过程中是不是发热，如有发热要及时检查线路。

⑨严禁用湿手去操作电器用具的开关，或者去插、拔电源插头。在清洁电器用具时，要提前关闭电源总开关，切记不能让水浸湿电源插座，以防水渗入缝隙引起触电。

⑩外出前一定要切断大功率电器的电源，长时间不在家时要关闭用电总开关，关好门窗，时刻牢记安全用电常识，维护雇主的利益。

⑪厨房电器在使用中如果有不正常的响声或气味时，要立即停止使用，并请专业人员维修。切不可继续勉强使用，或擅自摆弄电器用具和电线。

⑫为了防止电线或电器用具因漏电而造成事故，家庭中应安装合格的漏电保护器。一旦发生触电事故或电器用具起火时，应立即切断电源。

6. 燃气的安全使用和泄露处理

我国城镇人口众多，他们几乎都要用到天然气、煤气。随着社会主义新农村建设的推进，很多农村居民也用上了煤气、沼气等清洁能源。保姆的主要工作就包括做饭、护理一些不能自理的病人，所以保姆在工作过程中一定会用到燃气，或使用燃气热水器。生活中经常会发生一些燃气使用发生意外的事故，保姆在使用燃气及燃气设备时，一定要正确使用，确保自己和雇主的人身安全。下面我们来介绍如何安全使用燃气，以及发生燃气泄漏时保姆可以采取的一些措施。

一、安全使用燃气及燃气用具

（1）液化石油气钢瓶的使用

①放置液化石油气钢瓶的地方要隔热，不得使用外力（如加热、火烤）提高气压，不得靠近热源。

②气瓶不要放在住人的房间。

③不得私自倒掉气瓶中的剩余燃气，燃气易挥发，遇到明火会引发火灾。

（2）管道天然气的使用

①抽油烟机与灶具之间应保持一定的距离，灶具和厨具也应保持距离。

②燃气灶具周围不得堆放易燃、易爆物品。

③因挪动灶具导致燃气胶管连接松动或脱落时应及时拧紧至原状。

④安装燃气自闭阀门装置，定期检查燃气设备是不是漏气，定期检查压力阀、软管等零部件，防止老化形成事故隐患。定期更换燃气软管，不得超期使用燃气软管。

⑤使用燃气用具时，注意通风，及时排出有害气体。

⑥使用燃气设备后要及时关闭燃气阀门。尤其是燃气使用过程中，临时外出时要及时关火，避免燃气泄漏或锅烧干引起火灾。

⑦使用燃气热水器沐浴时，不得将热水器安装在浴室中，防止燃气泄漏造成缺氧引起中毒。

二、燃气泄漏的应急处理

①发现漏气，保姆首先要保持冷静，关闭厨具和燃气阀门，迅速打开门窗，让空气流动，这样有利于降低燃气的浓度。

②熄灭所有火种，切勿开启电灯或点火照明。

③不得在室内打电话、打手机，防止化纤衣物产生静电火花及鞋底铁钉与地面摩擦产生火花。

④如果气瓶着火或者管道着火，应迅速用湿棉被等覆盖起来，把火扑灭。

⑤如果发现家中有人煤气中毒，要迅速将中毒者移到通风的地方，让其呼吸新鲜空气。

⑥如果是软管漏气，要请专业维修人员来更换软管；如果煤气表、煤气开关和管道处漏气，千万不能擅自处理，要及时通知燃气公司人员维修。

7. 厨房也有很多意外事故

除了燃气事故之外，厨房还是家用电器和厨具使用频率最高的地方，这意味着其他意外情况发生的可能性也高了起来，比如刀具损伤、开水烫伤等意外事件。

尤其是家中有小孩的家庭更容易发生这些事情，顽皮的孩子总喜欢探索新的世界，厨房对他们而言就是一个游乐园，碰碰这儿、摸摸那儿，但危险也会随之而来。一旦孩子在厨房里出了事，那么雇主不在家时负责照顾孩子的保姆就是第一责任人，对于那些可能对孩子造成伤害的事物，必须加以注意。

对保姆来说，厨房是主要的工作地点，有时候操作不当，也会对自身造成伤害，所以需要了解并掌握这些意外发生的原因以及如何处理这些意外事故，下面我们就针对不同的意外事故进行分析。

一、刀具损伤

生活中经常会发生切菜时不小心割破手指、刀具不经意从手中或灶台滑落、使用榨汁机或绞肉机时伤到手指等厨房意外事故，那么作为一个接受过专业培训的保姆，就必须懂得如何处理这些意外的发生，以下几点可以供大家参考：

①不小心割破手指时，如果伤口较小、出血不多，可用医用碘酒消毒，等伤口干后用纱布包扎。

②如果伤口较深，也不要惊慌，应该马上用压迫法止血，然后去医院治疗。

③手指被切断或绞断，首先要止血，手指上举，指根处紧缠止血带，断指用无菌纱布包好，立即赶去医院急救。

都说有备无患，想要远离这些血光之灾，还是应该做好防范工作。切菜时切伤手指，大多数原因是因为刀具不锋利，一旦用力不当就会切伤手指，所以经常保持刀具的锋利有一定的好处，同时也可以提高保姆的工作效率；有时候我们会发现刀具经常从手中或灶台滑落，仔细观察后会发现刀柄处都是油污，使用时很滑，所以使用完刀具后要注意及时清洗刀具，这样也可以保持厨房的干净卫生；正确用刀的姿势是拿刀时刀锋应向地，放刀时要平放；家中要常备一些外用药，如酒精、碘酒、创可贴、棉球、纱布等。

二、开水烫伤

在厨房中工作，免不了要和水、油接触，热水、热汤、热油都是安全隐患。如果家中有人不小心被开水烫伤了，要尽快处理，具体可以这样做：

①用自来水冲洗伤口，降低烫伤部位皮肤的温度，从而减少进一步的损伤。

②如果烫伤面积过大，应把整个身体浸在浴缸里。

③轻度烫伤可先在烫伤处涂一些膏药，然后用干净纱布包扎，一般不要弄破水泡，以免留下疤痕，在没有烫伤药膏的情况下，可以在伤口处涂一些牙膏，牙膏不仅能止痛，也能抑制起水泡。

④手和脚被烫伤后，应立即把酒精倒在盆内或桶内，将伤口全部浸入酒精中，以止痛消肿，防止起泡。

厨房烫伤事故常发生在好奇心很强的幼儿身上，想要完全禁止他们进入厨房是有难度的，但保姆可以做好厨房里的安全措施，避免这些安全隐患的出现。年幼的孩子通常喜欢拉桌布角，桌子上的东西会伤到孩子，可以用固定的餐桌垫代替桌布；不要把暖壶、茶壶这样的东西放在桌子边缘，以免孩子无意碰倒造成伤害；不要把锅的长手柄朝外，而是要对着墙壁；不要让幼儿靠近灶台，以防孩子打翻锅具烫伤。

三、滑倒、绊倒事故

厨房是煎炒烹炸的地方，也是洗洗刷刷的地方，每次洗菜、洗碗之后，多多少少有些水流在地上；厨房也有很多家用电器，有些电线可能会乱七八糟地铺放在地上。要是一个不留神，说不定就会滑倒、被绊倒，摔个大跟头，万一发生了这样的事故，我们应该怎么办呢？

①当你一不小心滑倒的时候，尽可能地让屁股朝地是保证自己不易受伤的最好方法。这是为什么呢？因为屁股上的肌肉相对丰富，富有一定的弹性，当你用它与地面接触时，可以起到一定的缓冲作用。屁股着地肯定比用手臂直接接触地面所带来的疼痛要轻一些，对身体造成的损伤也少很多。

②摔倒了以后，若是感觉自己继续走路没问题、但身体上有明显的疼痛感，那么最好是立刻去医院拍片检查，看看是不是存在皮肤之下的骨骼、内脏损伤。

③摔倒以后，如果已经发现了软组织损伤或是骨折，还要忍痛继续活动身体的话，身体的损伤会更加明显、剧烈，所以千万不能这么做，最好的措

施就是原地休息，等待专业人员救治。

　　想要远离这种事故，你需要注意这样几点：在厨房工作时，应该穿防滑鞋；将常用的厨具放在容易拿到的地方，如果要取用高处的物品，记得使用带扶手的结实梯凳；地面上有水或者油渍时，要及时清理干净，以免老人、宝宝或端着热食的你滑倒；家用电器如电饭锅、微波炉等电器的电线尽可能不要拖在地上或耷拉在桌边，如果不得不这样，电线就要尽可能短。

8. 家中灭火逃生的有效措施

　　室内发生火灾时，如果雇主不在家，保姆一定要沉着冷静地应对，在第一时间进行灭火。家庭中常用的灭火工具有毯子、被子、干冰、干粉灭火器、泡沫灭火器等，根据失火物品选择合适的灭火工具。

一、油锅起火的应急处理

①发现油锅着火，应该马上关闭电源或炉火。

②如果锅内油较少，可用锅盖盖住锅，或倒入蔬菜将火扑灭。

③用水把大块厚布打湿，然后迅速盖在着火的油锅上面，千万不要用水浇灭油锅，以免油滴飞溅助长火势。

④如果家中备有灭火器，可以对油锅进行扑救。

⑤如果无法灭火，应该关上所有门窗，离开失火的房间，立即拨打119火警电话报警。

二、电器起火的应急处理

①电热毯起火应马上切断电源，千万不要揭开床单、向床泼水。

②电器刚刚出现冒烟、火苗等故障，首先要切断电源，然后用湿毛毯、湿棉被覆盖灭火。万万不可用水直接浇泼，因为水是会导电的，在未切断电源的情况下，往电器上泼水，电器就会与人体构成电流通路，从而引起触电事故。

③如果火势较猛、快速扩展，来不及或无法切断电源，就要带电灭火。带电灭火要使用二氧化碳、四氯化碳或干粉灭火器，因为这些灭火器所使用的灭火剂都是不导电的；如果家里有沙土之类的东西，也可以用来灭火。

④如仍未熄灭，再用水浇灭。但是对电视机起火而言，即使在切断电源后，也不允许用水来消烟灭火，因为在高温状态下的显像管，突然遇到冷水可能爆裂。

⑤等电器熄火后，再进一步查明故障的原因，排除故障的根源。

三、家具起火的应急处理

①木头、纸张或布起火可用水浇灭。

②沙发起火后会产生浓烟和有毒的气体，这时你不要尝试救火，应该迅速离开，随手关上门窗和大门。

③发现木质家具起火，可以用水迅速扑灭，如果起火家具旁边有镶嵌在墙壁里的插座，要用绝缘胶布封住插孔，然后再用水扑灭。

④衣橱起火，若火势不是很大，要迅速挪开附近的可燃物品，立即关闭门窗，家中备有灭火器的可以将着火的衣橱与周围环境隔开，控制火势。

四、减少火灾损失的重要方法

①对于已经控制不了的火势，可采取隔离附近的可燃物使火势得以控制，比如关闭可燃气体、液体管道阀门，减少和阻止可燃物质进入燃烧区域，或是赶快将着火的个别物品搬到室外灭火。

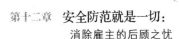
②如果火势较大，不能马上扑灭的话，在扑救的同时，大声向邻里呼救，并立即拨打119火警电话求助。

③家中要常备绳索、电筒、防毒面具，因为发生火灾时经常会停电，会伴有浓烟，有了这些设备可以进行自救。

④逃生通道（如楼梯、通道、安全出口等）应保持畅通无阻，不能堆放杂物或者设闸上锁，以便发生紧急情况时安全迅速通过。

五、火灾中的逃生指南

①熟悉周围环境，留意逃生通道，注意制定逃生路线，火灾发生时不能乘坐电梯。

②一旦听到火灾警报或意识到自己可能被烟火包围，一定不要犹豫、不要尝试独自灭火，要立即逃出房间，根据制定的逃生路线逃生。

③逃生时要用湿毛巾捂住口鼻，避免浓烟进入口鼻。如果没有毛巾，衣服、口罩、餐巾布也行，要多叠几层将口鼻捂严。穿过浓烟区时，即使呼吸困难也不能拿开毛巾。

④如果逃生通道无法通行，可利用结实的绳子，或将窗帘、床单、被褥等撕成条、拧成绳，用水沾湿，然后将其拴在牢固的暖气管道、窗框、床架上，顺绳索滑到地面或下到未着火的楼层以便脱离险境。

9. 火警、报警和急救电话

119、110、120，这些都是我们非常熟悉的电话号码，是一种就算手机里没有话费了也能够正常拨打的电话。遇到危险之时，我们都会向这些电话请求帮助，但是未必每个人都有拨打这几个电话的经验，当我们在首次惊慌失措中拨打这些电话时，往往会忙中出错。因此，学习一下正确拨打火警、报警、急救电话的方法，也是身为保姆所必须要掌握的技能。

一、火警电话的正确拨打

保姆在工作中如果遇到火灾时应沉着冷静，火势较小可以用水浇灭或用灭火器救火；火势过大时应立即拨打119火警电话报警。发生火灾时，大多数人都知道拨打119电话向消防部门报警，但是在报警过程中由于报警人的心理紧张等因素，出现了很多错报的现象，导致消防队无法快速正确地到达火灾现场，造成不必要的损失。那么应该如何正确报火警呢？

①要沉着镇静，听见拨号音后，再拨119。

②电话接通后，应清楚地讲明着火的地址（包括路名、街道、巷名、门牌号）。

③尽可能讲清是什么物质着火及火灾的范围，以及被困人数。

④冷静地回答119总机台通信人员的提问。

⑤切勿随意拨打火警电话。

⑥在拨打电话同时要寻找距离火源远的地方，如果没有，就把衣服或棉被打湿披到身上、捂好口鼻等待救援。

⑦如发现有冒烟的地方，勿随意拨打119，请先进行确认为火灾再进行拨打，以免造成社会恐慌。

⑧报警后要派专人在街道路口或村口等候消防车到来，指引消防车去火场的道路，以便迅速、准确到达起火地点。

二、报警电话的正确拨打

保姆在工作中可能会遇到陌生人敲门、外出雇主家被盗、遭遇性骚扰等事件。保姆要学会保护自己和雇主的合法利益，遇到犯罪行为时应及时报警。是不是只是简单地拨通110报警电话就行呢？下面我们来介绍一下，如何正确拨打报警电话：

①遇到危险，抓紧时间报警，越快越好。

②打电话时，注意110接警员提示的要点，说明报警求助事项的基本情况，说明案发的时间、地点、当事人和人数等；作案者（或受害人）的长相、身高、年龄、性别、衣着、特征等；作案时使用的工具；相关的车辆情况（颜色、车型、牌号等）。讲述情况时尽量克服焦躁情绪，吐字清楚，是什么就说什么，不要扭曲事实。

③对于重大报警案件，报警人最好能说明详细的信息，比如涉案的人数、涉案人的体态特征、携带物品和逃跑方向等。

④报警人要把自己的姓名、住址或工作单位告诉警察，说明报警时所使用的电话号码，便于报警台与报警人联系。如果需要报警台替报警人保密，那么报警台会采取保密措施，切实做好保护报警人安全的工作。

⑤没有特殊情况下，报警后应在报警地等候，并及时与民警和110报警台取得联系。

三、急救电话的正确拨打

雇主家中发生重病、重伤等紧急情况的时候，记得立刻打120急救电话。拨通后，保姆要注意从以下几个方面向接听电话的医生说明情况：

①沉着冷静、语言清晰地告诉接听电话的医生，患者目前所处的详细地址，包括街道、小区名字、楼号、楼层、房间号等。

②要告诉接听的医生，出现危急情况的患者目前的病情，包括性别、年龄、本次发病的简明症状，以及曾经有无这样的情况，已经采取了哪些急救的方式、方法等信息。

③如果是突发性的车祸或自然灾难的话，也要告诉接线员这是什么具体情况、受伤人数、受伤严重程度等，以便让医生做初步的判断。

④如果你已经不能用语言表达，也不要着急，等医生主动询问你，你只要回答医生的提问就可以了。

⑤约好等车的地点，许多人打完电话后便着急去看护病人，这个时候，最好有专门的人出去接车。救护车可能会因为不熟悉具体位置而导致延误。记得约好的地点，最好是辨识度高的地方，像是特殊醒目的建筑、公共设施等。

10.当你遭遇"电梯惊魂"时应如何处置

中国城市化水平的不断发展，带动了商业和房地产业的空前繁荣，高层建筑也越来越多地走进人们的生活，电梯成了高楼大厦的必要组成部分。保姆平时到大型超市购物、带孩子去商场、去高楼层雇主家都不可避免地要乘坐电梯。电梯为我们的生活带来便利的同时，也带来了一些不可忽视的危险。还记得2015年湖北荆州电梯"吃人"事件吗？监控视频还原了那令人痛心的9秒，令人至今想起仍心有余悸。一名年轻妈妈牵着自己的儿子搭乘百货商场手扶电梯上楼，在快接近电梯顶部时，踏板瞬间裂开，形成空洞，这位伟大的妈妈把孩子推向了安全地带，而自己跌入空洞中。最后孩子脱离了危险，这位妈妈不幸身亡。

类似的危险总是会时不时地来到我们身边。

一天，保姆小张带着3岁多的小孩在小区里玩，回家时跟平时一样乘电梯准备回15楼，当电梯上到10楼的时候，电梯卡住了，里面的灯也一明一暗，吓得小张不知所措，只是抱着孩子缩在角落里，小孩由于受到惊吓不停大哭，幸好有人听到声音马上找来维修人员，这才把他们解救出来，两个人都被吓坏了，事后雇主辞退了小张。

如此看来，危急关头的应对措施也是考验保姆职业素养的指标之一，想让雇主对你放心，就应该让对方觉得你遇事能应付得来。若是我们哪天也遇到了电梯事故，应该怎么办呢？

一、电梯事故的冷静、理智应对

为了避免类似事件的发生，我们乘坐电梯时、被困后应该这样做：

①首先要保持镇定，不要随意晃动和按电钮。

②利用电梯内的警铃或对讲机进行求救，或者拍门叫喊或用鞋子敲门找人来救援，不要自行爬出电梯。

③当电梯停在中间时不要惊慌，因为一般电梯装有防护安全装置，会牢牢夹住电梯槽两旁的钢轨，使电梯不至于掉下。就算停电，安全装置也不会失灵。

④假如不能立刻找到维修电梯技工，可以麻烦外面的人打电话叫消防队员。消防队员通常会把电梯绞上或绞下到最接近的一层楼，然后打开门。就

算停电，消防队员也能用手动器械解救被困的人。

二、安全乘坐电梯指南

那么我们如何安全乘坐电梯，防止"电梯惊魂"事件的发生呢？

①呼叫电梯时，只需要按上下方向按钮，不能同时将上行和下行方向按钮都按亮，以免造成无用的轿厢停靠，影响电梯正常运行。

②电梯到达时，注意电梯的运行方向，根据所去方向乘坐电梯，不要在层门口与轿厢对接处逗留。

③电梯门开启时，一定不要将手放在门板上，防止门板缩回时挤伤手指；电梯门关闭时，切勿将手搭在门的边缘，以免影响关门动作甚至挤伤手指。

④带小孩时，应当用手拉紧或抱住小孩乘坐电梯，以免小孩乱动造成危险。

⑤留意电梯额定载重人数，不能超载运行，人员超载时请主动退出。

⑥乘坐厢式电梯时应与电梯门保持一定距离，因为在电梯运行时，电梯门与井道相连，相对速度非常快，电梯门万一失灵，在门附近的乘客会相当危险。

⑦不要在电梯里蹦跳，电梯轿厢上设置了很多安全保护开关。如果在轿厢内蹦跳，轿厢就会严重倾斜，有可能导致保护开关启动，使电梯进入保护状态。这种情况一旦发生，电梯会紧急停止，造成人员被困。

⑧搭乘自动扶梯前应系紧鞋带，留意长裙、礼服等，以防被梯级边缘、梳齿板、围裙板或内盖板挂拽。

⑨在自动扶梯或自动人行道出入口处，乘客应该按先后顺序搭乘，不要相互推挤。乘客在自动扶梯梯级入口处踏上梯级水平运行段时，应该注意双脚离开梯级边缘，站在梯级踏板黄色安全警示线内。切记不能踩在梯级的交界处，以免梯级运行至倾斜段时因前后梯级的高度差而摔倒。搭乘自动扶梯

或自动人行道时，不要让鞋子或衣物接触到玻璃或金属栏板下部的围裙板或内盖板，避免被挂拽而造成的人身伤害。

⑩搭乘自动扶梯时要面向梯级运动方向站立，用一只手扶握扶手带，以防因紧急停梯或他人推挤等意外情况造成身体摔倒。在自动扶梯或自动人行道梯级出口处，乘客应顺梯级运动之势抬脚迅速迈出，跨过梳齿板，落脚于前沿板上，以防止被绊倒或鞋子被夹住。

11.外出交通安全须注意

随着社会的不断发展，机动车不断增长，道路交通日益繁忙。了解和掌握走路、乘车、骑车的基本交通安全知识，做到文明行走、文明乘车和文明骑车，这不仅是文明法治社会赋予公民的义务，更是提高自身保护能力、预防交通安全事故发生、保护每个公民安全出行的必然要求。身为保姆，不仅要在外出时顾及自己的安全，还应该照顾好与自己同行的雇主及其家人的安全，一定要从以下几个方面来加以注意：

一、文明行走

①步行时，走人行道，靠右侧行走；没有人行道的要靠路边行走。

②横穿马路，要走人行横道，注意交通信号，牢记"红灯停、绿灯行、黄灯等一等"。

③无人行横道区域，横穿马路时，要在确认安全后，再通过。

④禁止跨越各种交通护栏、护网与隔离带。

⑤学龄前儿童在街道或公路上行走，须有成年人带领。

⑥设有过街天桥或地下通道的区域，不横穿马路。

⑦路面有雪或结冰时，防止滑倒，造成摔伤。

⑧通过没有交通信号控制的人行道，要左右观察，注意来往车辆。

⑨不能在汽车的前、后位置急穿马路，车前、车后是驾驶员的视线死角，在此范围内急穿马路，最容易造成车祸。

二、文明乘坐公共汽车

①不准在道路中间招呼车辆，不在机动车道上等候车辆或者招呼营运汽车。

②遇到老、弱、病、残、孕和怀抱婴孩的人应主动让座。

③车辆靠站停止前，不要向车门方向涌动，等车辆停稳后，先下后上，按顺序上下车。

④上车后，扶好或坐好，不要故意拥挤；乘车过程中，保管好自己的财物。

⑤不携带易燃、易爆、强腐蚀性等违禁物品乘车。

⑥所乘车辆发生交通事故时，要听从工作人员指挥。

⑦乘车过程中，不把身体的任何部位伸向车外，不向车外抛洒物品。

⑧不要强行上下车，做到先下后上，候车要排队，按秩序上车；下车后要等车辆开走后再行走。

⑨不乘坐超载车辆，不乘坐无载客许可证、驾驶证的车辆。

三、文明骑车

①不准双手离把，不准攀扶其他车辆或手中持物。

②拐弯前须减速慢行，不准突然拐弯。

③不准在车行道上停车或与机动车争道抢行。

④经常检查车子性能，响铃、刹车或其他部件有问题时不能骑车，应及

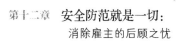

时修理。

⑤遇到意外事故、突发事件时，可拨打电话求助或报警。

四、看准红绿灯

交通信号灯通常分为两种，一种是用于指挥车辆的红、黄、绿三色信号灯，设置在交通路口显眼的地方，叫车辆交通指挥灯；另一种是用于指挥行人横过马路的红、绿两色信号灯，设置在人行横道的两端，叫人行横道灯。

保姆在外出时，一定要遵守交通规则，要做到"红灯停、绿灯行、黄灯需谨慎"。

12.真假钞票识别：借你火眼金睛

保姆在雇主家从事劳动活动，不可避免会使用到金钱，例如去商店购物，带小孩去公园、游乐场，领取公司或者雇主工资的时候，都会与钞票打交道。

有一个关于假钞的案例就发生在保姆小张的身上：

一天，某雇主临时有事外出，让保姆小张帮忙照看饰品店，晚上七点半的时候，店里进来了一高一矮的两个年轻女子，两人在店里转悠了好半天，拿着两件小饰品去柜台付账。饰品总共才7元，其中一个人递给小张一张崭新的百元大钞，说了声："没带零钱。"小张接过钱也没仔细看就放进了抽屉，并找给她们零钱。雇主回来后，发现收到了假钞而恼火，小张因为自己的大意受到了指责。

可见知道一些辨别钞票真伪的方法，对于维护保姆自身利益有重要意义。下面我们就现行发行的第五套人民币的真假识别的步骤进行介绍。

一、看水印

首先我们要清楚现在流通的是第五套人民币，面值主要有100元、50元、20元、10元、5元、1元六种纸币；其中100元、50元为毛泽东人物头像固定水印，20元为荷花固定水印，10元为玫瑰花，5元为水仙花，1元为兰花。

二、看安全线

第五套人民币纸币在票面正面中间偏左方向，均有一条安全线。100元、50元纸币的安全线，迎光透视，分别可以看到缩微文字"100""50"的微小文字，仪器检测均有磁性；20元纸币，迎光透视，是一条明暗相间的安全线，10元、5元纸币安全线为全息磁性开窗式安全线，即安全线局部埋入纸张中，局部裸露在纸面上，开窗部分分别可以看到由微缩字符"￥10""￥5"组成的全息图案，仪器检测有磁性。

三、摸质感

第五套人民币采用印钞专用纸张印制，较新的纸币在抖动时会发出清脆的响声；所有面值纸币正面主景为毛泽东头像，均采用手工雕刻凹版印刷工艺，形象逼真、传神，凹凸感强；第五套人民币中国人民银行行名、面额数字、盲文面额标记等均采用雕刻凹版印刷，用手指触摸有明显凹凸感。

四、看隐形面额数字

第五套人民币各面值纸币正面右上方均有一个装饰图案，将票面置于与眼睛接近平行的位置，面对光源作平面旋转，可看到阿拉伯数字面额字样；第五套人民币100元正面左下方用新型油墨印刷了面额数字"100"，当与票面垂直观察其为绿色，而倾斜一定角度则变为蓝色；50元则可由绿色变成红色。

五、对折图案是不是互补

第五套人民币正面左下角和背面右下方各有一半圆形图案，透光观察，

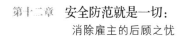

正背图案可以组成一个完整的古钱币图案。2005版100元、50元的互补图案在左侧水印区的右缘中部。

六、看荧光图案

第五套人民币在各自正面胶印底纹处，用验钞灯可以看到与币值相同的阿拉伯数字字样，该图案采用无色荧光油墨印刷，可供机读；100元背面主景上方椭圆形图案中的红色纹线，在验钞灯下显现明亮的橘黄色；50元的背面在验钞灯下也会显现图案；20元的背面的中间在验钞灯下显现绿色荧光图案。

保姆在生活中也会遇到收到假币的情况，比如购物、取款、领工资时可能会收到假币，为了避免自己的权益受到损害，要学会保护自己。在接受别人的现金时，要当面点清现金，如果发现有问题，应该主动要求更换；要是自己不知道怎样鉴别，可以让现金先过一遍验钞机，确认都是真钱时才收钱。万一不小心收到假币，不可以随意使用，要主动上交中国人民银行、公安机关或者办理人民币存取款业务的金融机构。

13. 遭遇性骚扰：保护自己是第一步

由于女性独特的优势，在现代家政服务员中女性占据着主要的位置，而年轻女性又占其中绝大部分，因此，女性保姆的自身保护是我们不得不提的话题之一。性骚扰问题已经成为一个影响女性家政人员身心健康、工作生活、家庭稳定、社会安定的社会问题。性骚扰的形式多种多样，如半夜三更打电话说些下流话，伺机对女性动手动脚，在公共场合故意触碰女性的身体，进行违反妇女意愿的抚摸，偷看女性洗澡，等等。

来自安徽的农村女孩小李就遭遇过男雇主的性骚扰。她经人介绍负责照顾长期瘫痪在床的女雇主。一天夜里，女雇主嚷着饿了，小李走进厨房拿吃的东西。没想到，男雇主肖某竟然跟了过去，一把抱住她，在她的身上乱摸。无奈之下，小李半夜跑到了附近的派出所报案。

小李的做法是非常正确的，在第一时间保护了自己的人身安全。我国新修改后的《妇女权益保障法》第四十条规定："禁止对妇女实施性骚扰，受害妇女有权向单位和有关机关投诉。"各省还结合地方实际情况，在妇女权益保障法实施办法中详细规定了性骚扰的手段和表现形式，并要求单位和有关机关采取措施制止性骚扰。我们要学会用法律武器保护自己不被侵害。女性家政人员一定要在遭遇性骚扰后做出正确的选择、拿起法律武器保护自己。千万不要忍气吞声，这是很愚蠢的做法，只会让侵犯者更加猖狂，给自己带来更严重的伤害。

一、对性骚扰防患于未然

想要做到防患于未然，应注意以下的问题：

①避免与男雇主单独在一起，与男雇主共处一室时不能锁门等。

②女性家政服务员应该洁身自爱、自尊自强，在着装上要朴素、大方，不可过紧、过短。尽量不要袒胸露背，言行举止要稳重端庄。

③不要独自一人夜晚在黑暗的小巷深处行走。

二、遇到性骚扰时，要懂得保护自己

①如果被人用下流话调侃，能躲开就躲开，如果不能就假装给朋友打电话，大声说话以打断色狼的话语，使其感到自讨没趣。

②晓之以理，动之以情。提醒对方也有母亲、姐妹，令他心里也许会不安，对你有所顾虑。

③以其人之道，还治其人之身。遇到性骚扰后，不要退缩，要大声斥责对方，使侵犯者处于众目睽睽之下，无地自容。

④保留证据，对于黄色笑话，可以用录音留下证据，也可请当场的人作证；对于短信、QQ记录、纸片等注意保存；对于黄色刊物，要扣下作为证据，并请在场第三人作证人；对不当的触摸，当场将不当之手抓住示人，及时向自己身边的人诉说，日后作为旁证采用。

⑤坚决拒绝雇主的不正当要求，要勇于以《妇女权益保护法》为武器保护自己，当自身利益受到侵害时应该及时向公安机关求助。

14. 怎样不被坏人拉拢和引诱?

我们生活的世界是五彩缤纷的，充满着新奇和诱惑。作为一名家政服务人员——保姆，虽然平凡，但是也面临着很多诱惑，要知道美好的事物背后总有不良的东西诱惑着我们，背离了人们努力追求真善美的初衷，不利于每个人的成长、学习和工作。那么怎样看清坏人的险恶，摆脱形形色色的诱惑呢？家政服务员们具体可以参考以下几个方面：

一、好奇心的反作用，要树立正确的世界观

坏人们总是利用从偏远地区来的打工者对新生活环境的好奇心较强这个普遍的心理特点，借助各种诱饵去吸引、欺骗他们。坏人们会将一件事物描述得天花乱坠、偏离这件事物本身的样子，他们总会把臭的说成香的、把坏的说成好的，以此给涉世未深的人营造一种假象，使其产生"跟着这个人能大开眼界"的信念。然而，这些你想要去尝试、参与的新鲜事物往往都具有丑恶的一面，很可能会毁了你的生活。比如绝大多数的人都知道海洛因是毒品，是碰不得的，但对其他复合型毒品的俗称却未必知晓，坏人正是利用我们的无知和好奇来大肆宣讲某种"神药"具有令人快活、解脱烦恼的效果，引诱我们去尝试，一旦因为一时的好奇而染上毒瘾，那必定会改写一生的命运。

所以，保姆们应该不断充实自己的科学知识，通过正规渠道来了解新鲜事物，而不是听信一家之言，要学会看穿这些诱惑的美丽外衣，避免走进陷阱、走向黑暗。

二、钱不是万能的，要树立正确的金钱观、价值观

为了赚取更多的钱、过上奢侈的生活而扭曲了自己的金钱观和价值观，很容易令人走上违法犯罪的错路，更容易被坏人所利用，最后弄得"竹篮打水一场空"。最为突出的例子就是现今屡禁不止的传销了，为了赚大钱，很多人在坏人的怂恿下不惜骗亲戚、骗朋友、骗同学，自己不务正业，还拉着别人一起往火坑里跳。这都是缺乏正确的金钱观、价值观，被发财梦冲昏头脑的典型表现。若是身为保姆却天天想着这些空手套白狼的好事、终日谋划着如何从他人身上赚钱，那么又如何能在雇主家里做好自己的本职工作呢？

可以说，一切违法的行为背后都隐藏着一颗贪婪的心，树立正确的金钱观念、懂得知足常乐是十分有必要的，这种健康的观念能让你过上安稳、快乐的生活。身为保姆，不管你的收入有多少，都是自己辛苦劳动所得，这份钱挣得心安理得，花得也踏踏实实。我们要坚定自己的原则，坚守道德底线，不做坏人，更不做坏人的棋子。

三、树立正确的恋爱观、婚姻观

女性大都身单力薄，相对而言属于社会的弱势群体，年轻的女性保姆可能会受到男人的不良诱惑。坏人给她一点小恩小惠，她就觉得这个男人对自己很大方、很有钱，值得托付终身；坏男人对她说几句甜言蜜语，她就相信

这个人说的话，觉得他真心爱自己。遇上能说会道的男人，不经世事的年轻女性往往因此沉迷得一塌糊涂，对方让自己做什么就做什么，比如"男友"怂恿道："我现在很穷，给不了你幸福，没办法娶你，但是你可以去把雇主家的金银首饰都偷出来，咱们卖掉换钱，然后回老家结婚，一定可以过上幸福的生活。"如果有些被爱情和婚姻冲昏头脑的保姆真的就这么做了，那么到头来感情被骗了，跟着对方做了触犯法律的事，可能辛辛苦苦赚的钱也被他人骗走了。

这些打着真爱和婚姻旗号的诱惑有的是为了骗财、有的是为了骗色，有的则是财色兼收。对爱情和婚姻有所期待的保姆们一定要对那些突如其来的爱情加以警惕，不要随意接受不熟悉男子赠送的东西以及邀请，不要轻易相信海誓山盟、甜言蜜语。爱情是一种感性的东西，但也需要时刻保持理智，千万别等到掉入了坏人布下的爱情陷阱、伤痕累累后才突然清醒。

此外，还应该了解一些心理学常识，有意识地去克服自己的心理弱势，提高辨别事物真假的能力，不迷信、不盲从。掌握科学理性的待人处事方法也是很重要的，遇到坏人的威胁、恐吓等，做到不胆怯、不顺从，同样可以抵制不良的拉拢和诱惑。

15. 告别受骗，提高自我安全防范意识

人们的生活水平不断地提高，骗子仍然存在，并且骗人的手法越来越多，隐秘性也越来越强，所以我们时刻要提防上当受骗，不可大意。那么，保姆作

为社会的组成部分，怎样做才能防止受骗，提高自我安全防范意识呢?

一、对主动搭讪的陌生人保持警惕

平时外出时遇到一些主动与自己搭讪的陌生人，一定要提高警惕，多留一个心眼。涉及钱财的任何请求都不要答应，不贪图小便宜，以免吃大亏，往往有便宜可占的时候最容易上当。骗子通常利用人们贪婪的心理引诱我们上当，所以坚决拒绝跟钱物有关的往来是最有效地预防办法。

二、小心骗子在你面前"演戏"

这是一种常见的骗术，很多骗子游走在公共场合，伺机制造突发性的戏剧情景，利用过路人的好奇、恐慌和善良等进行欺骗，比如很多所谓的"乞丐"，有媒体报道某些乞丐月收入过万，还有一些衣衫整齐的人在车站或人流量大的路口行骗，谎称自己被骗了，没有回家的路费或是好几天没吃饭了。不可否认的是，不是所有的这些人都是骗子，关键是我们要有防范意识。

三、遇到能说会道的推销人员推销商品时，最好不要购买

一般推销者都会说自己的商品有很多优点，没有缺点，并且他们推销的产品一般都是便宜的，这时我们要相信便宜没好货的实践真理，提高警惕，不能因为小便宜而去冒大危险。

四、警惕手机中奖信息

如今手机越来越成为人们生活不可缺少的一部分，难以想象没有手机后现在的大部分人会怎样，骗子与时俱进，利用手机进行诈骗。相信很多人都收到过类似的手机号码抽奖活动信息：恭喜您的手机号码荣幸中了二等奖，奖金5800元，此次抽奖活动由公证处公证，需汇公证费280元，详情请咨询1008663561。你相信它的真实性吗?某地的一名女保姆看到这种短信后，直接给一个账户转了280元的公证费，结果5800元的奖金根本没有到账，自己白白又被骗了1000元。对于这类天上掉馅饼的中奖信息，千万不要信以为真，以免被人骗取钱财。

五、警惕亲人出事类电话骗钱财

诈骗分子以受害人亲人、朋友的名义，声称受害人的某个亲友出车祸了，现在正在医院抢救，急需用钱，得赶紧把钱打到一个银行卡上，要不有生命危险。这种情况往往非常紧急，有的人一开始慌张就上当了。记住遇到这种情况一定先打电话向亲友或警方确认。

六、不要贪图蝇头小利，以免损失更多的利益

如今异常活跃的微信朋友圈"点赞、送礼品"活动看上去得来全不费工夫，看到这些惊喜和诱惑你心动吗？现实是很多人集完赞收到的礼品与宣传品相比严重缩水，本来说是皮包结果收到的是巴掌大的钥匙包。所以不要盲目跟风、点赞，以免落入不法商家设好的陷阱。

七、不要轻易相信向你借钱的老乡

随着城市的发展，人口大量流动，每个大中城市汇集了不同地方的人，他们以不同身份和生活方式在城市中相遇，一些诈骗分子也混在其中。好人与坏人在现实社会中是很难分辨的，单单看外表肯定看不出来。因此，家庭保姆在工作中应该谨慎与他人交往，不能随便相信人。在外地遇到老乡借钱时，更要对借款人知根知底，防止被骗。现实生活中，老乡骗老乡、老乡卖老乡的案例实在是太多了。

八、警惕"高薪"工作的诱惑

家政服务员远离家乡，外出务工，是为了获得较高的劳动报酬，有的为了省钱而不愿意去正规的中介机构，并且抱有不切实际的奢望，而犯罪分子抓住了这个机会，他们以介绍工作为名进行诈骗活动，用轻松的工作、高额的薪资作诱饵骗取受害人的钱财，甚至威胁到他们的生命安全。非法劳务市场的人贩子经常以雇工为名，将年轻妇女骗到外地卖给他人为妻或逼良为娼。各地新闻媒体均有类似案件的报道。

被坏人欺骗是一件很痛心的事，假如不幸被骗了不要绝望，不要过度后

悔，要保持平静、正确看待、认真总结、吸取教训。要有勇气揭发欺骗你的坏人，让他受到法律的制裁，不能因为胆怯让坏人逍遥法外。切记，未来的道路漫长，还有许多事情要你去做，所以不能随便地放弃生活。

16. 保姆的"法律武器"

21世纪是家政服务业飞速发展的时代，伴随着经济的繁荣和科技的迅猛发展，社会环境变得日益复杂。由于家政服务对象是形形色色的人，所以对家政服务人员来说，除了要具备良好的专业技能，了解和掌握一定的法律知识也相当重要。生活在法治社会中，每个人要知法、懂法和守法，善于运用法律武器保护自己的合法权益。

从总体上看，大多数家政人员受教育水平不高，这从某种程度上造成了相当一部分人缺乏法律意识。维权、打官司这些字眼在他们看来是遥不可及的事情，甚至有的家政人员根本没有意识到自己的权益受到了侵犯和伤害。在工作和生活当中，如果自己的合法权益受到侵害，千万不要选择忍气吞声，要知道忍气吞声解决不了任何问题，只会助长坏人的嚣张气焰。

有一个关于保姆遭遇性侵犯的案例：

一名年轻的湖南保姆小赵来到北京从事家政工作，负责照顾雇主家一岁多的小女孩，工作几个月后男雇主乘机强奸了小赵。由于小赵性格软弱，不敢报警，也不敢告诉家人，自己默默承受着痛苦和屈辱，导致她采用极端手段杀害了那个无辜的孩子。最后她受得了应有的惩罚，葬送了她自己。

设想小赵如果用法律来保护自己而使罪犯受到法律的制裁，那么后果就不会这样悲痛了。无数鲜活的案例告诉我们，一名合格的保姆应该培养自己的法律意识，懂得拿起法律的武器来保护自己。

知法守法是每个人应该履行的义务，而法律知识浩如烟海，保姆应该懂得与自己生活和工作息息相关的法律法规，主要包括宪法、劳动法、妇女权利保障法、未成年人保护法、消费者权益保障法、食品安全法等几部法律。下面我们来逐个介绍：

一、《宪法》

宪法是我国的根本大法，被称为法律的法律，是其他法律、法规制定的基础。应学习和掌握宪法中关于公民权利和义务的规定。

二、《劳动法》

保姆属于家政服务人员，是家政公司的一员，依照劳动法的规定，保姆必须与家政公司签订雇佣劳动合同的。劳动法直接涉及家政服务人员的切身利益，如不按时发工资、雇主过分要求或性骚扰等问题，保姆应该了解和学习法律来维护自身的合法利益。

三、《妇女权利保障法》

这部法律是为了充分保障妇女的合法利益，促进男女平等而制定的。我们知道大多数保姆是女性，当然也有一些男保姆，在日常工作中也会经常与女雇主打交道，学习妇女权利保障法对于维护双方的合法权益有重要的意义。

四、《未成年人保护法》

未成年人是身心发育尚未成熟的特殊群体，他们具备特殊的生理和心理特征。保姆很多工作时间会跟孩子在一起，在新的社会环境下小孩接触的外界东西越来越复杂，如何保障未成年人的合法权益不受侵害，对于一个与孩子接触密切的保姆来讲，只有好好学习未成年人保护法才能更好地维护他们的合法权益，保障祖国未来的花朵健康成长。

五、《消费者权益保护法》

保姆为雇主提供了家政服务，所以说雇主是家政服务的消费者，保姆在服务过程中要注意保护雇主的合法权益。当然在服务过程中保姆可能会为雇主去超市或市场购物，带小孩去游乐场或公园等需要消费的情况，在这些情况下呢，保姆其实是充当了消费者这一角色，所以有必要学会运用消费者权益保护法来保护自己。

六、《食品安全法》

食品安全是指食品无毒、无害，符合应当有的营养要求，对人体健康不造成任何急性、亚急性或慢性危害。保姆主要的任务之一是家庭饮食制作，食品卫生人命关天。

人们常说：病从口入。在日常生活中，保姆要注意一些不卫生的饮食习惯和行为，严格参照食品卫生法要求，搞好食品饮食卫生，保障雇主的饮食安全。